§ 19 StVZO
Änderungen am Fahrzeug und Betriebserlaubnis

Hinweise für technische Kontrollen durch Sachverständige und Polizei

§ 19 StVZO

Änderungen am Fahrzeug und Betriebserlaubnis

Hinweise für technische Kontrollen durch Sachverständige und Polizei

Dipl.-Ing. Heribert Konitzer
Dipl.-Ing. Joachim Wehrmeister

4. Auflage

KIRSCHBAUM VERLAG BONN

25 000
LEBEN RETTEN
Europäische Charta
für die Straßenverkehrssicherheit

ISBN 978-3-7812-1710-2

Siegfriedstraße 28, 53179 Bonn
Telefon 0228/95453-0 · Internet www.kirschbaum.de
Satz und Lithographie: Mohr Mediendesign, Bonn
Druck: SDV Saarländische Druckerei und Verlag GmbH, Saarwellingen
Mai 2009 · Best.-Nr. 1710

Inhalt

Teil 4 – Arbeitshilfen

Arbeitshilfen zur Beurteilung technischer Änderungen

Teil 5 – Antworten auf häufig gestellte Fragen (FAQ)

Teil 6 – Vorschriften

Teil 7 – Anhang

Vorwort zur 4. Auflage

Mit dieser 4. Auflage ist das Buch „§ 19 StVZO" völlig neu gestaltet worden, um eine leichtere Handhabung zu ermöglichen und einen schnelleren Zugriff zu einzelnen Themenbereichen zu gestatten. Teil 1 enthält jetzt eine Einführung in den Themenkreis, bei welchen Änderungen an einem in Betrieb befindlichen Fahrzeug die einmal erteilte Betriebserlaubnis erlischt und bei welchen nicht.

Die bisher in Teil 1 zitierten Vorschriften sind nun als Teil 6 zu finden. Bei dieser Umstellung wurden auch die Änderungen, die sich auf Grund der am 1. März 2007 in Kraft getretenen Verordnung über die Zulassung von Fahrzeugen zum Straßenverkehr (FZV) ergeben, berücksichtigt und die neuen Vorschriften, soweit erforderlich, in Teil 6 aufgenommen. Hervorzuheben ist hier der Ersatz des § 27 StVZO – Meldepflichten … – durch § 13 FZV – Mitteilungspflichten bei Änderungen.

Teil 2 des Buchs ist im Hinblick auf die derzeit geltenden Vorschriften und die inzwischen eingetretenen Entwicklungen in der Fahrzeugtechnik überprüft und gegebenenfalls angepasst worden. Insbesondere seien hier die elektronischen Fahrzeugsysteme und die Befugnisabgrenzungen bei Mehrfachänderungen zu erwähnen.

Der Beispielkatalog im Teil 3 blieb unverändert, da der im Jahr 1999 vom BMVBS veröffentlichte Wortlaut noch nicht geändert worden ist. Die von den Autoren hier eingefügten Anmerkungen und Beispiele sind geändert und/oder ergänzt worden, um sie an den heutigen Stand der Vorschriften anzupassen. Ferner war die zunehmende Verwendung elektronischer Systeme in der Fahrzeugtechnik zu beachten.

Die im Teil 4 enthaltenen Arbeitshilfen wurden auf Grund der seit der 3. Auflage gesammelten Erfahrungen überarbeitet und durch weitere Beispiele ergänzt. Beispielhaft erwähnt werden soll hier nur die

- Aufnahme von Hinweisen zur Beurteilung von technischen Änderungen bei der Hauptuntersuchung und
- Beurteilung von technischen Änderungen, bei denen eine unzulässige Beeinflussung von sicherheitsrelevanten elektronisch geregelten Systemen erfolgt bzw. erfolgen kann.

In den neuen Teil 5 – FAQ – sind Antworten auf häufig gestellte Fragen allgemeinen Charakters aufgenommen worden. Die in ihnen enthaltenen Hinweise beschreiben mögliche Gefahrenpotenziale und zeigen auf, wie diese reduziert werden können. Auch hier wird, wie bei den „Arbeitshilfen" auf die anzuwendenden Vorschriften, Richtlinien und Regelungen hingewiesen.

Im Teil 7 – Anhang – sind die Abkürzungen nach der Richtlinie zum Fahrzeugbrief bzw. zur Zulassungsbescheinigung entfallen.

An dieser Stelle möchten die Autoren allen Benutzern dieses Buchs danken, die auf mögliche Verbesserungen hingewiesen haben. Auch in Zukunft sind die Verfasser für Hinweise und Anregungen stets dankbar.

Bonn, im April 2009

Die Autoren

Teil 1

Einführung

Einführung

Die aktive und passive Sicherheit der Fahrzeuge stellt den Gesetzgeber vor große Herausforderungen. Die Technik der Fahrzeuge entwickelt sich stetig weiter, also hat auch der Gesetzgeber die Aufgabe, die gesetzlichen Anforderungen an die Fahrzeuge ständig an den Stand der Technik anzupassen. Die immer komplexer werdende Elektronik hat längst in den Fahrzeugen Einzug gehalten. Elektronisches Stabilitätsprogramm (ESP), Adaptive Cruise Control (ACC), Motor Managementsysteme etc. gehören schon längst zur Serienausstattung oder Sonderausstattung der Fahrzeuge.

Aufgabe des Gesetzgebers muss es also sein, dafür zu sorgen, dass

- Fahrzeuge möglichst verkehrssicher und umweltfreundlich gebaut werden und
- die Fahrzeuge in einem verkehrssicheren Zustand während ihres Gebrauchs im öffentlichen Verkehr erhalten bleiben.

Um dieses Ziel zu erreichen, stehen im internationalen und nationalen Bereich Instrumentarien zur Verfügung. So hat der Gesetzgeber, hierzu gehören natürlich auch die Gremien der Europäischen Union (EU) und die UN-Wirtschaftskommission für Europa (ECE),

- Bau- und Ausrüstungsvorschriften erlassen,
- Maßnahmen getroffen, dass (bei Fahrzeugen mit erhöhter Betriebsgefahr) vor deren Erstinbetriebnahme die Einhaltung der Bau- und Ausrüstungsvorschriften überprüft wird (Betriebserlaubnis- und Zulassungsverfahren),
- Maßnahmen getroffen, dass (bei Fahrzeugen mit erhöhter Betriebsgefahr) durch eine regelmäßige technische Überwachung überprüft wird, ob der Fahrzeughalter/-betreiber seiner Verpflichtung (§ 31 Abs. 2 StVZO und § 23 StVO) nachgekommen ist und damit für einen verkehrssicheren und umweltfreundlichen Erhaltungszustand der Fahrzeuge gesorgt hat und
- Vorschriften erlassen, die die Ziele auch bei nachträglichen Änderungen an den Fahrzeugen sicherstellen.

Ist ein Fahrzeug in den Verkehr gelangt, obliegt es dem Fahrzeughalter/-betreiber, den verkehrssicheren und umweltfreundlichen Zustand des Fahrzeugs zu gewährleisten. Die überwiegende Zahl der Fahrzeuge unterliegt deshalb der regelmäßigen technischen Überwachung nach §§ 29 und 47a StVZO bzw. nach der Richtlinie 96/96/EWG über die regelmäßig technische Überwachung.

Mit der 41. Verordnung zur Änderung straßenverkehrsrechtlicher Vorschriften vom 3. März 2006 (BGBl I S. 470) wurde dem Anliegen Rechnung getragen, dass auch für elektronisch geregelte Systeme der Erhalt des einmal in das Fahrzeug eingebauten Sicherheitsniveaus regelmäßig technisch überwacht wird.

Wird ein Fahrzeug, das bereits im Verkehr ist, vom Fahrzeughalter technisch verändert, greifen hierfür derzeit nur rein nationale Vorschriften. Dies hat auch die Kommission der Europäischen Union mit der Feststellung klargestellt, dass „einmal registrierte (zugelassene) Fahrzeuge unter die nationalen Rechtsvorschriften über die Nutzung" fallen.

Der Gesetzgeber hat das Problem nachträglicher Änderungen an Fahrzeugen schon frühzeitig erkannt. In der StVZO vom 13. November 1937 ist im § 19 Abs. 2 folgende Regelung enthalten:

> „Die Betriebserlaubnis bleibt, wenn sie nicht ausdrücklich entzogen wird, bis zur endgültigen Außerbetriebsetzung des Fahrzeugs wirksam, solange nicht Teile des Fahrzeugs verändert werden, deren Beschaffenheit vorgeschrieben ist oder deren Betrieb eine Gefährdung anderer Verkehrsteilnehmer verursachen kann. Nach solchen Änderungen hat der Eigentümer des Fahrzeugs eine neue Betriebserlaubnis unter Beifügung des Gutachtens eines amtlich anerkannten Sachverständigen über den vorschriftsmäßigen Zustand des Fahrzeugs zu beantragen, wenn nicht für die an- oder eingebauten Teile eine besondere Betriebserlaubnis erteilt ist, deren Wirksamkeit nicht von einer Abnahme abhängt."

Diese Vorschrift ist sicher nicht ohne Grund erlassen worden. Es ist zu vermuten, dass schon in den 30-er Jahren Fahrzeughalter – aus welchen Gründen auch immer – technische Änderungen an ihren Fahrzeugen vorgenommen haben, die womöglich einen Eingriff in die Verkehrssicherheit hätten verursachen können.

Die oben genannte Vorschrift ist in der Folgezeit in ihrem wesentlichen Kern nicht verändert worden.

Die Umsetzung des § 19 Abs. 2 StVZO in der Praxis wurde durch das Wissen und die Erfahrung der Sachverständigen und Prüfer gewährleistet, die

- entweder derartige Änderungen bei der regelmäßigen technischen Überwachung zu beurteilen hatten bzw.
- tätig werden mussten, wenn der Fahrzeughalter selbst sein Fahrzeug nach technischen Änderungen bei ihm vorstellte.

Dies bedeutete aber, dass derartige Änderungen von verschiedenen Sachverständigen nicht nach einem einheitlichen Maßstab beurteilt wurden. Dies mag der Grund gewesen sein, dass im Jahre 1973 erstmals im Verkehrsblatt ein Beispielkatalog veröffentlicht wurde, dessen Ziel war,

- eine Hilfe für die Anwendung der Vorschriften im § 19 Abs. 2 StVZO zu geben und
- Anwendungsfälle, die in der Praxis häufig vorkommen, zu erläutern; letztere wurden anhand von 23 Beispielen mit Bemerkungen, die auf zu beachtende Vorschriften, Richtlinien des Bundesministeriums für Verkehr bzw. Gerichtsurteile hinwiesen, dargestellt.

Von Bedeutung war bei dem Beispielkatalog auf die im Teil „Allgemeines" enthaltene Erläuterung zu dem Begriff „Veränderung von Teilen"; danach setzt eine Veränderung von Teilen ein willentlich auf die Änderungen gerichtetes Tun voraus. Die Veränderung des Fahrzeugzustands durch bloßen Verschleiß stellt danach keine Veränderung im Sinn des § 19 Abs. 2 StVZO dar. Der Begriff „Verändern" ist noch durch die Erläuterung präzisiert worden, dass dies

- im engeren Sinne, also durch bewusstes Ändern von Teilen,
- durch Austausch von Teilen und

- durch Hinzufügen von Teilen

geschehen kann.

Der Beispielkatalog aus dem Jahre 1973 stellt in der Anwendung des § 19 Abs. 2 StVZO einen großen Fortschritt dar und führte in der Folgezeit zu einer besseren und einheitlicheren Anwendung der Vorschriften durch die Sachverständigen und Prüfer.

Allerdings war man sich auch schon damals darüber im Klaren, dass nicht alle Fälle von technischen Veränderungen behandelt werden konnten und dass sehr wohl eine gewisse Dunkelziffer von Fällen nicht zu vermeiden war, die den Sachverständigen und Prüfern verborgen blieben.

Grundsätzlich hat sich die Verfahrensweise des § 19 Abs. 2 StVZO bei der Wirksamkeit der Betriebserlaubnis, die bis zum 31. Dezember 1993 galt, bewährt. Gleichwohl war es notwendig, das bisherige Verfahren im Hinblick

- auf eine verbraucherfreundlichere Gestaltung und
- auf die Vorschriften der Europäischen Union

zu überprüfen.

Durch die 16. Verordnung zur Änderung straßenverkehrsrechtlicher Vorschriften vom 16. Dezember 1993 (BGBl. I S. 2106) wurde diesem Anliegen Rechnung getragen. Die Verordnung enthält im Wesentlichen folgende Vorschriften:

- Notwendige Ein- oder Anbauabnahmen dürfen neben den amtlich anerkannten Sachverständigen oder Prüfern (aaSoP) auch Prüfingenieure (PI) von amtlich anerkannten Überwachungsorganisationen vornehmen. Die Prüfingenieure müssen hierfür besonders geschult und geprüft sein.
- Die Betriebserlaubnis eines Fahrzeugs soll nicht mehr allein dadurch erlöschen, dass lediglich Beschaffenheitsvorschriften berührt sind.
- Die Betriebserlaubnis soll erlöschen, wenn die genehmigte Fahrzeugart geändert wird. Sie soll ebenfalls erlöschen, wenn Änderungen vorgenommen werden, durch die eine Gefährdung von Verkehrsteilnehmern zu erwarten ist oder durch die eine Verschlechterung des Abgas- oder Geräuschverhaltens eintritt.
- Die Betriebserlaubnis soll nicht erlöschen bei Vorlage eines Teilegutachtens, wenn die Ein- oder Anbauabnahme unverzüglich durch einen aaSoP oder einen PI durchgeführt wird. Teilegutachten dürfen nur von Technischen Diensten erstellt werden, die für den Prüfumfang anerkanntes Prüflaboratorium sind. Der Hersteller der Fahrzeugteile, für die ein Teilegutachten erstellt wird, muss ein Qualitätssicherungssystem nachweisen.
- Den Fahrzeugherstellern wird ermöglicht, die wahlweise Ausrüstung von Fahrzeugen mit Teilen genehmigen zu lassen, die für den nachträglichen Ein- oder Anbau bestimmt sind.

Die durch die 16. Verordnung zur Änderung straßenverkehrsrechtlicher Vorschriften getroffenen Regelungen stellen insgesamt sicher, dass Fahrzeugbesitzern, Fahrzeugherstellern und den Überwachungsorganisationen Erleichterungen gewährt werden. Außerdem ist das Ziel, insgesamt keine Einbußen bei der Verkehrssicherheit eintreten zu lassen, beachtet worden.

Gleichzeitig mit der 16. Verordnung zur Änderung straßenverkehrsrechtlicher Vorschriften ist auch der zugehörige Beispielkatalog im Verkehrsblatt veröffentlicht worden. Wesentliches Ziel des Beispielkatalogs ist es, eine einheitliche Anwendung der Vorschriften im § 19 Abs. 2 ff. StVZO dadurch sicherzustellen, dass durch Erläuterungen im Teil A den aaSoP bzw. PI das nötige „Handwerkszeug" bei ihrer Arbeit gegeben werden soll. Aber auch Fahrzeug- und Teilehersteller sollen in die Lage versetzt werden, sich umfassend über die rechtliche Situation zu informieren und die Produktion bzw. die Genehmigung ihrer Teile entsprechend zu gestalten.

Letztlich sollen auch Polizeibeamte und Personen, die Hauptuntersuchungen und Sicherheitsprüfungen vornehmen, mit den nötigen Informationen versorgt werden, wie bei angetroffenen Änderungen an Fahrzeugen zu verfahren ist. So muss bei Feststellung einer Änderung am Fahrzeug, ohne dass

- der Fahrzeugführer entsprechende Dokumente vorweisen kann, wie die Ablichtung oder den Abdruck der Teilebetriebserlaubnis, der Bauartgenehmigung, der sonstigen Genehmigung, des Teilegutachtens oder des Nachweises darüber oder
- die Fahrzeugpapiere entsprechende Eintragungen enthalten oder
- am Teil entsprechende Genehmigungszeichen angebracht sind,

zunächst geprüft werden, ob durch eine derartige Änderung die Betriebserlaubnis des Fahrzeugs erloschen ist. Die Beispiele und Hinweise im Teil B des Beispielkatalogs sollen dabei eine Hilfe sein. Wird festgestellt, dass zwar eine Gefährdung nicht zu erwarten ist, aber eine oder mehrere Bauvorschriften nicht mehr eingehalten sind, ist der Fahrzeughalter aufzufordern, unverzüglich das Fahrzeug in einen vorschriftsmäßigen Zustand zu bringen.

Bei der Durchführung der Vorschriften des § 19 StVZO haben die Beteiligten auch auf die Einhaltung des übergeordneten Ziels bezüglich der technischen Verkehrssicherheit und Umweltverträglichkeit zu achten. § 19 StVZO ist durch weitere Verordnungen, zuletzt durch die Verordnung vom 31. Oktober 2006, geändert worden. Der Beispielkatalog wurde ebenfalls kontinuierlich an die geänderten Vorschriften angepasst. Seine letzte Änderung erfolgte am 9. Juni 1999. Der Beispielkatalog stellt nach wie vor – wie der Name sagt – eine Sammlung von Beispielen dar, die weder vollständig ist, noch in den beschriebenen Auswirkungen als abschließend angesehen werden kann. Im Zweifelsfall ist immer der Wortlaut des § 19 StVZO heranzuziehen.

Die derzeit gültige Fassung des § 19 Abs. 2 hat folgenden Wortlaut:

> „(2) Die Betriebserlaubnis des Fahrzeugs bleibt, wenn sie nicht ausdrücklich entzogen wird, bis zu seiner endgültigen Außerbetriebsetzung wirksam. Sie erlischt, wenn Änderungen vorgenommen werden, durch die
>
> 1. die in der Betriebserlaubnis genehmigte Fahrzeugart geändert wird,
> 2. eine Gefährdung von Verkehrsteilnehmern zu erwarten ist oder
> 3. das Abgas- oder Geräuschverhalten verschlechtert wird.
>
> Sie erlischt ferner für Fahrzeuge der Bundeswehr, für die § 20 Abs. 3b oder § 21 Satz 5 angewendet worden ist, sobald die Fahrzeuge nicht mehr für die Bundes-

wehr zugelassen sind. Für die Erteilung einer neuen Betriebserlaubnis gilt § 21 entsprechend. Besteht Anlass zur Annahme, dass die Betriebserlaubnis erloschen ist, kann die Verwaltungsbehörde zur Vorbereitung einer Entscheidung

1. die Beibringung eines Gutachtens eines amtlich anerkannten Sachverständigen, Prüfers für den Kraftfahrzeugverkehr oder eines Prüfingenieurs darüber, ob das Fahrzeug den Vorschriften dieser Verordnung entspricht, oder
2. die Vorführung des Fahrzeugs

anordnen und wenn nötig mehrere solcher Anordnungen treffen, auch darf eine Prüfplakette nach Anlage IX nicht zugeteilt werden."

Der vollständige Wortlaut des § 19 StVZO sowie die in diesem Zusammenhang in Frage kommenden Vorschriften sind im Teil 6 wiedergegeben. Der vollständige Beispielkatalog ist im Teil 3 abgedruckt.

Bislang existieren keine spezifischen internationalen Vorschriften, die sich mit nachträglichen Änderungen am Fahrzeug und ihren Folgen befassen. Die Gremien der EU haben aber die Problematik erkannt, die sich durch den Einbau von Teilen oder Ausrüstungen ergeben können, die nach dem Inverkehrbringen womöglich die Sicherheit beeinträchtigen können. Daher werden Anforderungen für nötig gehalten, um sicherzustellen, dass Teile oder Ausrüstungen, die in Fahrzeugen eingebaut werden können und die Funktionsweise von Systemen, die in Bezug auf Sicherheit und Umweltschutz von wesentlicher Bedeutung sind, einer vorhergehenden Kontrolle durch eine Genehmigungsbehörde unterliegen, bevor sie zum Kauf angeboten werden. Eine abschließende Äußerung der Europäischen Kommission darüber, welche Teile und Ausrüstungen betroffen sein konnten, liegt noch nicht vor und ist den weiteren Beratungen über die „Rahmenrichtlinie" vorbehalten.

Nachrüstsysteme für Flüssiggas und komprimiertes Erdgas zum Einbau in Kraftfahrzeugen nach der ECE-Regelung Nr. 115 sind als spezieller Fall im § 41a StVZO geregelt. Danach müssen derartige Systeme bzw. ihre Bauteile den Vorschriften dieser Regelung entsprechen, genehmigt und mit einem Genehmigungszeichen versehen sein. Werden jedoch entgegen dieser Vorschrift Nachrüstsysteme bzw. Bauteile ohne Genehmigung und Genehmigungszeichen in Fahrzeuge eingebaut, so sind die Vorschriften des § 19 Abs. 2 StVZO anzuwenden.

Teil 2

Erläuterungen

Erläuterungen zu den Vorschriften des § 19 StVZO
(nicht amtlich)

1 Erlöschen der Betriebserlaubnis (§ 19 Abs. 2)

1.1 Änderung der Fahrzeugart
1.2 Andere Änderungen
1.3 Gefährdung von Verkehrsteilnehmern
1.4 Verschlechterung des Abgas- oder Geräuschverhaltens
1.5 Technische Änderungen an Kfz, die das Abgasverhalten beeinflussen
1.6 Änderungen vor der Zulassung oder während der Außerbetriebsetzung des Fahrzeugs
1.7 Gutachten und Betriebserlaubnis
1.8 EG-Typgenehmigungen

2 Nichterlöschen der Betriebserlaubnis (§ 19 Abs. 3)

2.1 Betriebserlaubnis, Bauartgenehmigung, Fahrzeugbetriebserlaubnis
2.2 Teilegutachten
2.3 Wahlweise Ausrüstung gemäß Allgemeiner Betriebserlaubnis (ABE)
2.4 Betriebserlaubnis für Fahrzeugteile
2.5 Mehrfachänderungen

3 Bescheinigungen

3.1 Verpflichtung zur Mitlieferung
3.2 Verpflichtung zum Mitführen

4 Fahrzeugpapiere

4.1 Änderung der Fahrzeugpapiere

5 Verfahrensablauf zu § 19 Abs. 2 und 3 StVZO

1 Erlöschen der Betriebserlaubnis (§ 19 Abs. 2)

Das Erlöschen der Betriebserlaubnis nach § 19 Abs. 2 StVZO in den dort behandelten Fällen stellt eine rein nationale Vorschrift dar. Die EU-Kommission hat klargestellt, dass ein „einmal registriertes (zugelassenes) Fahrzeug unter die nationalen Rechtsvorschriften über die Nutzung" fällt. Für bereits im Verkehr befindliche Fahrzeuge können nur die Mitgliedstaaten eigene Bestimmungen anwenden.

Mit den Vorschriften in § 19 Abs. 2 bis 7 StVZO hat der Verordnungsgeber für Deutschland von dieser Möglichkeit Gebrauch gemacht.

1.1 Änderung der Fahrzeugart

Die Betriebserlaubnis erlischt, wenn die Fahrzeugart (nach Anlage XXIX zur StVZO: „EG-Fahrzeugklassen") verändert wird. Dies ist erforderlich, da das Zulassungsverfahren nicht nur technische Aspekte, sondern auch Fragen der steuerlichen Behandlung, der Fahrerlaubnis, der Untersuchungsfristen, der Verhaltensvorschriften und sonstige Belange regelt. Es gelten zudem für die einzelnen Fahrzeugarten zum Teil unterschiedliche Bau- und Ausrüstungsvorschriften. Besonders ist auf Fahrzeuge zu achten, bei denen die Abgrenzung von Aufbauart und Fahrzeugart erschwert ist (wie z. B. Fahrzeuge mit Aufsetztanks nach GGVS, Kühlfahrzeuge oder Autotransporter). Komplizierte Abgrenzungsfälle können mit Hilfe des Verzeichnisses zur Systematisierung von Kraftfahrzeugen und ihren Anhängern des Kraftfahrt-Bundesamts geklärt werden. Verändert sich lediglich die Aufbauart, nicht aber die Fahrzeugart, so ist zu prüfen, ob von dieser Änderung eine Gefährdung von Verkehrsteilnehmern (§ 19 Abs. 2 Nr. 2 StVZO) zu erwarten ist. Wird dies bejaht, so erlischt die Betriebserlaubnis des Fahrzeugs.

1.2 Andere Änderungen

Neben der Änderung der Fahrzeugart sind auch folgende Änderungen von Bedeutung:

- Ändern im engeren Sinn, d. h. Teile werden anders gestaltet;
- Austausch von Teilen, d. h. Teile werden gegen für dieses Fahrzeug nicht genehmigte Teile ausgewechselt;
- Hinzufügen von Teilen;
- Entfernen von Teilen.

§ 19 Abs. 2 StVZO behandelt nicht nur ausdrücklich die Fälle, bei denen durch „technische Änderungen" die Verkehrssicherheit verschlechtert wird. Hierbei ist nicht an den Verschleiß (z. B. bei den Bremsbelägen), Alterung (z. B. von Gummimanschetten) und Beschädigung gedacht, sondern vielmehr an Fälle, bei denen ohne technische Änderungen die ursprüngliche Verkehrssicherheit des genehmigten Fahrzeugs verändert wird. Dies kann beispielsweise eintreten, wenn ein Fahrzeug „aufgelastet" werden soll, jedoch Fahrwerk, Bremsanlage, Reifen usw. nicht für diese neuen Lasten geeignet sind. Eine Klarstellung in der Vorschrift wäre wünschenswert, so wie dies in

§ 19 Abs. 2 Nr. 3 StVZO geschehen ist. Hier ist der Fall der „Verschlechterung des Abgas- und Geräuschverhaltens" ausdrücklich geregelt.

1.3 Gefährdung von Verkehrsteilnehmern

Die Betriebserlaubnis erlischt, wenn durch Änderungen am Fahrzeug eine Gefährdung von Verkehrsteilnehmern zu erwarten ist. Die bloße Möglichkeit einer Gefährdung ist zu weitgehend, vielmehr muss eine Gefährdung (konkret) zu erwarten sein.

Auch die EG hebt in ihrer Mitteilung 88/C281/08 unter III Buchstabe B hinsichtlich einer Überprüfung nicht auf eine Beschaffenheitsvorschrift, sondern auf eine Gefährdung ab. Sie verweist hier richtigerweise auf Artikel 30 des EWG-Vertrags. Sobald eine Gefährdung vorliegt, soll auch die Betriebserlaubnis des Fahrzeugs erlöschen.

Im Sinn einer größeren Konkretisierung wurde auf die Gefährdung von Verkehrsteilnehmern hingewiesen (Fahrzeugführer, Fahrzeuginsassen, andere Verkehrsteilnehmer), da sich sowohl die EU als auch z.B. § 30 StVZO (Beschaffenheit der Fahrzeuge) in erster Linie am Schutz von Personen orientieren.

Das Erlöschen der Betriebserlaubnis des Fahrzeugs bei Erwartung einer Gefährdung stellt eine nicht näher präzisierte Formulierung dar, die im Einzelfall genau betrachtet und beurteilt werden muss.

Eine Gefährdung von Verkehrsteilnehmern dürfte in folgenden Fällen zu erwarten sein

- Unbedenkliche Teile werden unsachgemäß eingebaut.
- Unsachgemäß gestaltete Teile werden sachgemäß angebaut.
- Änderungen haben Auswirkungen auf die Fahrzeugeigenschaften wie
  - Fahrverhalten,
  - Lenkverhalten,
  - Bremsverhalten,
  - sichere Bedienbarkeit,
  - Umrissgestaltung,
  - Insassenschutz,
  - Brandverhalten und Feuersicherheit,
  - negative Beeinflussung der Betriebsfestigkeit von Teilen,
  - Änderungen mit Auswirkungen auf die Funktionalität von sicherheitsrelevanten elektronisch geregelten Fahrzeugsystemen.

Die hier aufgeführten Parameter sollen lediglich eine Orientierung bieten. Bislang liegen zur Auslegung von § 19 Abs. 2 Nr. 2 StVZO keine neueren Gerichtsurteile vor.

Beispielsweise kann eine Gefährdung dann eintreten, wenn ein als Luftreifen genehmigtes Teil an einem Fahrzeug verwendet wird, das für den Anbau dieses Reifens mit entsprechender Reifenbezeichnung (Lastindex, Geschwindigkeitskategorie, Größe) keine Betriebserlaubnis hat.

Eine technische Änderung am Fahrzeug, die lediglich eine Beschaffenheitsvorschrift berührt, ohne dass eine Verkehrsgefährdung zu erwarten ist, führt dagegen nicht zum Erlöschen der Betriebserlaubnis des Fahrzeugs. Keineswegs sollen damit jedoch solche Veränderungen verharmlost werden. Nach wie vor besteht die Pflicht des Halters, dafür zu sorgen, dass sich das Fahrzeug jederzeit in einem vorschriftsmäßigen Zustand befindet (vgl. § 31 Abs. 2 StVZO).

Wird durch eine technische Änderung die vorgeschriebene Beschaffenheit des Fahrzeugs bzw. des betreffenden Fahrzeugteils berührt, ist der Halter nach § 31 Abs. 2 StVZO zur Wiederherstellung des vorschriftsmäßigen Zustands verpflichtet. Nach dieser Vorschrift ist er im Übrigen ebenso verpflichtet, den vorschriftsmäßigen Zustand für das Fahrzeug wieder herzustellen, wenn dieses durch Verschleiß oder durch Unfallfolgen nicht mehr die vorschriftsmäßige Beschaffenheit hat. Ob das Fahrzeug vorschriftsmäßig ist, wird außerdem im Rahmen der technischen Überwachung nach § 29 StVZO geprüft. Dies reicht aus. Auf die weitere – sehr einschneidende – Folge des Erlöschens der Betriebserlaubnis kann deshalb verzichtet werden.

Ein besonderer Fall liegt vor, wenn ein vom Fahrzeughersteller als wahlweise Ausstattungsvariante verbautes sicherheitsrelevantes System deaktiviert, ausgebaut oder – z. B. nach einem Unfallschaden – nicht wieder instandgesetzt wird.

Grundsätzlich besteht die Zielsetzung, dass das ursprünglich verbaute Sicherheitsniveau bis zur endgültigen Außerbetriebsetzung des Fahrzeugs erhalten werden soll. Dies steht auch im Einklang mit dem im § 30 Abs. 1 StVZO enthaltenen allgemeinen Anforderungen an die Beschaffenheit der Fahrzeuge.

Insbesondere bei modernen Fahrzeugen muss davon ausgegangen werden, dass durch eine nicht fachgerechte Deaktivierung bzw. durch einen nicht fachgerechten Ausbau eines solchen Systems eine Gefährdung eintritt. Infolge der Vernetzung der elektronischen Systeme und der damit einhergehenden Kommunikation z. B. über Bussysteme können andere elektronische, sicherheitsrelevante Systeme negativ beeinflusst werden. Jeder Eingriff kann Störungen und Ausfälle in einem oder mehreren der angeschlossenen Teilsysteme nach sich ziehen.

Die Deaktivierung oder der Ausbau eines vom Fahrzeughersteller als Sonderausstattung verbauten sicherheitsrelevanten Systems ist nur dann nicht zu bemängeln, wenn dies nachweislich gemäß eines vom Fahrzeughersteller oder eines in einem Teilegutachten oder einer Teilegenehmigung vorgegebenen Verfahrens erfolgte.

Nur in den Fällen, in denen im Nachweis des Fahrzeugherstellers oder der von ihm autorisierten Werkstatt bzw. in der Teilegenehmigung ausdrücklich eine Änderungsabnahme nicht vorgeschrieben ist, sind eine entsprechende Abnahme durch einen aaSoP/PI und ein späterer Eintrag in der Zulassungsbescheinigung entbehrlich.

In allen anderen Fällen sind eine Änderungsabnahme und ein späterer Eintrag in die Zulassungsbescheinigung erforderlich. Im Fall einer notwendigen Begutachtung einer entsprechenden technischen Änderung nach § 19 Abs. 2 StVZO im Sinn des § 21 StVZO sind umfangreiche Laboruntersuchungen erforderlich.

1.4 Verschlechterung des Abgas- oder Geräuschverhaltens

Die Betriebserlaubnis des Fahrzeugs erlischt auch dann, wenn eine Verschlechterung des Abgas- oder Geräuschverhaltens eintritt. Dies ist folgerichtig, weil das Zulassungsverfahren nicht nur technische Aspekte, sondern auch Fragen des Umweltschutzes, der steuerlichen Behandlung, der Untersuchungsfristen und der Gewährung von Benutzervorteilen regelt. So dürfen lärmarme Lkw auch in lärmschutzbedürftigen Gebieten fahren.

Im Hinblick auf umweltbelastende Auswirkungen erlischt bei Änderungen – z. B. „Chiptuning" –, die die Abgas- und/oder Lärmemissionen verschlechtern, gemäß § 19 Abs. 2 Nr. 3 StVZO die Betriebserlaubnis des Fahrzeugs.

1.5 Technische Änderungen an Kfz, die das Abgasverhalten beeinflussen

Zur Frage, wie im Zusammenhang mit der Begutachtung von Motor-Tuningmaßnahmen Kfz zu behandeln sind, die hinsichtlich ihres Abgasverhaltens, z. B. aus steuerlichen Gründen, strengere Anforderungen (z. B. nach Euro 3 oder Euro 4) erfüllt haben als die Anforderungen, die zum Zeitpunkt der Erstzulassung des Kfz (z. B. Euro 2) mindestens gefordert waren, wird wie folgt Stellung genommen: Jede Motor-Tuningmaßnahme, die das Abgasverhalten des damit veränderten Kfz (negativ) beeinflusst, führt zum Erlöschen der BE. Das ist eindeutiger Wille des VOGebers. In der Begründung zur Neufassung des § 19 Abs. 2 (VkBl. 1994, S. 149) wird dazu ausgeführt: „Die BE des Fz soll schließlich erlöschen, wenn eine Beeinflussung des Abgas- oder Geräuschverhaltens eintritt. Dies ist folgerichtig, weil das Zulassungsverfahren nicht nur technische Aspekte, sondern auch Fragen des Umweltschutzes der steuerlichen Behandlung, der Untersuchungsfristen und der Gewährung von Benutzervorteilen regelt [...]

Es erscheint im Hinblick auf die möglichen umweltbelastenden Auswirkungen geboten, im Fall der Änderungen, die zur Beeinflussung der Abgas- und/oder Lärmemissionen führen, von dem Erlöschen der BE des Fz auszugehen, sofern eine Verschlechterung des Abgas- oder Geräuschverhaltens gegenüber dem Zustand vor der durchgeführten Änderung eintritt oder [...]"

Jede Maßnahme mit der Folge der Verschlechterung gegenüber den in der BE zu Grunde gelegten Grenzwertanforderungen (z. B. von „D4" auf „Euro 2") führt in der Regel zum Erlöschen der BE, es sei denn anhand einer Teilegenehmigung oder eines Teilegutachtens, welche zwingend eine Abgasbegutachtung beinhalten müssen, kann nachgewiesen werden, dass die in den FzPapieren dokumentierte Abgasvorschrift in ihrer Gesamtheit (z. B. einschließlich OBD-Anforderungen) auch nach vorgenommener Änderung weiter eingehalten wird. Eine Verschlechterung des Abgasverhaltens ist vom Grundsatz her nicht zulässig. Es ist zu bestimmen, welche Abgasvorschrift nach Durchführung der Änderungsmaßnahme eingehalten wird und ob diese mindestens der für dieses Kfz zum Zeitpunkt seines erstmaligen Inverkehrbringens verbindlich geltenden Abgasvorschriften genügt und welcher Eintrag in den FzPapieren vorgenommen werden muss. Die Vorschriften des § 13 Abs. 1 Nr. 9 FZV sind hier zwingend. Im Übrigen wird bei einer Verschlechterung des Abgasverhaltens die zuständige Landesfinanzbehörde von z. B.

„SCHADSTOFFARM D4" mit der emissionsbezogenen SchlüsselNr. „32"
auf
„S-ARM EURO 2,G:92/97" mit der emissionsbezogenen SchlüsselNr. „26"
oder
„EURO 3 UND D4" mit der emissionsbezogenen SchlüsselNr. „53"
auf
„EURO 3" mit der emissionsbezogenen SchlüsselNr. „44"

zu prüfen haben, inwieweit eine vorher gewährte Kfz-Steuerbefreiung oder ggf. der bisherige Steuersatz aufgehoben werden muss. Dies deshalb, weil der Gesetzgeber bei der kfzsteuerlichen Behandlung davon ausgegangen ist, dass das betreffende Kfz nach den verkehrsrechtlichen Regelungen auf Dauer der förderwürdigen Abgasstufe zuzuordnen bleibt.

Das gilt auch bei Veränderungen, die Einfluss auf die in den FzPapieren dokumentierten CO_2-Emissionen (z. B. so genannte „3-Liter-Autos") haben können.

In diesem Zusammenhang ist ferner zu beachten, dass die emissionsbezogenen Schlüsselnummern für Pkw und Lkw nicht identisch sind. Insoweit ist bei Wohnmobilen darauf zu achten, ob ihnen eine emissionsbezogene Schlüsselnummer nach den Pkw (Wohnmobile mit einer zulässigen Gesamtmasse kleiner/gleich 2 800 kg) – oder nach den Lkw-Bestimmungen (Wohnmobile mit einer zulässigen Gesamtmasse von mehr als 2 800 kg) zugeteilt worden ist.

Ist in den alten Fahrzeugpapieren in der Schlüsselnummer zu 1 „Fahrzeug- und Aufbauart" 1605 xx bzw. bei den neuen FzPapieren in Feld 14.1 die 04 xx

eingetragen, ist die nachfolgende „xx" emissionsbezogene Schlüsselnummer Pkw-bezogen.

Ist dagegen in den alten Fahrzeugpapieren in der Schlüsselnummer zu 1 „Fahrzeug- und Aufbauart"

2105 xx bzw. bei den neuen FzPapieren in Feld 14.1 die 06 xx

eingetragen, ist die nachfolgende „xx" emissionsbezogene Schlüsselnummer Lkw-bezogen.

Demzufolge gilt für Wohnmobile mit Selbstzündungsmotor:

- „160571" bzw. „0471" mit der Klartextangabe „91/542/EWG;B" = „rote Plakette",
- „210571" bzw. „0671" mit der Klartextangabe „1999/96/EG;A,GKL:G 1" = „gelbe Plakette",
- „160551" bzw. „0451" mit der Klartextangabe „98/69/EG III;A" = „gelbe Plakette",

ebenso

- „210554" bzw. „0654" mit der Klartextangabe „98/69/EG III;A" = „gelbe Plakette",

dagegen

- „210551" bzw. „0651" mit der Klartextangabe „93/59/III,GKL:G 1" keine Plakette,
- „160535" bzw. „0435" mit der Klartextangabe „SCHADSTOFFARM EURO2;5L" = „rote Plakette",
- „210535" bzw. „0635" mit der Klartextangabe „98/69/EG I;B" = „grüne Plakette"

ebenso

- „160565" bzw. „0465" mit der Klartextangabe „98/69/EG I;B" = „grüne Plakette".

Fazit: Wohnmobile, die die gleichen Abgasanforderungen einhalten, werden auch nach der Verordnung zum Erlass und zur Änderung von Vorschriften über die Kennzeichnung emissionsarmer Kraftfahrzeuge vom 10.10.2006 (BGBl. I S. 3197) gleich behandelt.

1.6 Änderungen vor der Zulassung oder während der Außerbetriebsetzung des Fahrzeugs

Die Vorschriften des § 19 Abs. 2 StVZO gelten auch bei Änderungen, die vor der Zulassung (Zuteilung des Kennzeichens) oder während einer Außerbetriebsetzung und Wiederzulassung des Fahrzeugs (§ 14 FZV) vorgenommen worden sind, sowie für Rückrüstungen.

1.7 Gutachten und Betriebserlaubnis

Durch § 19 Abs. 2 Satz 3 der StVZO wird klargestellt, dass nach Änderungen das Verfahren für die Erteilung von Einzelbetriebserlaubnissen nach § 21 StVZO gilt.

Grundsätzlich sind dabei Vollgutachten von aaS zu erstellen, da ja die Vorschriftsmäßigkeit des gesamten Fahrzeugs bestätigt wird. Die Begutachtung sollte sich jedoch (unter Beachtung des jeweiligen Umfelds) auf die Änderung beschränken, wenn kein Anlass zu der Annahme besteht, dass auch andere Änderungen am Fahrzeug unvorschriftsmäßig sind. Der aaS kann sich in diesem Fall auf Daten einer vorhandenen Betriebserlaubnis (z. B. Fahrgestell) stützen. Der aaS muss im Dokument zum Ausdruck bringen, ob eine Vollprüfung oder eine auf die Änderung beschränkte Teilprüfung durchgeführt wurde.

Der Verweis auf § 17 Abs. 3 StVZO bzw. § 5 Abs. 3 FZV und die Verweigerung der Prüfplakette ermöglichen es, in Zweifelsfällen von dem Fahrzeughalter auf dessen Kosten die Vorlage eines Sachverständigengutachtens zu verlangen.

Eintragungen in den Fahrzeugpapieren über Ein- und Anbauabnahmen wurden bislang sowohl von aaS als auch von aaP vorgenommen. Nunmehr dürfen aaP derartige Eintragungen nicht mehr vornehmen.

Dabei sollten der aaSoP oder PI der Zulassungsbehörde, die die Eintragungen in den Fahrzeugpapieren vorzunehmen hat, Formulierungshilfen – soweit noch nicht vorhanden – geben.

1.8 EG-Typgenehmigungen

§ 19 Abs. 7 StVZO stellt klar, dass die Vorschriften des § 19 Abs. 2 StVZO auch für Fahrzeuge gelten, die auf Grund einer EG-Typgenehmigung in den Verkehr kommen.

2 Nichterlöschen der Betriebserlaubnis (§ 19 Abs. 3)

2.1 Betriebserlaubnis, Bauartgenehmigung, Fahrzeugbetriebserlaubnis

§ 19 Abs. 3 StVZO regelt die Fälle, in denen die Betriebserlaubnis des Fahrzeugs bei nachträglichen Änderungen abweichend von § 19 Abs. 2 Satz 2 nicht erlischt. Hierbei wird davon ausgegangen, dass für Teile, die nachträglich ein- oder angebaut werden, eine Genehmigung oder ein Teilegutachten vorliegt.

In den Fällen
- einer Betriebserlaubnis nach § 22 StVZO,
- einer Bauartgenehmigung nach § 22 a StVZO,
- einer Genehmigung im Rahmen der Fahrzeugbetriebserlaubnis oder eines Nachtrags dazu und
- einer EG-Typgenehmigung für Fahrzeuge, Bauteile und selbstständige technische Einheiten

kann jedoch die Wirksamkeit der Betriebserlaubnis, der Bauartgenehmigung und der Genehmigung von der Ein- oder Anbauabnahme abhängig gemacht sein oder die Erlaubnis oder Genehmigung eine Einschränkung oder Einbauanweisung mit Hinweisen auf die Notwendigkeit einer Ein- oder Anbauabnahme enthalten.

Ferner können dem Inhaber einer Fahrzeugbetriebserlaubnis genehmigte wahlweise Ausrüstungen auch vom Fahrzeughalter im Rahmen einer nachträglichen Änderung genutzt werden.

Voraussetzung ist, dass der Inhaber der Allgemeinen Betriebserlaubnis des Fahrzeugs bei Antragstellung für die Allgemeine Betriebserlaubnis oder für einen Nachtrag die Nutzung der wahlweisen Ausrüstung durch den Fahrzeughalter einbezieht und das Kraftfahrt-Bundesamt die Allgemeine Betriebserlaubnis oder den Nachtrag entsprechend genehmigt.

Es können aber auch Genehmigungen nach ECE-Regelungen oder nach EWG- bzw. EG-Richtlinien für Teile vorliegen.

In einzelnen EWG- bzw. EG-Richtlinien und ECE-Regelungen finden sich insbesondere Einbauanweisungen, die beim Einbau der typgenehmigten Fahrzeugteile in die Fahrzeuge zu beachten sind.

- Die EG-Richtlinie 71/320/EWG über die Bremsanlagen der Kraftfahrzeuge und ihrer Anhänger lässt auch die Typgenehmigung von Austauschbremsbelägen als selbstständige technische Einheit zu. Derartig genehmigten Austauschbremsbelägen müssen in der Packung Einbauanweisungen beiliegen, die
  - insbesondere auch Hinweise auf Zubehörteile sowie
  - den Hinweis enthalten, dass Austauschbremsbeläge satzweise für die einzelnen Achsen ersetzt werden müssen.
- Die Richtlinie 94/20/EG über mechanische Verbindungseinrichtungen von Kraftfahrzeugen und ihren Anhängern lässt auch die Typgenehmigung von mechanischen Verbindungseinrichtungen selbst zu, die nachträglich angebracht werden

sollen. Jeder Verbindungseinrichtung ist eine Montage- und Betriebsanleitung beizufügen, in der ausreichende Informationen enthalten sein müssen, die zur Montage durch eine sachkundige Person bzw. zum ordnungsgemäßen Betrieb der Verbindungseinrichtung benötigt werden. Bei der Typgenehmigung muss davon ausgegangen werden, dass der Technische Dienst Prüfungen, die den Anbau einer Verbindungseinrichtung am Fahrzeug betreffen, für den entsprechenden Typ vorgenommen hat. Die Anbauabnahme wäre dann als Bestandteil des Typgenehmigungsverfahrens anzusehen.

- Die ECE-Regelung Nr. 92 für die Genehmigung von nicht originalen Austausch-Schalldämpferanlagen für Krafträder, Mopeds und Dreiradkraftfahrzeugen enthält die Vorschrift, dass den Austausch-Schalldämpferanlagen eine ausführliche Anleitung zum ordnungsgemäßen Anbau an die Fahrzeuge beizufügen ist.

Diese Beispiele zeigen, dass eine Anbauabnahme im Sinn des § 19 Abs. 3 StVZO nicht gefordert wird. Es wäre wünschenswert, auch in anderen ECE-Regelungen bzw. EG-Richtlinien entsprechende Klarstellungen zu treffen. Wie schon heute vielfach praktiziert, sollte in Zweifelsfällen von einer freiwilligen Anbauabnahme Gebrauch gemacht werden.

Beim Ein- und Ausbau von nach EG-Richtlinien bzw. ECE-Regelungen genehmigten Fahrzeugteilen ist im Einzelfall zu prüfen, ob

- derartige Einschränkungen und Einbauanweisungen bestehen
- und diese beachtet worden sind.

Die ECE-Regelung Nr. 115 für die Genehmigung von Nachrüstsystemen für Flüssiggas (LPG) und für komprimiertes Erdgas (CNG) zum Einbau in Kraftfahrzeuge enthält folgende Bestimmung:

> „Diese Regelung gilt nicht für Verfahren, Nachprüfungen und Untersuchungen, bei denen der richtige Einbau der Nachrüstsysteme in die Fahrzeuge überprüft werden soll, da dieser Vorgang in die Zuständigkeit der Vertragspartei fällt, in deren Land das Fahrzeug zugelassen ist."

In Abschnitt 7 dieser Regelung sind genaue Vorschriften über das „Technische Handbuch für den Einbau des Nachrüstsystems in das Fahrzeug" aufgeführt. U. a. müssen Einbauanweisungen der verschiedenen Bauteile mit detaillierten schematischen Darstellungen und Fotografien, aus denen die Anordnung der einzelnen Bauteile deutlich hervorgeht, enthalten sein. Hierzu gehören auch Anweisungen für den Monteur, Schaltbilder sowie Darstellungen der Anordnung der elektrischen Bauteile im Motorraum. Die Kontrolle des richtigen Einbaus obliegt dem Monteur, der nachprüfen muss, ob das System so montiert worden ist, dass es sicher arbeitet und die Einbauanweisungen eingehalten sind.

Die Anfoderungen der ECE-Regelungen Nr. 67, 110 und 115 sind durch die Neufassung des § 41a StVZO in Verbindung mit der Anlage XVII zur StVZO in das nationale Recht übernommen worden. Sie gelten vom 1. April 2006 an für Druckgasanlagen in Fahrzeugen. Deshalb ist zunächst beim Umbau eines Fahrzeugs auf eine Druckgasanlage sowie bei allen Änderungen solcher Anlagen zunächst § 41a StVZO in Verbindung mit Anlage XVII zur StVZO anzuwenden. Siehe hierzu auch die Arbeitshilfe Nr. 27 auf Seite 235.

§ 19 Abs. 3 Nr. 3 StVZO regelt weiter, dass die Betriebserlaubnis des Fahrzeugs unter bestimmten Voraussetzungen nicht erlischt. Jedoch muss der Fahrzeughalter nach Anbau von Teilen, die einer Ein- oder Anbauabnahme bedürfen, eine solche Abnahme unverzüglich durchführen und bestätigen lassen, damit die Betriebserlaubnis des Fahrzeugs nicht erlischt. Der Fahrzeughalter ist damit verpflichtet, vor der Änderung den Abnahmetermin zu vereinbaren.

2.2 Teilegutachten

In § 19 Abs. 3 Nr. 4 StVZO wird der Fall geregelt, dass für die Teile ein „Teilegutachten" (früher sog. Mustergutachten) vorliegt. Während früher mit dem Mustergutachten rechtlich keine Verpflichtung für den Teilehersteller bestand, z. B. in Bezug auf die Zuverlässigkeit und eine gleichmäßige Produktion, werden nunmehr an das Teilegutachten bestimmte Anforderungen und Verpflichtungen geknüpft, die sich aus Anlage XIX zur StVZO ergeben.

Zum einen ist die Erteilung von Teilegutachten nur durch Technische Dienste möglich, die für den jeweiligen Prüfumfang als Prüflaboratorium nach der Norm EN 45001 anerkannt sind, zum anderen ist es erforderlich, dass der Teilehersteller ein Qualitätssicherungssystem nach der Norm EN 29002 oder einem vergleichbaren Standard nachweist. Diese Anforderungen sind nötig, um dem Verbraucher gegenüber sicherzustellen, dass derartige Teile mit Teilegutachten unbedenklich eingebaut werden dürfen.

Allerdings ist bei Teilen mit Teilegutachten immer eine Ein- oder Anbauabnahme vorgeschrieben, die unverzüglich von aaSoP bzw. von Prüfingenieuren der amtlich anerkannten Überwachungs-Organisationen durchgeführt wird.

Teilegutachten müssen den Verwendungsbereich vorgeben, der sich abhängig von der begutachteten Änderung hinsichtlich der Vorschriftsmäßigkeit entweder allgemein auf Fahrzeugarten oder -typen bezieht, sie müssen aber auch Einschränkungen hinsichtlich der Fahrzeugausführung, des Rüstzustands oder der Kombination mit anderen Änderungen ggf. beinhalten.

Die Abnahme ist durch einen aaSoP bzw. durch einen Prüfingenieur durchzuführen. Dabei wird der ordnungsgemäße Ein- oder Anbau bestätigt. Kann diese Bestätigung bei Vorstellung des Fahrzeugs nicht erfolgen, ist der Fahrzeughalter verpflichtet, den vorschriftsmäßigen Zustand in einer angemessenen Frist herzustellen und das Fahrzeug erneut zur Abnahme vorzustellen. Erfolgt diese nicht oder wiederum ohne positives Ergebnis, erlischt die Betriebserlaubnis des Fahrzeugs.

Erläuterungen zur Erstellung und Anwendung von Teilegutachten (§ 19 Abs. 2 und Abs. 3 Nr. 4 StVZO in Verbindung mit der Anlage XIX StVZO) siehe Teil 6 unter „Erläuterungen".

2.3 Wahlweise Ausrüstung gemäß Allgemeiner Betriebserlaubnis (ABE)

Gemäß § 20 Abs. 2 a StVZO besteht die Möglichkeit, dem Inhaber der Fahrzeug-ABE genehmigte wahlweise Ausrüstungen bei entsprechender Genehmigung durch das Kraftfahrt-Bundesamt auch durch den Fahrzeughalter im Rahmen einer nachträglichen Änderung nutzen zu lassen.

Dies setzt jedoch voraus, dass der Inhaber der Fahrzeug-ABE bei Antragstellung für die ABE oder für einen Nachtrag die Nutzung durch den Fahrzeughalter einbezieht. Das Kraftfahrt-Bundesamt hat dann in die ABE aufzunehmen, welche Teile auch nachträglich ein- oder angebaut werden dürfen.

Es besteht zudem die Möglichkeit, mit dem Nachtrag zur Fahrzeug-ABE die Genehmigung auch auf Fahrzeugteile auszudehnen, die selbstständig behandelt werden können. Wird beispielsweise zur Fahrzeug-ABE ein Nachtrag erteilt und wird dabei festgestellt, dass das betreffende Teil technisch auch an Fahrzeugen des gleichen Typs verwendet werden kann, die vor der Erteilung des Nachtrags hergestellt worden sind, so kann sich der Nachtrag auch auf diese Fahrzeuge erstrecken.

Voraussetzung ist jedoch immer, dass dieses Teil eine technische Einheit bildet, das im Erlaubnisverfahren selbstständig behandelt werden kann.

Wie bisher schon kann die Wirksamkeit der Betriebserlaubnis von der Verpflichtung zur Ein- oder Anbauabnahme abhängig gemacht werden. Diese Abnahme darf auch durch einen Kraftfahrzeugsachverständigen oder Angestellten nach Anlage VIIIb zur StVZO erfolgen.

2.4 Betriebserlaubnis für Fahrzeugteile

Hat das betreffende Fahrzeugteil eine Betriebserlaubnis nach § 22 StVZO des Kraftfahrt-Bundesamts erhalten, so kann sich jedermann darauf verlassen, dass das Teil als solches unbedenklich ist. Außerdem hat das Kraftfahrt-Bundesamt die Möglichkeit, ggf. Beschränkungen und Auflagen in diesen Teile-Betriebserlaubnissen zu verankern.

Auch dies dient der Rechtssicherheit für den Verbraucher und Fahrzeughalter, denn damit ist die Verpflichtung verbunden, dass diese Beschränkungen und Auflagen beim Verkauf dem Käufer mitgeteilt werden müssen. Insbesondere kann das Kraftfahrt-Bundesamt bei der Teilegenehmigung eindeutig entscheiden und mitteilen, ob eine spätere Abnahme erforderlich ist.

2.5 Mehrfachänderungen

Unabhängig von der Art der vorstehend beschriebenen Nachweismöglichkeiten für das Nichterlöschen der Betriebserlaubnis des Fahrzeugs durch die zulässigen „Prüfzeugnisse“ kann es im Fall von mehreren Änderungen (= Mehrfachänderungen) am Fahrzeug zu Unklarheiten kommen:

Werden nämlich mehrere Änderungen, die sich in ihrer Kombination gegenseitig so beeinflussen, dass eine Gefährdung von Verkehrsteilnehmern zu erwarten ist oder eine (unzulässige!) Verschlechterung des Abgas- oder Geräuschverhaltens eintritt,

Mehrfachänderungen (Entscheidungsprinzip)

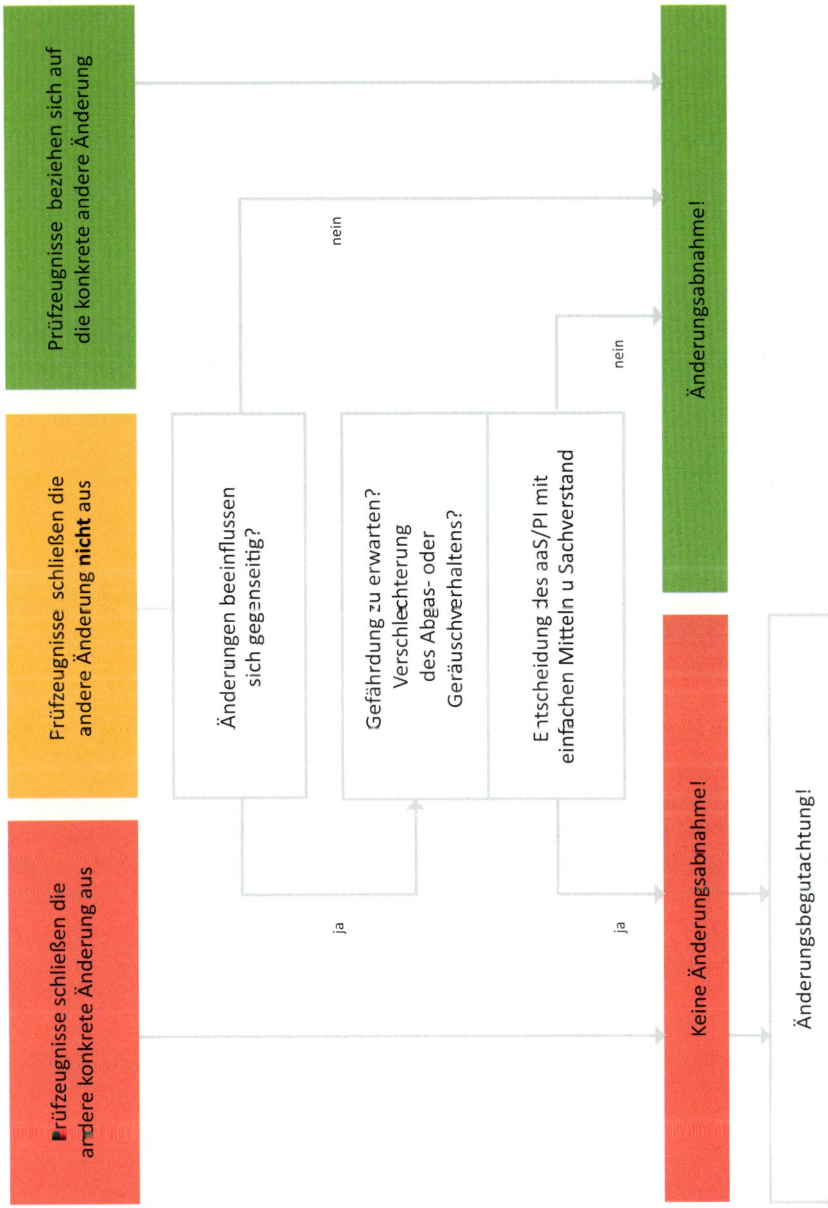

zeitgleich oder zeitlich versetzt vorgenommen, so erlischt die Betriebserlaubnis des Fahrzeugs.

Der mit der Änderungsabnahme betraute Sachverständige (aaSoP) oder Prüfingenieur (PI) hat zu prüfen, ob es durch die Kombination mehrerer Änderungen zu einer solchen Gefährdungserwartung bzw. Verschlechterung kommt.

Als Orientierungshilfe für die gegenseitige Beeinflussung dient die MATRIX im Beispielkatalog (siehe S. 88).

Bei jeder weiteren vorgenommenen Änderung ist deshalb immer wieder nach dem in der obigen Abbildung dargestellten Entscheidungsprinzip zu verfahren, wenn die Aussagen in den vorgelegten „Prüfzeugnissen" dies erforderlich machen:

Fallbeispiel 1 (rot)

Wenn die Prüfzeugnisse die andere konkrete Änderung ausschließen, darf keine Änderungsabnahme durchgeführt werden. Die Beurteilung der Mehrfachänderung hat in Form einer Änderungsbegutachtung durch einen aaS zu erfolgen, ggf. unter aufwändiger erneuter Prüfung des technisch veränderten Fahrzeugs. Bei negativem Ergebnis ist (sind) die Änderung(en) rückgängig zu machen, damit das Fahrzeug wieder vorschriftsmäßig wird.

Fallbeispiel 2 (gelb)

Eine andere Situation entsteht, wenn die „Prüfzeugnisse" die andere Änderung nicht ausschließen, also zu dieser Kombination keine Aussage treffen:

Zunächst muss mit Hilfe der MATRIX geklärt werden, ob die Änderungen sich gegenseitig beeinflussen.

Wenn sich die Änderungen nicht gegenseitig beeinflussen, kann auch im Fall dieser Mehrfachänderung eine Änderungsabnahme durchgeführt werden.

Beeinflussen sich jedoch die Änderungen gegenseitig, so muss vom aaS bzw. PI mit einfachen Mitteln und mit Sachverstand die Entscheidung darüber getroffen werden, ob dadurch eine Gefährdung von Verkehrsteilnehmern zu erwarten ist.

Analog ist bezüglich einer unzulässigen Verschlechterung des Abgas- oder Geräuschverhaltens zu verfahren, wobei diese Entscheidung aufgrund von Fakten und eindeutigen Vorschriften schneller zu treffen sein wird.

Ergibt sich aus dieser Bewertung eine zu erwartende Gefährdung von Verkehrsteilnehmern bzw. eine unzulässige Verschlechterung des Abgas- oder Geräuschverhaltens, darf keine Änderungsabnahme durchgeführt werden!

Eine Änderungsbegutachtung durch einen aaS muss dann die Zulässigkeit der Mehrfachänderung abschließend beurteilen.

Wenn keine Gefährdung von Verkehrsteilnehmern zu erwarten ist bzw. keine Verschlechterung des Abgas- oder Geräuschverhaltens eintritt, kann die Änderungsabnahme auf dieser Grundlage erfolgen.

Fallbeispiel 3 (grün)

Am einfachsten und sichersten ist es, wenn sich die „Prüfzeugnisse" auf die jeweils andere Änderung beziehen, also die Möglichkeit von deren Kombination ausdrücklich bestätigen. Hier kann auch bei Mehrfachänderungen eine Änderungsabnahme ohne Weiteres durchgeführt werden.

Grundsätzlich gilt, dass bei jeder weiteren Änderung erneut die gegenseitige Beeinflussung zu prüfen und anhand des abgebildeten Entscheidungsprinzips zu bewerten ist.

3 Bescheinigungen

3.1 Verpflichtung zur Mitlieferung

Durch § 22 Abs. 2 Satz 3 StVZO wird klargestellt, dass Teilehersteller die Verpflichtung haben, jedem gefertigten Teil einen Abdruck, eine Ablichtung der Betriebserlaubnis oder einen Auszug oder einen Nachweis darüber bzw. davon beizugeben. Dies ist erforderlich, damit der Bürger nachvollziehen kann, ob das erworbene Teil auch an seinem Fahrzeug, ggf. unter Beachtung von Einschränkungen oder Auflagen, angebaut werden darf; außerdem muss er sie mitführen. Neu ist die Einführung eines Nachweises, der dazu dient, die mitzuführenden Papiere auf ein Minimum zu reduzieren. Der Nachweis enthält die Bestätigung, dass die geforderten Prüfzeugnisse für das gefertigte Teil vorliegen.

Gemäß § 19 Abs. 4 Satz 1 StVZO hat das Bundesministerium für Verkehr, Bau und Stadtentwicklung ein Muster für den Nachweis im Verkehrsblatt bekannt gemacht (s. Seite 89).

3.2 Verpflichtung zum Mitführen

Schon immer mussten Fahrzeugführer die Ablichtung oder den Abdruck der besonderen Betriebserlaubnis oder Bauartgenehmigung von Fahrzeugteilen, die einer Ein- oder Anbauabnahme nicht bedurften, mitführen, es sei denn, es war ein entsprechender Eintrag im Fahrzeugschein erfolgt. Eine Abweichung enthält jedoch die 54. Ausnahmeverordnung für Ident- und Nachbauräder (s. Seite 284).

Diese Verpflichtung wird durch § 19 Abs. 4 StVZO auf solche Fälle erweitert, in denen die Nutzung von wahlweisen Ausrüstungen auch durch den Fahrzeughalter nach den §§ 20 oder 21 StVZO genutzt wird.

Allerdings reicht es aus, wenn entweder der Abdruck oder die Ablichtung folgender Dokumente mitgeführt wird

- Betriebserlaubnis,
- Bauartgenehmigung,
- Genehmigung im Rahmen der Betriebserlaubnis oder eines Nachtrags dazu (§§ 20, 21 StVZO),
- ein Auszug davon oder
- ein Nachweis darüber.

Beim Auszug ist es aber erforderlich, dass die durch das Kraftfahrt-Bundesamt festgelegten wesentlichen Angaben einschließlich der Auflagen und Einschränkungen enthalten sind.

Erfolgte die Abnahme der Änderung auf der Grundlage einer Erlaubnis, einer Genehmigung oder eines Teilegutachtens, hat der Fahrzeugführer einen entsprechenden Nachweis (Muster s. Seite 89) mit der Bestätigung des ordnungsgemäßen Ein- oder Anbaus sowie der zu beachtenden Auflagen mitzuführen, bis der entsprechende Eintrag in die Fahrzeugpapiere durch die Zulassungsbehörde vorgenommen wurde.

4 Fahrzeugpapiere

4.1 Änderung der Fahrzeugpapiere

Die Pflichten nach § 13 FZV (s. Seite 306), wonach die Angaben in den Fahrzeugpapiere ständig den tatsächlichen Verhältnissen entsprechen müssen, bleiben unberührt.

Die Fahrzeugpapiere müssen gemäß § 13 FZV berichtigt werden, weil sich auf Grund bestimmter Änderungen z.B. der Steuersatz für das Fahrzeug ändern kann. Aber auch für den Fahrzeughalter bzw. den Fahrzeugführer sind diese Angaben von Bedeutung, weil sie ihm Informationen über die technische Fahrzeugausrüstung geben, z.B. über die Stilllegung des Beifahrerairbags. Bei anderen Änderungen, die die vorgegebenen Angaben der Fahrzeugpapiere nicht berühren, kann die Berichtigung bzw. Ergänzung derselben auch später vorgenommen werden oder lediglich auf Wunsch des Fahrzeughalters erfolgen.

5 Verfahrensablauf zu § 19 Abs. 2 und 3 StVZO

Erlöschen der Betriebserlaubnis (BE)

- ausdrückliche Entziehung der BE
- endgültige Außerbetriebsetzung des Fahrzeugs

→ Unwirksamkeit der BE

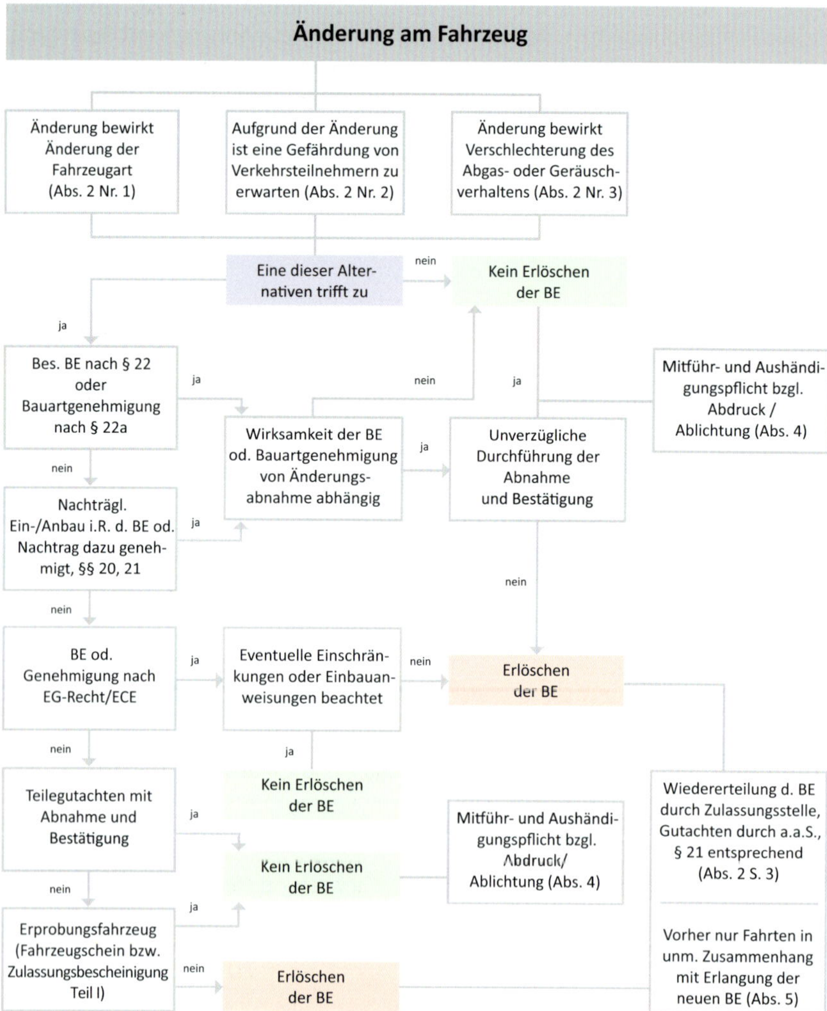

Teil 3

Beispielkatalog

Der auf den folgenden Seiten wiedergegebene Beispielkatalog vom 9. Juni 1999 (VkBl S. 541) ist seither nicht mehr geändert worden. Die Texte und Muster entstammen dieser Verlautbarung. Sie wurden von den Autoren auf Grund der Erfahrungen der Praxis mit *kursiv* gesetzten Anmerkungen und Beispielen ergänzt.

Beispielkatalog

Änderungen an Fahrzeugen und ihre Auswirkungen auf die Betriebserlaubnis von Fahrzeugen (§ 19 Abs. 2, 3, 4 und 5 StVZO)

Teil A
Allgemeines

1 Erläuterungen zu § 19 und Anlage XIX StVZO

1.1 Für Teile, durch deren Ein- oder Anbau nach § 19 Abs. 2 Satz 2 StVZO die Betriebserlaubnis des Fahrzeugs erlöschen kann, soll eine Teilegenehmigung[1]) oder ein Teilegutachten im Sinne des § 19 StVZO vorliegen, wenn diese Teile jeweils eine technische Einheit bilden und diese im Verfahren selbstständig behandelt werden können.

Teilegenehmigungen für Fahrzeugteile, Bauartgenehmigungen oder sonstige Genehmigungen werden vom Kraftfahrt-Bundesamt oder einem anderen Mitgliedstaat der EU im allgemeinen Fall oder von der dafür zuständigen Behörde im Einzelfall erteilt.

1.2 Teilegutachten werden von Technischen Diensten oder von Prüfstellen erstellt. Diese müssen vom Kraftfahrt-Bundesamt für den jeweiligen Prüfumfang akkreditiert oder anerkannt sein und bei der Erstellung der Teilegutachten diesen Beispielkatalog zu Grunde legen.

Die Erstellung eines Teilegutachtens setzt den Nachweis des Herstellers dieser Teile voraus, dass er in Bezug auf die Produktion dieser Teile ein Qualitätssicherungssystem unterhält. Ab 1. Oktober 1997 muss auf dem Teilegutachten ein entsprechender Hinweis enthalten sein.

Ein Teilegutachten muss den Verwendungsbereich der begutachteten Teile und notwendige Hinweise für die Änderungsabnahme[2]) durch einen amtlich anerkannten Sachverständigen oder Prüfer oder einen Prüfingenieur einer amtlich anerkannten Überwachungsorganisation sowie erforderliche Auflagen und Einschränkungen enthalten.

---

1) Der Begriff **„Teilegenehmigung"** steht für die Betriebserlaubnisse für Fahrzeugteile, Bauartgenehmigungen und Genehmigungen nach EG-Recht wie EG-Typgenehmigung, EWG-Betriebserlaubnis und EWG-Bauartgenehmigung und Genehmigungen nach Regelungen in der jeweiligen Fassung entsprechend dem „Übereinkommen vom 20. März 1958 (BGBl. 1965 II S. 857) über die Annahme einheitlicher technischer Vorschriften für Radfahrzeuge, Ausrüstungsgegenstände und Teile, die in Radfahrzeuge(n) eingebaut und/oder verwendet werden können, und die Bedingungen für die gegenseitige Anerkennung von Genehmigungen, die nach diesen Vorschriften erteilt wurden", soweit sie von der Bundesrepublik angewendet werden, z. B. ECE-Regelungen (§ 19 Abs. 3 Nr. 1 bis 3).

2) Der Begriff **„Änderungsabnahme"** steht für die in § 19 Abs. 3 Nr. 1, 3 und 4 StVZO beschriebene Abnahme des Ein- oder Anbaus von Teilen, aber auch für die Abnahme des Aus- oder Abbaus.

Anmerkung

Die auf der vorherigen Seite stehende Fußnote zum Beispielkatalog verwendet den Begriff „Änderungsabnahme" für die in § 19 Abs. 3 Nr. 1, 3 und 4 b StVZO beschriebenen Abnahmen des Ein- oder Anbaus von Teilen, aber auch für die Abnahmen des Aus- oder Abbaus.

Diese Änderungsabnahmen dürfen von den aaSoP und den PI der amtlich anerkannten Überwachungsorganisationen durchgeführt werden.

Für Änderungsabnahmen sind durch den Fahrzeughalter entsprechende Dokumente wie

- *Teilegenehmigungen oder*
- *Teilegutachten nach Anlage XIX StVZO*

vorzulegen. Handelt es sich dabei um Teile mit EG- bzw. ECE-Genehmigungen, sind die entsprechenden Einschränkungen und Einbauanweisungen nachzuweisen. Werden diese Dokumente vorgelegt, sind lediglich die dort vorgesehenen Änderungsabnahmen unverzüglich durchführen zu lassen; weitere Begutachtungen sind nicht erforderlich.

Änderungsabnahmen können auch auf Wunsch des Fahrzeughalters durchgeführt werden, obwohl für das betreffende Teil eine Änderungsabnahme nicht vorgeschrieben ist. Handelt es sich dabei um Teile mit EG- bzw. ECE-Genehmigung, sind auch die entsprechenden Einbauanweisungen und Einschränkungen mit vorzulegen.

1.3 Gutachten eines amtlich anerkannten Sachverständigen für den Kraftfahrzeugverkehr (Prüfberichte) sind den Teilegutachten gleichgestellt, wenn

a) sie nach dem 1. Januar 1994 erstellt und durch den bestellten Leiter der Technischen Prüfstelle gegengezeichnet sind,

b) sie bis 31. Dezember 1996 erstellt und nach diesem Datum weder ergänzt noch geändert wurden oder werden,

- der Hersteller spätestens seit dem 1. Oktober 1997 ein Qualitätssicherungssystem unterhält,
- dies auf dem Abdruck oder der Ablichtung des Prüfberichts bestätigt ist,
- die Änderungsabnahme bis zum 31. Dezember 2001 auf dem Nachweis bestätigt wird und
- im Prüfbericht der Verwendungsbereich sowie Einschränkungen und Einbauanweisungen aufgeführt sind.

Prüfberichte, die vor dem 1. Januar 1994 erstellt worden sind, dürfen nicht mehr verwendet werden.

Anmerkung

Die Vorlage alter „Prüfzeugnisse", deren Titel, Zweckbeschreibung und Inhalt nicht den genannten Teilegenehmigungen bzw. dem Teilegutachten entspricht, ist nicht ausreichend. Der Fahrzeughalter ist auf die nicht mehr bestehende Gültigkeit des vorgelegten Prüfzeugnisses hinzuweisen und aufzufordern, eine gültige Teilegenehmigung bzw. ein gültiges Teilegutachten zu beschaffen.

Entgegen dieser Verfahrensweise werden jedoch für Umrüstungen unter Verwendung reihenweise hergestellter Fahrzeugteile Herstellerbescheinigungen gefertigt mit der Maßgabe, dass die Umrüstung unter Heranziehung einer solchen Bescheinigung nach § 19 Abs. 2 StVZO durch eine Technische Prüfstelle zu begutachten ist. Die Verwendung derartiger Bescheinigungen oder anderer Prüfbestätigungen von sachverständigen Personen oder Stellen (z. B. Prüfberichte, Messberichte, Gutachten oder Musterberichte) ist nicht zulässig.

Ist von einem Erlöschen der Betriebserlaubnis auszugehen, gilt für die Erteilung einer neuen Betriebserlaubnis § 21 StVZO entsprechend. Der amtlich anerkannte Sachverständige (und nur er) hat die Entscheidung über das bei der Begutachtung anzuwendende Verfahren und den dabei erforderlichen Mess- und Prüfaufwand eigenständig und eigenverantwortlich zu treffen. Die Begutachtung wird sich daher deutlich vom Umfang einer Änderungsabnahme unterscheiden müssen; dies wirkt sich auch auf die zu erhebende Gebühr aus.

1.4 Der Verwendungsbereich soll sich auf den Fahrzeugtyp oder bestimmte Ausführungen eines Typs beziehen. Sofern vertretbar, kann er auch mehrere Typen oder eine oder mehrere Fahrzeugarten umfassen.

1.5 Werden mehrere Änderungen, die sich in ihrer Kombination gegenseitig so beeinflussen, dass eine Gefährdung zu erwarten ist oder eine Verschlechterung des Abgas- oder Geräuschverhaltens eintritt, zeitgleich oder zeitlich versetzt vorgenommen, so erlischt die Betriebserlaubnis des Fahrzeugs. Dies gilt nicht, wenn für die Kombination eine Teilegenehmigung oder ein Teilegutachten vorliegt.

Für die Erteilung einer neuen Betriebserlaubnis gilt § 21 StVZO entsprechend. In diesen Fällen werden in der Regel über den Umfang einer Änderungsabnahme hinausgehende Prüfungen (z. B. Fahrversuche, Labor- oder Festigkeitsuntersuchungen o. ä.) erforderlich sein.

2 Änderungen

Änderungen, durch die die Betriebserlaubnis des Fahrzeugs erlöschen kann, setzen ein willentlich auf eine Änderung gerichtetes Tun voraus; die Änderung des Fahrzeugzustands durch Verschleiß und dessen Reparatur ist keine Änderung im Sinne des § 19 Abs. 2 Satz 2 StVZO.

Eine Änderung liegt vor bei einem

- Ändern im engeren Sinne, d. h. Teile werden anders gestaltet,
- Austausch von Teilen, d. h. Teile werden gegen für das betreffende Fahrzeug in seiner Betriebserlaubnis nicht genehmigte Teile ausgewechselt,

- Hinzufügen von Teilen, d. h. Teile werden am Fahrzeug neu an- oder eingebaut,
- Entfernen von Teilen, d. h. Teile werden vom Fahrzeug abgebaut oder aus dem Fahrzeug ausgebaut.

2.1 Änderungen der Fahrzeugart liegen vor, wenn sich die Beschreibung der Fahrzeugart (z. B. Ziffer 1, Zeile 1 des Fahrzeugbriefs/Zulassungsbescheinigung Teil II) ändert oder wenn der Fahrzeugaufbau so geändert wird, dass die für den ursprünglichen Aufbau maßgeblichen Merkmale des Verwendungszwecks nicht mehr gegeben sind.

2.2 Änderungen, durch die eine Gefährdung zu erwarten ist, liegen vor, wenn durch den Ein- oder Anbau oder die andere Gestaltung von Teilen oder deren Kombination negative Auswirkungen auf die Verkehrssicherheit zu erwarten sind. Kann die Erwartung der Gefährdung nicht durch eine Teilegenehmigung oder ein Teilegutachten, ggf. in Verbindung mit einer Änderungsabnahme durch einen amtlich anerkannten Sachverständigen oder Prüfer oder einen Prüfingenieur einer amtlich anerkannten Überwachungsorganisation entkräftet werden, erlischt die Betriebserlaubnis des Fahrzeugs.

Eine Gefährdung ist insbesondere zu erwarten, wenn in Teil B eine Teilegenehmigung, Teilegutachten bzw. Begutachtung entsprechend § 21 StVZO gefordert wird. Beispiele für Kombinationen von Änderungen, die sich gegenseitig beeinflussen können, sind in einer Matrix in Teil B aufgeführt.

2.3 Änderungen, durch die eine Verschlechterung des Abgas- oder Geräuschverhaltens eintritt, sind solche, die infolge baulicher Änderungen oder geänderter Einstellung von Teilen zu einer höheren als der in der Fahrzeugbetriebserlaubnis genehmigten Emission führen.

2.3.1 Zulässige Werte sind bei Abgasemissionen diejenigen Werte, die im Rahmen der Erteilung der Betriebserlaubnis für das Fahrzeug festgestellt wurden oder die sich aus den Vorschriften in § 47 StVZO ergeben.

2.3.2 Zulässige Werte sind bei Geräuschemissionen diejenigen Werte, die im Rahmen der Erteilung der Betriebserlaubnis für das Fahrzeug festgestellt wurden oder die sich aus den Vorschriften des § 49 Abs. 2 StVZO ergeben.

2.3.3 Abschnitt 2.2 Satz 2 und 3 gelten entsprechend.

■ *Anmerkung*

In der Praxis bestehen bei bestimmten Änderungen Zweifel darüber, ob sie zum Erlöschen der Betriebserlaubnis führen. Das nachfolgende entsprechende Beispiel, die Arbeitshilfen und die FAQs (s. Teil 4 und 5) sollen hierzu Hinweise geben.

Ausbau oder Deaktivierung von Beifahrer-Front-Airbags (Auszug aus VkBl. 1999, S. 129)

- *Fahrzeuge mit Typgenehmigung vor dem 1.10.1998*

Nachträgliche Änderungen am Airbagsystem dürfen nicht dazu führen, dass eine Gefährdung von Verkehrsteilnehmern zu erwarten ist. Dies ist dadurch zu erreichen, dass die Deaktivierung des Beifahrer-Airbags nur in einer geeigneten Fachwerkstatt durchgeführt wird, und zwar mit Zustimmung und nach Angaben des Fahrzeugherstellers oder nach Einholung eines entsprechenden Gutachtens nach § 22 StVZO bzw. nach § 19 Abs. 3 StVZO.

Lehnt der Fahrzeughersteller aus grundsätzlichen technischen Gründen eine Deaktivierung des Beifahrer-Airbags ab, so dürfen an diesen Fahrzeugen auch durch den Fahrzeughalter keine derartigen nachträglichen Änderungen erfolgen. Veranlasst ein Fahrzeughalter dennoch eine solche Änderung, ist von einem Erlöschen der Betriebserlaubnis auszugehen.

Es sind auch Lösungen denkbar, bei denen der Beifahrer-Airbag mittels eines Schlüsselschalters deaktiviert wird, der schon bei der Erstausrüstung vorhanden sein kann. Hierbei muss die Deaktivierung durch eine Dauerlicht abgebende gelbe Kontrollleuchte angezeigt werden, die gut erkennbar für Fahrer und Beifahrer anzuordnen ist.

Die Nachrüstung eines solchen Schlüsselschalters ist ebenfalls zulässig. Hierfür ist ein Gutachten nach § 22 StVZO bzw. ein Teilegutachten nach § 19 Abs. 3 StVZO erforderlich. Eine derartige Änderung muss in den Fahrzeugschein bzw. der Zulassungsbescheinigung Teil I eingetragen werden, damit dies für den Fahrzeughalter bzw. Fahrzeugführer nachvollziehbar und im Rahmen der technischen Überwachung nach § 29 StVZO überprüfbar ist.

- *Fahrzeuge mit Typgenehmigung ab 1.10.1998*

  Ist zur Erfüllung des gesetzlich geforderten Schutzes beim Frontalaufprall der Beifahrer-Airbag notwendig, ist der Ausbau oder die permanente bzw. reversible Deaktivierung nicht zulässig. Erlaubt sind jedoch Lösungen, bei denen

  - *eine Deaktivierung mit Hilfe einer intelligenten Sitzplatzbelegungs-Erkennung erfolgt oder*
  - *wenn bei Transport eines Kindersitzes auf dem Beifahrersitz der Beifahrer-Airbag mit Hilfe eines Schlüsselschalters manuell abgeschaltet wird.*

  Die Hinweise zur Berichtigung der Fahrzeugpapiere nach Ausbau oder Deaktivierung von Beifahrer-Airbags sind zu beachten (VkBl. 2000, S. 124).

3 Hinweise für den Fahrzeughalter sowie den Teilehersteller und Teileimporteur

3.1 Änderungen, durch die keine Gefährdung von Verkehrsteilnehmern zu erwarten ist, führen zwar nicht automatisch zum Erlöschen der Betriebserlaubnis des Fahrzeugs; es besteht dennoch die Pflicht des Fahrzeughalters, dafür zu sorgen, dass sich sein Fahrzeug jederzeit in einem vorschriftsmäßigen Zustand befindet. Im Rahmen der Hauptuntersuchung nach § 29 StVZO wird die Vorschriftsmäßigkeit des Fahrzeugs überprüft.

Will der Fahrzeughalter Änderungen an seinem Fahrzeug vornehmen, muss er sich darüber im Klaren sein, dass die Betriebserlaubnis seines Fahrzeugs erlöschen kann. Dazu sind die Vorschriften in Abschnitt 1 zu beachten.

3.2 Die Betriebserlaubnis des Fahrzeugs erlischt nicht, wenn für die ein- oder angebauten Teile eine Teilegenehmigung vorliegt und deren Wirksamkeit nicht von der Änderungsabnahme abhängig gemacht worden ist.

3.3 Ist die Wirksamkeit der Teilegenehmigung jedoch von einer Änderungsabnahme abhängig gemacht, so hat der Fahrzeughalter unverzüglich dafür zu sorgen, dass die Änderungsabnahme durch einen amtlich anerkannten Sachverständigen oder Prüfer oder einen Prüfingenieur einer amtlich anerkannten Überwachungsorganisation durchgeführt wird.

Ist eine Abnahme erforderlich, so geht dies aus dem Abdruck der Teilegenehmigung hervor.

3.4 Bei Vorliegen eines Teilegutachtens ist immer eine Änderungsabnahme vorgeschrieben.

3.5 Der Fahrzeughalter sollte in den Fällen 3.3 und 3.4 bereits vor der Änderung einen Abnahmetermin vereinbaren.

3.6 Liegt für eine Änderung durch Ein- oder Anbau von Teilen, durch die eine Gefährdung zu erwarten ist, keine Teilegenehmigung oder kein Teilegutachten vor, so ist immer eine Begutachtung durch einen amtlich anerkannten Sachverständigen erforderlich.

Für die Erteilung einer neuen Betriebserlaubnis gilt § 21 StVZO entsprechend. In diesen Fällen werden in der Regel über den Umfang einer Änderungsabnahme hinausgehende Prüfungen (z. B. Fahrversuche, Labor- oder Festigkeitsuntersuchungen o. ä.) erforderlich sein.

Bei der Zulassungsbehörde ist unverzüglich eine neue Betriebserlaubnis zu beantragen.

3.7 Genehmigte Teile sind an folgender Kennzeichnung zu erkennen:

3.7.1 Teile mit Allgemeiner Bauartgenehmigung (§ 22 a StVZO) haben ein Prüfzeichen, bestehend aus

- einer Wellenlinie von drei Perioden
- einem oder zwei Kennbuchstaben
- einer Nummer und, soweit erforderlich, zusätzlichen Zeichen

z. B. Mechanische Verbindungseinrichtung:

3.7.2 Teile mit Allgemeiner Betriebserlaubnis (§ 22 StVZO) haben ein Typzeichen, bestehend aus

- den Buchstaben „KBA" und
- einer Ziffernfolge (Genehmigungsnummer)

z. B. Typzeichen Sonderrad:

KBA 40411

■ *Anmerkung*

Die nachfolgenden Seiten zeigen einige Beispiele zu Abschnitt 3.7.1, 3.7.2 und 3.7.4.

■ *Anmerkung zu 3.7.1*

Beispiel einer Allgemeinen Bauartgenehmigung für ein Fahrzeugteil (Auszug)

Kraftfahrt-Bundesamt
DE-24932 Flensburg

ALLGEMEINE BAUARTGENEHMIGUNG (ABG)

nach § 22a der Straßenverkehrs-Zulassungs-Ordnung (StVZO) in der Fassung vom 28.09.1988 (BGBl I S.1793) in Verbindung mit der Verordnung über die Prüfung und Genehmigung der Bauart von Fahrzeugteilen sowie deren Kennzeichnung (FzTV) in der Fassung vom 12.08.1998 (BGBl I S. 2142)

Nummer der ABG:	D 5360*01
Gerät:	Folie zur Aufbringung auf Scheiben von Fahrzeugen
Typ:	HANITA
Inhaber der ABG:	SOLAR SCREEN INTERNATIONAL S. LU-8221 Mamer
Hersteller:	HANITA COATINGS IL-22885 Kibbutz Hanita D.N. Galil Maa

Für die obenbezeichneten reihenweise zu fertigenden oder gefertigte
Nachtrag mit folgender Maßgabe erteilt:

Die sich aus der Allgemeinen Bauartgenehmigung ergebenden Pflich
auch für den Nachtrag.

In den bisherigen Genehmigungsunterlagen treten die aus diesem Na
Änderungen bzw. Ergänzungen ein.

Kraftfahrt-Bundesamt
DE-24932 Flensburg

2

Nummer der ABG: D 5360*01

Die Folien, Typ HANITA, dürfen auch in der Farbvariante

Omega 98 C (schwarz) mit einem Grad der gerichteten Reflexion an der Scheibenaußenseite von 5,1 %

feilgeboten werden.

im übrigen gelten die im beiliegenden Nachtragsprüfzeugnis des Materialprüfungsamtes Nordrhein-Westfalen, Dortmund, vom 04.12.2008 festgehaltenen Angaben.

Flensburg, den 19.01.2009
Im Auftrag

KRAFTFAHRT-BUNDESAMT 484

(Matthiesen)

Anlagen:
Nebenbestimmungen und Rechtsbehelfsbelehrung
Prüfzeugnis des Materialprüfungsamtes
Nordrhein-Westfalen, Dortmund,
Nr. 41 0005005 vom 04.12.2008

Anmerkung zu 3.7.2

Beispiel einer Allgemeinen Betriebserlaubnis für ein Fahrzeugteil (Auszug)

Kraftfahrt-Bundesamt
DE-24932 Flensburg

ALLGEMEINE BETRIEBSERLAUBNIS (ABE)

nach § 22 in Verbindung mit § 20 Straßenverkehrs-Zulassungs-Ordnung (StVZO) in der Fassung vom 28.09.1988 (BGBl I S.1793)

Nummer der ABE:	17168
Gerät:	Nachrüstabgasreinigungssystem (Partikelminderungssystem nach Anlage XXVII zu §48 Abs. 2 und Anl. XIV Nr. 3.4 StVZO)
Typ:	MD-01
Inhaber der ABE und Hersteller:	Huss Umwelttechnik GmbH DE-90411 Nürnberg

Für die obenbezeichneten reihenweise zu fertigenden oder gefertigten Geräte wird diese Genehmigung mit folgender Maßgabe erteilt:

Die genehmigte Einrichtung erhält das Typzeichen

KBA 17168

Dieses von Amts wegen zugeteilte Zeichen ist auf jedem Stück der laufenden Fertigung in der vorstehenden Anordnung dauerhaft und jederzeit von außen gut lesbar anzubringen. Zeichen, die zu Verwechslungen mit einem amtlichen Typzeichen Anlass geben können, dürfen nicht angebracht werden.

Kraftfahrt-Bundesamt
DE-24932 Flensburg

3

Nummer der ABE: 17168

Das geprüfte Muster ist so aufzubewahren, dass es noch fünf Jahre nach Erlöschen der ABE in zweifelsfreiem Zustand vorgewiesen werden kann.

Flensburg, den 10.09.2008
Im Auftrag

KRAFTFAHRT-BUNDESAMT 448

Detlef Hansen

Anlagen

- Nebenbestimmungen und Rechtsbehelfsbelehrung
- 1 Gutachten Nr. TÜH Anlage XXVII-002.00

Anlage A / Annex A
Prüfbericht Nr. / Test Report No
TÜH Anlage XXVII-002.00
Anlage XXVII zu § 48 Abs. 2 und Anlage XIV Nr 3.4 StVZO
Annex XXVII ref. § 48 Sect. 2 and Annex XIV No. 3.4 StVZO

TÜV Technische Überwachung Hessen GmbH
Automotive
TÜV HESSEN

Typ / Type : **MD-01**
Hersteller / Manufacturer : **HUSS Umwelttechnik GmbH**

LKW
TRUCK

Verwendungsbereich des Partikelminderungssystems /
Scope of application of particulate reduction system

Nummer für Fahrzeug-Identifikation / Number for vehicle identification	Fzg.-Hersteller / Vehicle-Manufacturer	Handelsbezeichnung / Brand name	Baujahr von/bis / Model year from/to	Motortyp / Motor type	Einzelzylinder Hubraum / Single cylinder Capacity cm^3	Hubraum V_H / capacity V_H cm^3	Nennleistung / Nominal engine power kW @ min^{-1}	Basis Typgenehmigung-Euro-Norm / Basis type approval Euro-Norm	Test-Basis PMK nach Umrüstung / Test-basis PMK after retrofitting	Schalldämpfer ersetzt / Silencer replaced	PMS Gehäuse / PMS Box; Geräusch-Anlage / Noise-Annex	Typbezeichnung oder Ausführung des verwendeten PMS / Type identification or Version of the used PMS	Minderungsklasse PMK nach Umrüstung / Level of emission reduction after retrofitting
8	DaimlerChrysler	Atego 1323 1523	04.02-	OM906 LAIII/2	1062	6374	170/2200	EURO III	B[1)]	ja	G1	10643403	PMK2
9	DaimlerChrysler	Atego Feuerwehr 1225F 1225AF 1525AF	01.01-	OM906 LAIII/3	1062	6374	180/2200	EURO III	B	ja	G1	10643403	PMK2
10	DaimlerChrysler	Atego 1228 1528 1828 2528 2628	01.01-	OM906 LAIII/4	1062	6374	205/2200	EURO III	B	ja	G1	10643403	PMK2
11	DaimlerChrysler	Linienbus O530S Citaro BM628	05.01-	OM906 LAIII/4	1062	6374	205/2200	EURO III	B	ja	G1	10643404	PMK2
12	DaimlerChrysler	Linienbus O530G Citaro BM628	05.01-	OM906 LAIII/3	1062	6374	180/2200	EURO III	B	ja	G1	10643405	PMK2
13	DaimlerChrysler	Linienbus O530G Citaro BM628	05.01-	OM906 LAIII/4	1062	6374	205/2200	EURO III	B	ja	G1	10643405	PMK2
14	DaimlerChrysler	Atego 1323 1523	04.02-	OM906 LAIII/2	1062	6374	170/2200	EURO III	B	ja	G1	10643406	PMK2
15	DaimlerChrysler	Atego Feuerwehr 1225F 1225AF 1525AF	01.01-	OM906 LAIII/3	1062	6374	180/2200	EURO III	B	ja	G1	10643406	PMK2
16	DaimlerChrysler	Atego 1228 1528 1828 2528 2628	01.01-	OM906 LAIII/4	1062	6374	205/2200	EURO III	B	ja	G1	10643406	PMK2

1) B = Basis der Genehmigung Systemtest mit EURO III Motortyp

TÜV Technische Überwachung Hessen GmbH
Rüdesheimer Strasse 119
D-64285 Darmstadt

PRÜFLABORATORIUM
- Automotive -
DAR-Registrier-Nr.: KBA-P 00005-95

Dokument:
Anlage XXVII Rev01
Anlage XXVII Rev.01.dot
Ausg.-Datum: 01.06.2008

Seite : 2 von 3

PB Abe TÜH Anlage XXVII - 002.00-MD-09.doc

Anmerkung zu 3.7.4

Beispiel einer EWG-Bauartgenehmigung (EWG-BG)

Kraftfahrt-Bundesamt
DE-24932 Flensburg

EWG - BAUARTGENEHMIGUNG (EWG-BG)
EEC - Component type-approval certificate

Angaben über die Erteilung, die Versagung, den Entzug der EWG-Bauartgenehmigung oder die Erweiterung der EWG-Bauartgenehmigung eines bestimmten Typs einer Verbindungseinrichtung (Zughaken, Anhängekupplung mit Fangmaul, Zugpendel) hinsichtlich ihrer Festigkeit, Abmessungen und vertikalen Stützlast am Kupplungspunkt

Notification concerning the granting, refusal, withdrawal or extension of EEC component type-approval with regard to the strength and dimensions and vertical load on the coupling point of a type of coupling device (towing hook, clevis type, tractor drawbar)

EWG-Bauartgenehmigung Nr.: **e1*89/173*2006/26*0185*02**
EEC component type-approval No.:

1. Fabrik- oder Handelsmarke und Typ der Verbindungseinrichtun
   Trade name or mark and type of the coupling device:
   Scharmüller

   Typ: 3330
   Type:

   Ausführungen / Versions:
   1, 2, 3, 4, 5, 6

2. Art der Verbindungseinrichtung:
   Type of coupling device:
   Anhängebock
   Mounting frame

3. Name und Anschrift des Herstellers der Verbindungseinrichtung
   Name and address of manufacturer of coupling device:
   Scharmüller Gesellschaft m.b.H.
   AT-4870 Vöcklamarkt

4. Gegebenenfalls Name und Anschrift der Beauftragten des Hers
   Verbindungseinrichtung:
   If applicable, name and address of authorized representative of
   coupling device:
   entfällt
   not applicable

SCHARMÜLLER ANHÄNGEKUPPLUNGEN

Montage- und Betriebsanleitung für Anhängebock Typ 3330
(EWG- Bauartgenehmigung Nr. e1 D 0158)

Der Anhängebock Typ 3330 darf an land- und forstwirtschaftlichen Zugmaschinen nach 89/173/EWG ausschließlich an den serienmäßig vorhandenen Befestigungspunkten der Zugmaschine mit Schrauben M20 10.9 und einem Anziehdrehmoment von 540 Nm montiert werden.

Der Anhängebock wird in 6 Ausführungen geliefert und darf in Kombination mit bauartgenehmigten und zum Anbau geeigneten austauschbaren Anhängekupplungen oder austauschbaren Anhängeböcken für alle Rastschienenstellungen (I), mit austauschbaren Anhängekupplungen oder austauschbaren Anhängeböcken für Rastschienenstellungen unterhalb der Zapfwelle (II), mit austauschbaren Zugpendeln im Zugpendellager (III), mit austauschbaren Kupplungskugeln 80 oder Zugzapfen im Zugpendellager (IV), mit fest eingebautem Zugzapfen (V) oder mit fest eingebauter Kupplungskugel 80 (VI) unter folgenden Bedingungen betrieben werden:

Ausführung in Kombination mit		1 - 6 I	1 - 6 II	2,3 III	2,3 IV	3 V	4 VI
Zul D-Wert	[kN]	91,3	91,3	78,8	91,3	91,3	91,3
Zul Stützlast	[kg]	2000	4000	800-2250	3500	3000	4000
Zul Anhängelast	[t]	26,0	26,0	18,0	26,0	26,0	26,0
Zul Einbaulänge	[mm]	155	155	250-500	185	-	-
Zul Zugösen Zugz		-	-	-	-	ISO 5692-1	-
Zul Zugkug. Kuppl		-	-	-	-	-	ISO 23 347

Die zulässigen Einbaulängen beziehen sich jeweils auf die Mitte des Kuppelpunktes der jeweiligen Anhängeeinrichtung und entsprechen bei austauschbaren Anhängekupplungen und Anhängeböcken in der Rastschiene dem Abstand bis Mitte Verriegelungsbolzen der Schiebeplatte, und bei austauschbaren Zugpendeln, bei austauschbaren Zugzapfen bzw bei austauschbaren Kupplungskugeln 80 im Zugpendellager dem horizontalen Abstand bis zur kuppelpunktseitigen Ebene des Zugpendellagers. Darüber hinaus sind austauschbare Zugpendel, Kupplungskugeln 80 oder Zugzapfen mit weiteren Einbaulängen bei verringerter Stützlast verwendbar, wobei die dann jeweils zulässige Stützlast dem Fabrikschild der austauschbaren Anhängeeinrichtung zu entnehmen sind. Die wirksamen Baumaße der fest eingebauten Kupplungskugeln 80 und Zugzapfen sind durch den Auslieferungszustand festgelegt. Für den Höhenabstand von Kupplungskugeln 50 über der Fahrbahn sind die Hinweise in der Montage- und Betriebsanleitung für die Kupplungskugeln zu beachten.

Die angegebenen D-Werte erlauben, im Falle der Inanspruchnahme einer Gesamtmasse der Zugmaschinen von 14,5 t, die in o.g. Tabelle angegebenen Anhängelasten. Sie entsprechen der jeweiligen Gesamtmasse eines Anhängers mit vertikal beweglicher Zugeinrichtung bzw. der(n) jeweiligen Achslast(en) eines Anhängers mit starrer Zugeinrichtung. Bei Zugmaschinen mit anderer Gesamtmasse G_K (in t) kann die zulässige Anhängelast A (in t) rechnerisch mit der Formel $A = D*G_K / (g *G_K - D)$ ermittelt werden (siehe auch unter www.scharmueller.at). Dabei sind D (in kN) der zulässige D-Wert des Anhängebockes und g (mit 9,81 m/s^2) die Erdbeschleunigung.

Die in Kombination mit dem Anhängebock verwendbaren Bolzenkupplungen, Kupplungskugeln 50, Kupplungskugel 80, Zugzapfen, Zugpendel bzw weiteren Anhängeböcke haben gesonderte Genehmigungen und Kennzeichnungen (Fabrikschilder), welche deren zulässigen Kennwerte und (sofern zutreffend) deren zulässigen Zugösen vorschreiben. Sofern durch diese Kennzeichnungen vom Anhängebock abweichende Kennwerte ausgewiesen werden, sind für den Betrieb einer Kombination jeweils die kleineren Werte maßgebend.

Auf die Pflichten des §13 FZO hinsichtlich der Daten in der Zulassungsbescheinigung in bezug auf die zulässige Anhängelast sowie auf die zulässige Stützlast wird hingewiesen.

Datum: 18.10.07
Aktenzeichen: 3330 - 03

3.7.3 Teile mit Einzelbetriebserlaubnis (§ 22 StVZO) oder mit Einzelbauartgenehmigung (§ 22 a StVZO) haben eine Kennzeichnung, bestehend aus

- einem Unterscheidungszeichen der Prüfstelle und
- einer Prüfnummer

z. B.:

TP 28 123456

3.7.4 Teile mit EG-Bauartgenehmigung bzw. EG-Typgenehmigung haben ein Genehmigungszeichen, bestehend aus

- einem Rechteck mit dem Buchstaben „e"
- der Kennzahl oder den Kennbuchstaben des genehmigenden Mitgliedstaats
- einer Bauartgenehmigungsnummer und
- ggf. zusätzliche Zeichen

z. B. Verbindungseinrichtungen für land- oder forstwirtschaftliche Zugmaschinen:

D
e 1 88-563

Anmerkung zu 3.7.4 und 3.7.6

Innerhalb des Regelwerkes der EG werden unterschiedliche Begriffe für den Nachweis einer erteilten Genehmigung verwendet. Die Vorgaben für die Kennzeichnung wurden in der Vergangenheit mehrfach geändert und angepasst.

*Das **Typgenehmigungszeichen** für Bauteile und selbstständige technische Einheiten besteht aus einem Rechteck, in dem der Kleinbuchstabe „e", gefolgt von der Kennziffer des Mitgliedstaats, der die EG-Typgenehmigung erteilt hat, angebracht ist:*

1	*für Deutschland*
2	*für Frankreich*
3	*für Italien*
4	*für die Niederlande*
5	*für Schweden*
6	*für Belgien*
7	*für Ungarn*
8	*für die Tschechische Republik*
9	*für Spanien*
11	*für das Vereinigte Königreich*
12	*für Österreich*
13	*für Luxemburg*
17	*für Finnland*
18	*für Dänemark*
19	*für Rumänien*

20 für Polen
21 für Portugal
23 für Griechenland
24 für Irland
26 für Slowenien
27 für die Slowakei
29 für Estland
32 für Lettland
34 für Bulgarien
36 für Litauen
49 für Zypern
50 für Malta.

In der Nähe des Rechtecks ist ferner die ‚Basis-Typgenehmigungsnummer' in Verbindung mit einer vorangestellten zweistelligen laufenden Nummer, die die jeweils letzte wesentliche Änderung der jeweiligen Einzelrichtlinie (bzw. Einzelverordnung) bezeichnet sowie einem oder mehreren zusätzlichen Symbolen oberhalb des Rechtecks, die zur Kennzeichnung bestimmter Merkmale dienen (die Bedeutung dieser Merkmale wird in der jeweiligen Einzelrichtlinie bzw. -verordnung spezifiziert).

Die ***EG-Typgenehmigungsnummer*** *für Bauteile und selbständige technische Einheiten besteht gemäß der Rahmenrichtlinie 70/156/EWG*) aus fünf Abschnitten, die jeweils durch das Zeichen „*" getrennt werden.*

1. *Kennbuchstabe/Kennziffer des Genehmigungslands*
2. *Nummer der Basisrichtlinie oder -verordnung*
3. *Nummer der Änderungsrichtlinie oder -verordnung (Grundlage der Genehmigung)*
4. *Nummer der Basisgenehmigung (vierstellig)*
5. *Nummer der Nachtragsgenehmigung (zweistellig)*

Beispiel:

e 1 * 94/20 * XX/ZZ * 0304 * 00

Die ***Kennzeichnung*** *der genehmigten Bauteile und selbstständigen technische Einheiten erfolgt nach den Vorschriften der jeweiligen Einzelrichtlinie bzw. -verordnung. Sehen diese eine Kennzeichnung mit dem Typgenehmigungszeichen nicht vor, so muss mindestens der Name oder das Zeichen der Firma sowie die Typ- und/oder eine Identifizierungsnummer angebracht sein. Die Kennzeichnung ist dauerhaft und deutlich lesbar anzubringen.*

---

*) *Hinweis der Autoren:* Nach Artikel 49 der Richtlinie 2007/46/EG wird die Richtlinie 70/156/EWG mit Wirkung vom **29. April 2009** aufgehoben und durch die Richtlinie 2007/46/EG ersetzt.

Gelegentlich treten Mischungen und Modifizierungen der vorgeschriebenen Kennzeichnungen auf oder es erfolgen voneinander abweichende Angaben in eventuell mitgegebenen Dokumenten und der direkten Kennzeichnung am Fahrzeugteil.

Bei eventuellen Eintragungen in die Fahrzeugpapiere sind die Angaben am Fahrzeugteil zu übernehmen.

Die Großschreibung des Kennbuchstabens „e" in den Fahrzeugpapieren ist ohne Bedeutung, da an der Gesamtkennzeichnung erkennbar ist, ob es sich um eine EG- oder ECE-Genehmigung handelt.

Die Einzelangaben sind nachstehend beispielhaft dargestellt.

Austauschschalldämpfer gemäß Rili 78/1015/EWG (Krad)

- *Fabrik- oder Warenzeichen der Auspuffanlage und deren Einzelteile*
- *vom Hersteller festgelegte Handelsbezeichnung*
- *Betriebserlaubniszeichen*
- *Kennzahl/-buchstabe des die BE erteilenden Lands*
- *Genehmigungs-Nr.*

Beispiel:

TERMIGNONI - DUC - **e** 1 - 0317

Anmerkung: *Gemäß § 2 der 47. Ausnahmeverordnung zur StVZO dürfen vom 1.4. 1994 bis 31.12.1996 (gem. ÄVO zur AusnVO vom 18.7.1995) Auspuffanlagen, die mit der BE des Kraftrads nach §§ 20 und 21 StVZO genehmigt wurden, auch ohne EG-Betriebserlaubniszeichen verwendet oder zur Verwendung feilgeboten oder veräußert werden.*

Austauschschalldämpfer gemäß Rili 70/157/EWG für Kraftfahrzeuge (Pkw)

- *Fabrik- oder Handelsmarke des Herstellers der Austausch-Schalldämpferanlage oder ihrer Teile*
- *vom Hersteller festgelegte Handelsbezeichnung*
- *EG-Betriebserlaubnisnummer*
- *Kennzahl/-buchstabe des Genehmigungslands*
- *Genehmigungs-Nr.*

Beispiel:

REMUS - 741- **e** 13 - 0123

(Übergangsweise auch z.B.: Piper – XL – D 123; D dann an Stelle von e1)

Akustische Warneinrichtungen gemäß Rili 70/388/EWG

- *Prüfzeichen*
- *Kennzahl/-buchstabe des Genehmigungslands*
- *Bauartgenehmigungs-Nr.*

Beispiel:

e4 - 1471

Kontrollgerät gemäß Verordnung EWG Nr. 3821/85

- *Prüfzeichen*
- *Kennzahl/-buchstabe des Genehmigungslands*
- *Bauartgenehmigungs-Nr.*

Beispiel:

e4 - 1471

(Aufkleber)

Rückspiegel gemäß Rili 71/127/EWG *(bis längstens 25. Januar 2005)*

- *Zusätzliches Zeichen = Rückspiegelklasse I = Innenspiegel*
  II = Außenspiegel
  III = Außenspiegel
  IV = großwinkl. Außenspiegel
  V = „Anfahr"-Außenspiegel

Rückspiegel gemäß Rili 2003/97/EG *(spätestens ab 26. Januar 2010)*
mit weiteren Rückspiegelklassen *VI = Frontspiegel*
S = sonstige Einrichtung für indirekte Sicht

- *Bauartgenehmigungszeichen*
- *Kennzahl/-buchstabe des Genehmigungslands,*
- *jeweilige Fassung der EG-Richtlinie*
- *Genehmigungs-Nr.*

Beispiel:

II - e4 - 02 * 187

Lichttechnische Einrichtungen gemäß Rili 76/757/EWG u. a.

- *Genehmigungsnummer*
- *Kennzahl/-buchstabe des Genehmigungslands*
- *Genehmigungs-Nr.*
- *Symbol für Klasse der LTE*
- *ggf. jeweilige Fassung der EG-Richtlinie*
- *ggf. Pfeil für vorgeschriebene Anbringungslage*
- *ggf. Angabe zur Leuchtenanzahl*
- *ggf. Angabe zur Anzahl der Lichtpegel*

Beispiele:

Rückstrahler:

I - e1 216

Begrenzungsleuchte:

A e1 011471

Sicherheitsgurte gemäß Rili 77/541/EWG

- *Genehmigungszeichen*
- *Kennzahl/-buchstabe des Genehmigungslands*
- *Genehmigungs-Nr.*
- *Buchstabe*

A	=	*Dreipunktgurt*
B	=	*Beckengurt*
S	=	*Spezialgurt*
Z	=	*Sicherheitsgurt ist Bestandteil eines Haltesystems (vorangestellt)*

- *Zusatzzeichen*

e	=	*mit Energieaufnahmeeinrichtung*
r	–	*mit Retraktor*
m	=	*Notverriegelung mit mehrfacher Empfindlichkeit*
p	=	*mit Gurtstrammer*
N	=	*nicht für Fahrzeuge bestimmter Klassen zulässig, plus Symbol der betroffenen Fahrzeugklasse*

Beispiele:

Ae e4 2439, Zse e4 2439, Br4m e4 2439, Ar4Nm e4 2439

Kopfstützen gemäß Rili 78/932/EWG

- *Genehmigungszeichen*
- *Kennzahl/-buchstabe des Genehmigungslands*
- *Genehmigungs-Nr.*
- *Zusatzzeichen „I", wenn Kopfstütze in den Fahrzeugsitz integriert*

Beispiele:

e4 II - 2439, e4 2439

Spritzschutzvorrichtungen gemäß Rili 91/226/EWG

- *Genehmigungszeichen*
- *Kennzahl/-buchstabe des Genehmigungslands*
- *Genehmigungs-Nr.*
- *Zusatzzeichen* *A = Absorbierung der Wasserenergie*
  S = Separation Luft/Wasser

Beispiel:

A | e 9 | 148

Sicherheitsscheiben gemäß Rili 92/22/EWG

- *Genehmigungszeichen*
- *Kennzahl/-buchstabe des Genehmigungslands*
- *Genehmigungs-Nr.*
- *Zusatzzeichen* *II = normales Verbundglas*
  II/P = normales Verbundglas, beschichtet
  III = vorbehandeltes Verbundglas
  III/P = vorbehandeltes Verbundglas, beschichtet
  IV = Glas-Kunststoff
  V = andere Verglasungen ohne Bedeutung für Sichtverhältnisse
  VI = Doppelscheibe

Beispiele:

II | e 2 | 001241, II/P | e 2 | 001242, III | e 2 | 001243, IV | e 2 | 001244

V | e 2 | 001245, V-VI | e 2 | 001246, | e 2 | 001247

Geschwindigkeits-Begrenzungseinrichtungen gemäß Rili 92/24/EWG

- *Typgenehmigungszeichen*
- *Kennzahl/-buchstabe des Genehmigungslands*
- *jeweilige Fassung der EG-Richtlinie*
- *Genehmigungsnummer*
- *Angabe der eingestellten Geschwindigkeit auf Schild im Fahrerraum*

Beispiel:

| e 2 | 00 1241

Reifen gemäß Rili 92/23/EWG

- *Genehmigungszeichen*
- *Kennzahl/-buchstabe des Genehmigungslands*
- *jeweilige Fassung der EG-Richtlinie*
- *Genehmigungsnummer*

Beispiel:

e23 00 479

Weitere vorgeschriebene Kennzeichnungen

- *Herstellername oder Handelsmarke*
- *Reifengröße*
- *Reifenbauart*
- *Diagonalreifen: keine Angabe oder „D"*
- *Radialreifen: „R" vor der Angabe des Felgennenndurchmessers, eventuell zusätzlich das Wort „RADIAL"*
- *Gürtelreifen mit Diagonalkarkasse: „B" vor der Angabe des Felgennenndurchmessers, eventuell zusätzlich das Wort „BIAS-BELTED"*
- *Symbol der Geschwindigkeitskategorie*
  (bei v > 240 km/h zusätzlich „Z" vor Angabe über die Bauart)
  M + S-Reifen: „M + S" oder „M.S" oder „M & S"
- *Tragfähigkeitskennzahl*
  (kann bei Reifen mit v > 240 km/h entfallen, ZR- und ZB-Reifen)
- *bei schlauchlosen Reifen: „TUBELESS"*
- *bei verstärkten Reifen: „REINFORCED"*
- *Herstellungsdatum*
- *1. u. 2. Stelle für Herstellungswoche, 3. Stelle für Herstellungsjahr*
- *bei nachschneidbaren Nutzfahrzeugreifen: Symbol „⊔" oder „REGROOVABLE"*
- *bei Nutzfahrzeugreifen: „PSI"-Kennzahl für Prüfluftdruck bei Reifenprüfungen*
- *zusätzliche Tragfähigkeitskennzahlen, Symbole, Geschwindigkeitskategorien, z. B. als Zwillingsreifen oder bei geschwindigkeitsreduziertem Einsatz*

Beispiele: ***185/70 R 14 89 T TUBELESS M + S 253***
250/70 R 20 149/145 J (146L143) TUBELESS M + S 251 90 PSI

Mechanische Verbindungseinrichtungen gemäß Rili 94/20/EG

Angaben:

1 *Klasse der Verbindungseinrichtung*
2 *Kennzahl/-buchstabe des Genehmigungslands*
3 *Jeweilige Fassung der EG-Richtlinie*
4 *Genehmigungs-Nr.*
5 *Zulässiger D-Wert*

6 *Zulässiger D-Wert für Zentralachsanhänger D_C (für Bolzenkupplung und Zugöse)*
7 *Zulässige statische Stützlast (außer Sattelkupplung und Zugsattelzapfen)*
8 *Zulässige Sattellast (nur Sattelkupplung)*
9 *Zulässiger V-Wert (nur Bolzenkupplung, Zugöse und Zugeinrichtung)*
10 *Höhenbereich H (nur Sattelkupplung, ergibt sich aus Klasse)*

a *Kupplungskugel mit Halterung*
b *Zugkugelkupplung*
c *Bolzenkupplung*
d *Zugöse*
e *Zugeinrichtung*
f *Sattelkupplung*
g *Zugsattelzapfen*

Beispiel:

A 50 - X - **e 1** * 94/20 * (XX/ZZ) * 0304 * 00; D18 S75

(Komplettkennzeichnung)

Kennzeichnungen entsprechend EG-Typgenehmigung

	1	2	3	4	5	6	7	8	9	10
a	*A 50-X*	*e1*	*00*	*0304*	*D18*		*S75*			
b	*B 50-1*	*e2*	*01*	*1993*	*D18*		*S75*			
c	*C50-2*	*e4*	*03*	*0207*	*D130*	*D_S90*	*S1000*		*V35*	
d	*D50-C*	*e4*	*00*	*1934*	*D130*	*D_S90*	*S1000*		*V50*	
e	*E[1])*	*e7*	*00*	*0013*	*D109*		*S1000*		*V50*	
f	*G50-4*	*e5*	*04*	*0015*	*D180*			*U26*		*H 200-219*
g	*H50-X*	*e12*	*01*	*1989*	*D162*					

1) E = Zugeinrichtung Zugdeichsel; F = Zugeinrichtung Zugstange

Hinweise

Die vorstehend aufgeführten Kennzeichnungen stellen Mindestanforderungen dar, die sich aus der entsprechenden EG-Typgenehmigung ergeben.

Die Kennzeichnungen sind am jeweiligen Teil dauerhaft und auch nach Anbau gut lesbar anzubringen.

Sofern eine Einzelrichtlinie bzw. -verordnung dies ausdrücklich vorsieht, werden vom Hersteller alle notwendigen Nutzungsbedingungen und -einschränkungen, abgefasst in den Amtssprachen der EG, als Begleitdokument an den Nutzer des Bauteiles oder der selbstständigen Einheit ausgehändigt. Eine Mitgabe von Genehmigungsdokumenten ist jedoch nicht vorgeschrieben.

In Abweichung von den Vorschriften kommt es gelegentlich zu unterschiedlichen, von den Festlegungen abweichenden Kennzeichnungen, die allerdings im Regelfall auch als Nachweis anerkannt werden können.

3.7.5 Teile mit ECE-Genehmigung haben ein Genehmigungszeichen, bestehend aus

- einem Kreis mit dem Buchstaben „E"
- der Kennzahl des genehmigenden Staats
- einer Genehmigungsnummer
- ggf. dem Buchstaben „R" und/oder der Nummer der entsprechenden ECE-Regelung und ggf. zusätzlichen Zeichen

z. B. Nebelschlussleuchte:

F-00 (E4) 2439

■ *Anmerkung zu 3.7.5*

Länderkennzeichnungen

E1 für Deutschland
E2 für Frankreich
E3 für Italien
E4 für die Niederlande
E5 für Schweden
E6 für Belgien
E7 für Ungarn
E8 für die Tschechische Republik
E9 für Spanien
E10 für Jugoslawien
E11 für das Vereinigte Königreich
E12 für Österreich
E13 für Luxemburg
E14 für die Schweiz
E15 –
E16 für Norwegen
E17 für Finnland
E18 für Dänemark
E19 für Rumänien
E20 für Polen
E21 für Portugal
E22 für die Russische Föderation

E23 für Griechenland
E24 für Irland
E25 für Kroatien
E26 für Slowenien
E27 für die Slowakei
E28 für Weißrussland
E29 für Estland
E30 –
E31 für Bosnien und Herzegowina
E32 für Lettland
E33 –
E34 für Bulgarien
E35 –
E36 für Litauen
E37 für die Türkei
E38 –
E39 für Aserbaidschan
E40 für die ehemalige jugoslawische Republik Mazedonien
E41 –
E42 für die EG (Genehmigungen werden von ihren Mitgliedstaaten unter Verwendung des jeweiligen ECE-Symbols erteilt)
E43 für Japan
E44 –
E45 für Australien
E46 für die Ukraine
E47 für die Republik Südafrika
E48 für Neuseeland
E49 für Zypern
E50 für Malta
E51 für die Republik Korea
E52 für Malaysia
E53 für Thailand
E54 –
E55 –
E56 für Montenegro
E57 –
E58 für Tunesien.

Die Genehmigungsnummer und das zusätzliche Symbol sind in der Nähe des Kreises entweder über, unter, rechts oder links neben dem Buchstaben „E" anzuordnen. Die Ziffern der Genehmigungsnummer müssen, bezogen auf den Buchstaben „E", auf einer Seite und in derselben Richtung angebracht sein. Das zusätzliche Symbol muss sich genau gegenüber der Genehmigungsnummer befinden. Um Verwechslungen mit anderen Symbolen auszuschließen, ist die Verwendung römischer Zahlen für die Genehmigungsnummer zu vermeiden.

3.7.6 Teile mit EG-Typgenehmigung/EWG-Betriebserlaubnis als technische Einheit haben ein Betriebserlaubniszeichen, bestehend aus

- einem Rechteck mit dem Buchstaben „e", gefolgt von der Kennzahl oder den Kennbuchstaben des genehmigenden Mitgliedstaates (siehe auch Anmerkung zu 3.7.4 und 3.7.6) und einer Ziffernfolge

z. B. Genehmigungskennzeichnung Austauschschalldämpfer:

e 9 | 030148

(genehmigt für Kfz gemäß Richtlinie 70/157/EWG)

e IRL | 60676

(genehmigt für Krafträder gemäß Richtlinie 97/24/EG)

e 1 | 035340

3.7.7 Teile mit Bauartgenehmigung der ehemaligen DDR haben ein Genehmigungszeichen, bestehend aus

- den Kennbuchstaben KTA-BAG bzw. KTA-TS und
- der Nummer der ABG (BAG) bzw. des Typscheins (TS)

z. B. Kupplungskugel mit Halterung:

KTA-BAG-Nr. 1234

früher auch:

KTA-TS-Nr. 56

3.7.8 Teile mit Teilegutachten oder Gutachten des amtlich anerkannten Sachverständigen haben keine standardisierte Kennzeichnung.

Die Kennzeichnung ist dem Gutachten zu entnehmen.

3.8 Auch für Kombinationen von Änderungen können auf Antrag des Teileherstellers bzw. -importeurs Genehmigungen durch die zuständigen Behörden erteilt oder Teilegutachten erstellt werden.

Dabei müssen die Grenzwerte, technischen Daten und ggf. unzulässige Kombinationen oder Ähnliches definiert werden.

3.9 Der Fahrzeugführer ist verpflichtet, nach Änderungen am Fahrzeug den Abdruck oder die Ablichtung der Teilegenehmigung oder des Auszugs davon, der die für die Verwendung wesentlichen Angaben enthält, oder im Fall der Änderungsabnahme den Nachweis mit der Bestätigung über die Änderungsabnahme mitzuführen.

Dies ist nicht erforderlich, wenn ein entsprechender Eintrag in den Fahrzeugpapieren erfolgt ist.

Die Angaben in den Fahrzeugpapieren müssen den tatsächlichen Verhältnissen entsprechen. Änderungen im Sinne des § 19 Abs. 3 StVZO müssen der zuständigen Zulassungsbehörde erst bei deren nächster Befassung mit den Fahrzeugpapieren gemeldet werden.

Dies gilt nicht für Änderungen, die Auswirkungen auf die Kraftfahrzeugsteuer, auf die Versicherungsprämie, auf die erforderliche Fahrerlaubnis, auf die Erhöhung von Fahrzeugabmessungen (außer bei Pkw und Kraftrad), oder auf erforderliche Ausnahmegenehmigungen haben (§ 13 Abs.1 FZV) *(s. Seite 306)*.

3.10 Ist die Betriebserlaubnis erloschen, darf der Fahrzeugführer nur Fahrten durchführen, die im unmittelbaren Zusammenhang mit dem Erlangen einer neuen Betriebserlaubnis stehen. Am Fahrzeug dürfen dabei die bisherigen Kennzeichen geführt werden.

3.11 Werden durch einen Fahrzeughersteller, der Inhaber einer Betriebserlaubnis für Typen oder einer EG-Typgenehmigung ist, Änderungen am Fahrzeug im Sinne des § 19 Abs. 2 StVZO vorgenommen, so bleibt die Betriebserlaubnis wirksam, solange die Fahrzeuge ausdrücklich zur Erprobung verwendet werden. Dies gilt nur, wenn die Zulassungsbehörde im Fahrzeugschein bzw. der Zulassungsbescheinigung Teil I bestätigt hat, dass ihr das Fahrzeug als Erprobungsfahrzeug gemeldet ist (§19 Abs. 6 StVZO).

4 Allgemeine Hinweise für die Polizei und für Personen, die Untersuchungen nach § 29 StVZO durchführen

4.1 Für alle Teile, durch deren Ein- oder Anbau die Betriebserlaubnis erlöschen kann, soll eine Teilegenehmigung bzw. ein Teilegutachten (siehe Erläuterung in 1.1) vorliegen. Entsprechende Genehmigungszeichen, ggf. andere Kennzeichnungen (gemäß Teilegutachten), müssen an den Teilen vorhanden sein (siehe 3.7).

Eine Teilegenehmigung liegt auch vor, wenn eine Allgemeine Betriebserlaubnis nach § 20 StVZO oder eine Einzelbetriebserlaubnis nach § 21 StVZO bzw. der Auszug davon oder der Nachweis darüber vorgelegt wird, durch die diese Änderung genehmigt ist.

Diese muss einen Hinweis enthalten, sofern nur bestimmte Änderungen bzw. Kombinationen von Änderungen vorgenommen werden dürfen, die dann ggf. durch einen amtlich anerkannten Sachverständigen oder Prüfer oder einen Prüfingenieur einer amtlich anerkannten Überwachungsorganisation abgenommen und bestätigt werden müssen.

4.2 Werden an einem Fahrzeug Änderungen festgestellt, ohne dass

- der Fahrzeugführer entsprechende Dokumente vorweisen kann, wie die Ablichtung oder den Abdruck der Betriebserlaubnis für Fahrzeugteile, der Bauartgenehmigung, der sonstigen Genehmigung, des Teilegutachtens oder des Nachweises darüber oder
- die Fahrzeugpapiere entsprechende Eintragungen enthalten oder
- am Teil entsprechende Genehmigungszeichen angebracht sind,

ist zu prüfen, ob durch derartige Änderungen die Betriebserlaubnis des Fahrzeugs erloschen ist. Beispiele und Hinweise hierzu enthält Teil B.

Ist die Betriebserlaubnis erloschen bzw. ist von einer derartigen Annahme auszugehen, sind entsprechende Maßnahmen einzuleiten. Wird festgestellt, dass zwar eine Gefährdung nicht zu erwarten ist, aber eine oder mehrere Bauvorschriften nicht mehr eingehalten werden, ist der Fahrzeugführer aufzufordern, unverzüglich für eine Wiederherstellung des vorschriftsmäßigen Zustands seines Fahrzeugs zu sorgen (§ 31 StVZO). Die Prüfplakette wird in beiden Fällen nicht zugeteilt.

■ *Anmerkung zu 4*

Hinweis

Algorithmus zur Bewertung von technischen Änderungen bezüglich des Erlöschens der Betriebserlaubnis eines Fahrzeugs durch den Ein- oder Anbau bzw. Aus- oder Abbau von Teilen

1 *Handelt es sich um eine technische Änderung?*

2 *Ist das verwendete Teil bauartgenehmigungspflichtig?*

3 *Trägt das Teil eine Genehmigungskennzeichnung?*

4 *Liegen für das Teil „Prüfzeugnisse" vor?*

5 *Ist in den „Prüfzeugnissen" eine Änderungsabnahme vorgeschrieben? (Bei Teilegutachten grundsätzlich!)*

6 *Wurde die Änderungsabnahme unverzüglich durchgeführt?*

7 *Liegt darüber eine Änderungsabnahmebestätigung (Nachweisblatt) vor?*

8 *Welche Art der Berichtigung der Fahrzeugpapiere ist darin vorgeschrieben?*

9 *Bei vorgeschriebener „unverzüglicher Berichtigung" muss die Änderung in den Fahrzeugpapieren eingetragen sein!*

10 *Bei vorgeschriebener „erforderlicher, aber zurückgestellter Berichtigung" ist das Nachweisblatt mit den Fahrzeugpapieren mitzuführen bis eine Berichtigung der Fahrzeugpapiere (bei nächster Befassung der Zulassungsbehörde mit den Fahrzeugpapieren) erfolgt!*

11 *Bei „nicht vorgeschriebener, aber möglicher Berichtigung" ist das Nachweisblatt immer mitzuführen!*

12 Bei erfolgter Begutachtung einer technischen Änderung (aaS der TP) ist immer die unverzügliche Berichtigung der Fahrzeugpapiere erforderlich!

13 Bei Verwendung von Teilen mit internationaler Genehmigung (EG, ECE) ist das Mitführen von Unterlagen nicht vorgeschrieben, jedoch muss das Teil eine Genehmigungskennzeichnung tragen und es sind die vorgeschriebenen Einschränkungen und Einbauanweisungen zu beachten!

14 Bei Verwendung von Teilen, für die eine Änderungsabnahme ggf. nicht vorgeschrieben ist, ist jedoch eine Genehmigungskennzeichnung angebracht und es liegen im Regelfall mitzuführende Prüfzeugnisse (ABE, ABG) vor.

Weitere Entscheidungen hängen von der jeweiligen Auffälligkeit und Wirkung der technischen Änderung ab und sind ggf. erst nach eingehender praktischer Prüfung am Fahrzeug zu treffen.

5 Anwendungsfälle

Die unter Teil B aufgeführten Anwendungsfälle sind Beispiele. Der Katalog erhebt keinen Anspruch auf Vollständigkeit.

Es wird unterschieden nach:

- Teilen, bei deren Ein- oder Anbau keine Gefährdung zu erwarten ist oder keine Verschlechterung des Abgas- oder Geräuschverhaltens eintritt und die ohne Einschränkungen verwendet werden können,
- Teilen, für deren Ein- oder Anbau eine Teilegenehmigung vorhanden sein sollte, deren Wirksamkeit jedoch nicht von der Änderungsabnahme dieser Teile durch einen amtlich anerkannten Sachverständigen oder Prüfer oder einen Prüfingenieur einer amtlich anerkannten Überwachungsorganisation abhängig ist,
- Teilen, für die eine Teilegenehmigung vorhanden ist, deren Wirksamkeit von der Änderungsabnahme der Teile abhängig ist oder Teilen, für deren Ein- oder Anbau ein Teilegutachten oder übergangsweise noch ein Prüfbericht vorhanden sein soll.
  In jedem Fall ist die Änderungsabnahme dieser Teile durch einen amtlich anerkannten Sachverständigen oder Prüfer oder einen Prüfingenieur einer amtlich anerkannten Überwachungsorganisation erforderlich,
- Teilen, für die keine Teilegenehmigung oder Teilegutachten vorhanden ist und die eine Begutachtung nach § 21 StVZO nach sich ziehen.

Zusätzlich sind Änderungen aufgeführt, die unzulässig sind, da sie aus Gründen der Verkehrssicherheit nicht vertretbar sind. Im Rahmen der HU nach § 29 StVZO wird Derartiges beanstandet. Eine Prüfplakette wird nicht zugeteilt. Von der Polizei werden derartige Fälle beanstandet.

Dem Katalog ist weiterhin eine Matrix beigefügt, die Hinweise auf Kombinationen von Änderungen, die sich gegenseitig beeinflussen können, gibt.

Teil B
Beispielkatalog

Vorbemerkungen

1 Der Beispielkatalog kann nur eine Auswahl von möglichen Änderungen enthalten. Er erhebt deshalb keinen Anspruch auf Vollständigkeit. Von dem im Beispielkatalog im Einzelfall aufgeführten Erfordernis einer Anbauabnahme[1]) der Änderung kann die die Genehmigung erteilende Behörde abweichen.

2 In der Regel ist davon auszugehen, dass Teile, die nachträglich ein- oder angebaut werden und eine entsprechende Teilegenehmigung[2]) oder ein Teilegutachten haben, selbst nicht verändert werden. Werden jedoch derartige Teile verändert, so ist anschließend die Begutachtung durch einen amtlich anerkannten Sachverständigen erforderlich. Dies ist immer dann der Fall, wenn von einer derartigen Veränderung eine Gefährdung zu erwarten ist oder eine Verschlechterung des Abgas- oder Geräuschverhaltens eintritt.

3 Werden Änderungen durchgeführt, die eine Gefährdung von Verkehrsteilnehmern erwarten lassen oder durch die eine Verschlechterung des Abgas- und/oder Geräuschverhaltens eintritt, ohne dass Teilegenehmigungen, Teilegutachten bzw. Prüfberichte vorliegen, ist eine Begutachtung durch einen amtlich anerkannten Sachverständigen erforderlich. Für die Erteilung einer neuen Betriebserlaubnis gilt § 21 StVZO entsprechend. In diesen Fällen werden in der Regel über den Umfang einer Änderungsabnahme hinausgehende Prüfungen, (z. B. Fahrversuche, Labor- oder Festigkeitsuntersuchungen) erforderlich sein.

4 Die im Katalog und in der Matrix durch „x" eingetragene Möglichkeit stellt den Regelfall dar.

---

1) Der Begriff **„Änderungsabnahme"** steht für die in § 19 Abs. 3 Nr. 1, 3 und 4 StVZO beschriebene Abnahme des Ein- oder Anbaus von Teilen, aber auch für die Abnahme des Aus- oder Abbaus

2) Der Begriff **„Teilegenehmigung"** steht für die Betriebserlaubnisse für Fahrzeugteile, Bauartgenehmigungen und Genehmigungen nach EG-Recht wie EG-Typgenehmigung, EWG-Betriebserlaubnis und EWG-Bauartgenehmigung und Genehmigungen nach Regelungen in der jeweiligen Fassung entsprechend dem „Übereinkommen vom 20. März 1958 (BGBl. 1965 II S. 857) über die Annahme einheitlicher technischer Vorschriften für Radfahrzeuge, Ausrüstungsgegenstände und Teile, die in Radfahrzeuge(n) eingebaut und/oder verwendet werden können, und die Bedingungen für die gegenseitige Anerkennung von Genehmigungen, die nach diesen Vorschriften erteilt wurden", soweit sie von der Bundesrepublik angewendet werden, z.B. ECE-Regelungen (§ 19 Abs. 3 Nr. 1 bis 3)

Hinweis der Autoren: Das Übereinkommen vom 20. März 1958 ist durch die Revision 2 vom 16. Oktober 1995 (BGBl. II 1997, S. 998, BGBl. II 2002, S. 1522) geändert worden. Es hat jetzt folgenden Titel: „Übereinkommen über die Annahme einheitlicher technischer Vorschriften für Radfahrzeuge, Ausrüstungsgegenstände und Teile, die in Radfahrzeuge(n) eingebaut und/oder verwendet werden können, und die Bedingungen für die gegenseitige Anerkennung von Genehmigungen, die nach diesen Vorschriften erteilt wurden."

■ *Anmerkung zu 4*

In der Matrix (S. 88) ist die gegenseitige Beeinflussung hinsichtlich zu erwartender Gefährdungen bzw. der Verschlechterung der Abgas- und/oder des Geräuschverhaltens gemeint. Jede der einzelnen Änderungen kann bestimmte Fahrzeugeigenschaften so beeinflussen, dass zwar die in den Bau- und Betriebsvorschriften festgelegten Grenzwerte eingehalten werden, trotzdem jedoch eine Verschlechterung gegenüber dem Zustand vor der Änderung eintritt. Werden nun an einem Fahrzeug zwei oder mehrere Änderungen vorgenommen, die die gleichen Fahrzeugeigenschaften beeinflussen, kann sich daraus eine unzulässige Gefährdung bzw. eine Verschlechterung des Abgas- und/oder Geräuschverhaltens ergeben.

Beispiel 1 *Ein Pkw wird nachträglich mit Sonderrädern und einem Frontspoiler ausgerüstet. Beide Änderungen können das thermische Verhalten der Bremsanlage beeinflussen. Im ungünstigsten Fall resultiert daraus eine unzulässige Überschreitung, obwohl beide Änderungen für sich noch im zulässigen Bereich lagen.*

Beispiel 2 *Ein Pkw wird nachträglich mit einem Heckspoiler an der Karosserieunterkante und einer Kupplungskugel mit Halterung ausgerüstet. Für beide Änderungen liegt eine Genehmigung oder Erlaubnis bzw. ein Gutachten vor; eine Gefährdung ist nicht zu erwarten. Durch die Kombination beider Änderungen kann sich eine unzulässige Beeinflussung der Freiräume für die Bedienung der Kupplung und/oder für den Schwenkbereich der Verbindungseinrichtung ergeben.*

Der nachfolgende Katalog der Anwendungsfälle ist in folgende Gruppen gegliedert

In einer zusätzlichen Spalte wird auf die in diesem Buch enthaltenen Arbeitshilfen und FAQs verwiesen.

		Betriebserlaubnis des Fahrzeugs erlischt nicht	
		weil keine Genehmigung und/oder Teilegutachten erforderlich	wenn Teilegenehmigung vorhanden und nicht von der Änderungsabnahme abhängig gemacht
Gruppe	Änderung	ohne Einschränkung verwendbar muß jedoch der StVZO entsprechen	Änderungsabnahme nicht erforderlich Beschränkungen oder Einbauanweisungen müssen aber eingehalten sein
1	2	3	4
1 **Ausrüstung**	1.1 Rückspiegel (auch Einstiegsspiegel bei KOM für Schülerbeförderung)		X
	1.2 Einrichtung für Schallzeichen		X
	1.3 Geschwindigkeitsmeßgerät		X
	1.4 Wegstreckenzähler	X[2)]	
	1.5 Fahrtschreiber/Kontrollgerät		X[3)]
	1.6 Diebstahl-Alarmanlage	X[4)]	
	1.7 Sicherungseinrichtung gegen unbefugte Benutzung		X
	1.8 Wegfahrsperre		X
	1.9 Verlegung des Gaspedals[5)]		X
	1.10 Verlegung der Betätigung der Kupplung[5)]		X
	1.11 Verlegung der Betätigungseinrichtung für Sekundärfunktionen (z.B. Hupe, Licht, Fahrtrichtungsanzeiger, Scheibenwischer)[5)]	X[6)]	X
2 **Lichttechnische Einrichtungen**	2.1 Anbau lichttechnischer Einrichtungen		X

Betriebserlaubnis des Fahrzeugs erlischt nicht: wenn Teilegenehmigung vorhanden und von der Änderungsabnahme abhängig gemacht oder Teilegutachten vorhanden – unverzügliche Änderungsabnahme erforderlich	Betriebserlaubnis des Fahrzeugs erlischt: wenn keine Teilegenehmigung oder Teilegutachten vorhanden oder der Verwendungsbereich nicht eingehalten – Begutachtung nach § 19 (2) Satz 3/ § 21 StVZO hins. d. Änderung erforderlich	Bemerkungen Hinweise auf besonders zu beachtende Vorschriften/Sonderfälle	*Arbeitshilfe, FAQ*
5	6	7	8
X[1])		§ 56 StVZO; Aufkleben von Weitwinkelspiegeln auf serienmäßige Spiegel unzulässig; [1]) zus. Nachweis über Verwendungsbereich erforderlich	
		§ 55 StVZO oder EG-Genehmigung	
		§ 57 StVZO	
		[2]) soweit nicht vorgeschrieben	
		§§ 57a, 57b StVZO [3]) Einbau durch ermächtigte Werkstatt erforderlich	
		§ 38b StVZO [4]) ohne Eingriff in Fahrzeugelektronik	
X		§ 38a StVZO	
X		§ 38a StVZO	
X		[5]) Nur für Behindertenumbau	*Seite 269*
X		[5]) Nur für Behindertenumbau	*Seite 269*
		[5]) Nur für Behindertenumbau [6]) sofern die Original-Betätigungseinrichtungen erhalten bleiben und die Sicht auf vorgeschriebene Anzeigen und Kontrolleuchten nicht verdeckt werden	*Seite 269*
X[7])		§ 30c StVZO, Rili über d. Beschaffenheit u. Anbringung äußerer FzTeile § 35b Abs. 2 StVZO, Rili f. Sicht aus Kfz § 50 Abs. 6 StVZO, Rili über die Einstellung von Scheinwerfern an Kfz [7]) Bei Fahrtrichtungsanzeigern mit nationalen ABG, Nachprüfung erforderlich	*Seite 209*

Gruppe	Änderung	Betriebserlaubnis des Fahrzeugs erlischt nicht – weil keine Genehmigung und/oder Teilegutachten erforderlich: ohne Einschränkung verwendbar muß jedoch der StVZO entsprechen	Betriebserlaubnis des Fahrzeugs erlischt nicht – wenn Teilegenehmigung vorhanden und nicht von der Änderungsabnahme abhängig gemacht: Änderungsabnahme nicht erforderlich Beschränkungen oder Einbauanweisungen müssen aber eingehalten sein
1	2	3	4
noch **2** **Licht-technische Einrich-tungen**	2.2 Anbau zusätzlicher lichttechnischer Einrichtungen – Suchscheinwerfer – Arbeitsscheinwerfer	X	
	2.3 Veränderung der Leuchtleistung von lichttechn. Einrichtungen: – Schutzgitter/Abdeckung – Scheinwerferreinigungsanlage – Lichtquelle (Glühlampe)		 X X X
3 **Lenk-anlagen**	3.1 Einbau Sonderlenkrad		X
	3.2 Einbau Sonderlenkrad mit Airbag		
	3.3 Anbau Sonderlenker für Krafträder		
	3.4 Austausch der gesamten Lenk-anlage oder Veränderung wesentlicher Teile davon		
	3.5 Anbau eines Lenkradknaufs versenkbar, klappbar		
	3.6 Anbau eines Lenkradknaufs	X[8)]	
	3.7 Einbau einer Fremdkraft Lenkhilfe (Servolenkung) oder Änderung der Übersetzungskraft bzw. des Übersetzungsverhältnisses		
	3.8 Einbau einer Fremdkraft-Lenkung		

Betriebserlaubnis des Fahrzeugs erlischt nicht	Betriebserlaubnis des Fahrzeugs erlischt		
wenn Teilegenehmigung vorhanden und von der Änderungsabnahme abhängig gemacht oder Teilegutachten vorhanden	wenn keine Teilegenehmigung oder Teilegutachten vorhanden oder der Verwendungsbereich nicht eingehalten		
unverzügliche Änderungsabnahme erforderlich	Begutachtung nach § 19 (2) Satz 3/ § 21 StVZO hins. d. Änderung erforderlich	Bemerkungen Hinweise auf besonders zu beachtende Vorschriften/Sonderfälle	*Arbeitshilfe, FAQ*
5	6	7	8
		§ 30c StVZO, Rili über d. Beschaffenheit u. Anbringung äußerer Fz-Teile § 35b Abs. 2 StVZO, Rili für Sicht aus Kfz	*Seite 209*
X X X		§ 30c StVZO, Rili über d. Beschaffenheit u. Anbringung äußerer Fz-Teile § 35b Abs. 2 StVZO, Rili für Sicht aus Kfz § 50 Abs. 6 StVZO, Rili über die Einstellung von Scheinwerfern an Kfz § 22a StVZO / EG- / ECE-Genehmigung	*Seite 209*
X			*Seite 108*
X			
X			*Seite 112*
X	X	Die Verwendung von Tauschteilen, d. in Funktionsmaßen, Anschluß, Material u. Ausführung d. typmäßigen Ausrüstung entsprechen, ist ohne Einschränkung möglich	
X5)		Nur für Rangierbetrieb zulässig 5) Nur für Behindertenumbau	
		8) wenn als Auflage f. Behinderte vorgeschrieben bzw. in BE des Kfz (Arbeitsmaschine)	
X	X		
	X	evtl. Ausnahmegenehmigung von § 38 StVZO erforderlich (70/311/EWG Anhang I Ziff. 4.1.6)	

		Betriebserlaubnis des Fahrzeugs erlischt nicht	
		weil keine Genehmigung und/oder Teilegutachten erforderlich	wenn Teilegenehmigung vorhanden und nicht von der Änderungsabnahme abhängig gemacht
Gruppe	Änderung	ohne Einschränkung verwendbar muß jedoch der StVZO entsprechen	Änderungsabnahme nicht erforderlich Beschränkungen oder Einbauanweisungen müssen aber eingehalten sein
1	2	3	4
noch **3** **Lenk-anlagen**	3.9 Einbau einer geänderten Betätigungseinrichtung für die Lenkanlage(z.B. Fußlenkung)[5])		
4 **Brems-anlagen**	4.1 Bremsbeläge		X
	4.2 Bremsscheiben		X
	4.3 Bremstrommeln		X
	4.4 Bremssättel		X
	4.5 Lufttrockner		X
	4.6 Bremszylinder		X
	4.7 Kupplungsköpfe	X	
	4.8 Bremsleitungen pneumatisch	X	
	4.9 Bremsleitungen hydraulisch		X*)
	4.10 automatische Gestängesteller		X
	4.11 Retarder (hydraulisch, elektr.)		
	4.12 autom. Blockierverhinderer		
	4.13 Austausch der gesamten Bremsanlage gegen eine andere oder Veränderung wesentlicher Teile davon		
	4.14 Umbau von Ein- auf Zweileitungsanschluß		
	4.15 zusätzlicher Anbau eines Ein- bzw. Zweileitungsanschlusses		
	4.16 Anbau Luftbeschaffungsanlage		
	4.17 Bremsventile mit geänderter Kennlinie		

Betriebserlaubnis des Fahrzeugs erlischt nicht	Betriebserlaubnis des Fahrzeugs erlischt		
wenn Teilegenehmigung vorhanden und von der Änderungsabnahme abhängig gemacht oder Teilegutachten vorhanden	wenn keine Teilegenehmigung oder Teilegutachten vorhanden oder der Verwendungsbereich nicht eingehalten		
unverzügliche Änderungsabnahme erforderlich	Begutachtung nach § 19 (2) Satz 3/ § 21 StVZO hins. d. Änderung erforderlich	Bemerkungen Hinweise auf besonders zu beachtende Vorschriften/Sonderfälle	*Arbeitshilfe, FAQ*
5	6	7	8
	X	5) Nur für Behindertenumbau	
X			
X			
X			
X			
X			
X		Umrüstung nur achsweise	
		ohne Einschränkung nur, wenn gleiche Funktionsmaße	
		ohne Einschränkung nur, wenn gleiche Funktionsmaße	
X			
X			
X			
	X		
X	X		
X			
X			
X		z.B. an lof-Fz	
X			

		Betriebserlaubnis des Fahrzeugs erlischt nicht	
		weil keine Genehmigung und/oder Teilegutachten erforderlich	wenn Teilegenehmigung vorhanden und nicht von der Änderungsabnahme abhängig gemacht
Gruppe	Änderung	ohne Einschränkung verwendbar muß jedoch der StVZO entsprechen	Änderungsabnahme nicht erforderlich Beschränkungen oder Einbauanweisungen müssen aber eingehalten sein
1	2	3	4
noch **4** **Brems-anlagen**	4.18 Einbau einer Fremdkraft-Bremsanlage		
	4.19 Einbau oder Änderung eines Bremskraftverstärkers		
	4.20 Veränderung des Bremspedals (z.B. Verbreiterung, Schutz gegen Abrutschen)		X
	4.21 Handbetätigung der Betriebs-bremsanlage [5)]		
	4.22 Einbau einer Fremdkraft-Betätigungseinrichtung der BBA (pneumatisch, elektrisch, hydraulisch) [5)]		
	4.23 Geänderte Betätigungseinrichtung der Feststellbremse [5)]		X
5 **Räder/ Reifen**	5.1 Räder ohne Änderung am Fahrzeug und bei Verwendung einer bereits genehmigten Reifengröße – nicht in Fz-BE enthaltene Räder		X
	5.2 Räder mit Änderung am Fz bzw. an der Karosserie (z.B. Radgeometrie, Lenkwinkelanschläge, Radausschnitte, Radaufhängung)		
	5.3 Räder mit anderer Horn- und Bettform, jedoch gleichen Grundmaßen (z.B. Sicherheitsfelgen)		X
	5.4 Reifen gleicher Bauart und Abmessung, gleicher oder höherer Geschwindigkeitskategorie aber abweichender Kennzeichnung		X [10)]
	5.5 Reifen anderer Bauart, jedoch vergleichbarer Größe, gleicher bzw. höherer Tragfähigkeits- u. Geschwindigkeitskategorie		X

Betriebserlaubnis des Fahrzeugs erlischt nicht	Betriebserlaubnis des Fahrzeugs erlischt		
wenn Teilegenehmigung vorhanden und von der Änderungsabnahme abhängig gemacht oder Teilegutachten vorhanden	wenn keine Teilegenehmigung oder Teilegutachten vorhanden oder der Verwendungsbereich nicht eingehalten		
unverzügliche Änderungsabnahme erforderlich	Begutachtung nach § 19 (2) Satz 3/ § 21 StVZO hins. d. Änderung erforderlich	Bemerkungen Hinweise auf besonders zu beachtende Vorschriften/Sonderfälle	*Arbeitshilfe, FAQ*
5	6	7	8
	X	evtl. Ausnahmegenehmigung von § 41 Abs. 18 StVZO erforderlich	
X		evtl. Ausnahmegenehmigung von § 41 Abs. 18 StVZO erforderlich	
X			
X		5) Nur für Behindertenumbau	
X 5)		5) Nur für Behindertenumbau	
X 5) 9)		5) Nur für Behindertenumbau 9) bei Fremdkraft-Betätigungseinrichtung	
X			*Seite 125*
X	X		*Seite 125*
X			*Seite 125*
		10) s. VkBl 1991, S. 578	*Seite 125*
X			*Seite 125*

		Betriebserlaubnis des Fahrzeugs erlischt nicht	
		weil keine Genehmigung und/oder Teilegutachten erforderlich	wenn Teilegenehmigung vorhanden und nicht von der Änderungsabnahme abhängig gemacht
Gruppe	Änderung	ohne Einschränkung verwendbar muß jedoch der StVZO entsprechen	Änderungsabnahme nicht erforderlich Beschränkungen oder Einbauanweisungen müssen aber eingehalten sein
1	2	3	4
noch **5** **Räder/ Reifen**	5.6 Reifen gleichwertiger Größenbezeichnung		X 10)
	5.7 Reifen höherer Tragfähigkeits- u./o. Geschwindigkeitskategorie		X
	5.8 Reifen niedrigerer Tragfähigkeits- u./o. Geschwindigkeitskategorie		
	5.9 Reifen für Krafträder und Pkw gleicher Bauart und Abmessung, jedoch anderer Hersteller o. Typ als mit der BE für das Fz genehmigt		X
	5.10 Reifen anderer Größe, anderen Verhältnissen von Höhe zu Breite, z.B. Breitreifen (auch f. Nutzfahrzeuge)		X
	5.11 Räder und Reifen, Kombinationen beider Änderungen möglich, ggf. weitere Änderungen nach Genehmigung erforderlich, z.B. – Radhauswand – Lenkanlage (Lenkeinschlag, Lenkrad) – Bremsanlage (Bremsleitungen, Belüftung) – Fahrwerk		
6 **Fahrgestell und Aufbau**	6.1 Einbau von Distanzscheiben		X
	6.2 Anbau Schleuderkettensystem		X
	6.3 Fahrwerksänderung (z.B. Tieferlegung, Spurverbreiterung)		
	6.4 Änderung des Feder-/Dämpferverhaltens		X

Betriebserlaubnis des Fahrzeugs erlischt nicht	Betriebserlaubnis des Fahrzeugs erlischt		
wenn Teilegenehmigung vorhanden und von der Änderungsabnahme abhängig gemacht oder Teilegutachten vorhanden	wenn keine Teilegenehmigung oder Teilegutachten vorhanden oder der Verwendungsbereich nicht eingehalten		
unverzügliche Änderungsabnahme erforderlich	Begutachtung nach § 19 (2) Satz 3/ § 21 StVZO hins. d. Änderung erforderlich	Bemerkungen Hinweise auf besonders zu beachtende Vorschriften/Sonderfälle	*Arbeitshilfe, FAQ*
5	6	7	8
		10) s. VkBl 1991, S. 578	
X	X	– bei Verwendung von M + S-Reifen zulässig: Kennzeichnung d. Höchstgeschwindigkeit nach § 36 Abs. 1 StVZO erforderlich, gilt nicht für Tragfähigkeit	
X			*Seite 120*
X			*Seite 125*
  X X X X	 X X X X		*Seite 125*
X			
X			
X	X		*Seite 131*
X			

		Betriebserlaubnis des Fahrzeugs erlischt nicht	
		weil keine Genehmigung und/oder Teilegutachten erforderlich	wenn Teilegenehmigung vorhanden und nicht von der Änderungsabnahme abhängig gemacht
Gruppe	Änderung	ohne Einschränkung verwendbar muß jedoch der StVZO entsprechen	Änderungsabnahme nicht erforderlich Beschränkungen oder Einbauanweisungen müssen aber eingehalten sein
1	2	3	4
noch **6** **Fahrgestell und Aufbau**	6.5 Niveauregulierungsanlage		X
	6.6 Fahrwerksänderung (Federn, Federbeine, Stoßdämpfer, Gabelstabilisatoren) bei Krafträdern		
	6.7 Ständer für Krafträder		X
	6.8 Achsen		
	6.9 Rahmenänderungen		
	6.10 Überrollbügel im Pkw		X
	6.11 Luftleiteinrichtung (Spoiler, Kraftradverkleidungen, seitl. Regen- und Windabweiser) bei Anbauhöhen ≤ 2 m		X
	6.12 Dachgepäckträger	X	
	6.13 Tragesysteme	X	X
	6.14 Schlafkabine auf Fahrerhäusern		
	6.15 Hinterer Unterfahrschutz		X
	6.16 Seitliche Schutzvorrichtung		X
	6.17 Anbau von Schütten bei Hinterkippern	X	

Betriebserlaubnis des Fahrzeugs erlischt nicht	erlischt		
wenn Teilegenehmigung vorhanden und von der Änderungsabnahme abhängig gemacht oder Teilegutachten vorhanden	wenn keine Teilegenehmigung oder Teilegutachten vorhanden oder der Verwendungsbereich nicht eingehalten		
unverzügliche Änderungsabnahme erforderlich	Begutachtung nach § 19 (2) Satz 3/ § 21 StVZO hins. d. Änderung erforderlich	Bemerkungen Hinweise auf besonders zu beachtende Vorschriften/Sonderfälle	*Arbeitshilfe, FAQ*
5	6	7	8
X[11]		[11] immer wenn Bremsanlage beeinflußt wird	
X	X		*Seite 131*
X			
	X		
X	X		
X			
X			*Seite 144*
		zul. Dachlast beachten	
X[12]		§ 30 StVZO, Merkblatt über die Verwendung von Hecktragesystemen [12] sofern in verkehrsgefährdender Weise Teile beeinträchtigt werden können, an die die StVZO bzw. EG-Rili konkrete Anforderungen stellt (z.B. lichttechnische Einrichtungen, Kupplungskugel mit Halterung)	
X			
X			
X			
		Änderungen Länge u. Gewichte/ Lasten beachten § 30c StVZO, Rili über d. Beschaffenheit u. Anbringung äußerer Fz-Teile beachten § 32b StVZO beachten	

		Betriebserlaubnis des Fahrzeugs erlischt nicht	
		weil keine Genehmigung und/oder Teilegutachten erforderlich	wenn Teilegenehmigung vorhanden und nicht von der Änderungsabnahme abhängig gemacht
Gruppe	Änderung	ohne Einschränkung verwendbar muß jedoch der StVZO entsprechen	Änderungsabnahme nicht erforderlich Beschränkungen oder Einbauanweisungen müssen aber eingehalten sein
1	2	3	4
noch **6** **Fahrgestell und Aufbau**	6.18 Einbau zusätzlicher Teile im Insassenraum (z.B. Telematik-Endgeräte, Funkgeräte)	X[13)]	X
	6.19 Schiebedach, Glas-/-kurbel-/-hebe-/-dach		X
	6.20 Änderung der Federungsart (z.B. Umbau von Blatt- auf Luftfederung)		
	6.21 Trennschutzgitter o. -wand	X	
	6.22 Rammschutzeinrichtung		X
	6.23 Kupplungskugel mit Halterung		
	6.24 Anhängebock		
	6.25 Sattelkupplung (einschl. Sattelplatte)		
	6.26 Selbsttätige Anhängekupplung bei Änderung der Größe und/oder 6.27 Form und/oder Veränderung der Anhängelast		
	6.28 Nachträglicher Anbau einer selbsttätigen Anhängekupplung an Fahrzeugen mit BE, in der ein Anbau einer Anhängekupplung genehmigt ist		X
	6.29 Nichtselbsttätige Anhängekupplung an lof-Fz		
	6.29a Anhänge-Zugeinrichtungen (z.B. Kurzkuppelsysteme)		
	6.30 Nachtr. Anbau Ladebordwand		
	6.31 Nachträglicher Anbau Ladekran		

Betriebserlaubnis des Fahrzeugs erlischt nicht	Betriebserlaubnis des Fahrzeugs erlischt		
wenn Teilegenehmigung vorhanden und von der Änderungsabnahme abhängig gemacht oder Teilegutachten vorhanden	wenn keine Teilegenehmigung oder Teilegutachten vorhanden oder der Verwendungsbereich nicht eingehalten		
unverzügliche Änderungsabnahme erforderlich	Begutachtung nach § 19 (2) Satz 3/ § 21 StVZO hins. d. Änderung erforderlich	Bemerkungen Hinweise auf besonders zu beachtende Vorschriften/Sonderfälle	*Arbeitshilfe, FAQ*
5	6	7	8
X		§ 30 StVZO, Rili für Gestaltung und Ausrüstung der Führerhäuser 13) soweit EMV nachgewiesen (siehe 26. Änd. VO)	
X			
X	X		
X			*Seite 154*
X			*Seite 158*
X			
X	X 14)	14) bei Änderung der Fz-Art	*Seite 163*
X 15)		ggf. Änderung d. Fz-Papiere 15) ist d. Erhöhung d. Anhängelast nicht mit in d. BE genehmigt, Begutachtung nach § 21 StVZO erforderlich	*Seite 167*
X			
X			
X			
	X		
	X		*Seite 222*

		Betriebserlaubnis des Fahrzeugs erlischt nicht	
		weil keine Genehmigung und/oder Teilegutachten erforderlich	wenn Teilegenehmigung vorhanden und nicht von der Änderungsabnahme abhängig gemacht
Gruppe	Änderung	ohne Einschränkung verwendbar muß jedoch der StVZO entsprechen	Änderungsabnahme nicht erforderlich Beschränkungen oder Einbauanweisungen müssen aber eingehalten sein
1	2	3	4
noch **6** **Fahrgestell und Aufbau**	6.32 Änderung Achsabstand, Einbau zusätzlicher Achsen		
	6.33 Nachträglicher Anbau einer Seilwinde		X[16)]
	6.34 Tausch der Anhängekupplung für Deichselanhänger gegen eine für Zentralachsanhänger		
	6.35 Einrichtungen zum Stabilisieren des Fahrverhaltens von Zugfahrzeugen und Anhängern		X
	6.36 Sitze		X
	6.37 Änderung der Sitzstruktur[5)]	X[17)]	
	6.38 Änderung der Sitzkonsole		
	6.39 Änderung der Sitzschienen		
	6.40 Einbau von Schwenk-, und Schiebetüren		
	6.41 Rollstuhl als Sitz[5)]		
	6.42 Rollstuhl als Fahrersitz[5)]		
	6.43 Sicherheitsgurte		X
	6.44 Außer Funktion setzen eines Airbags		X[18)]
	6.45 Rollstuhl-Verladeeinrichtung[5)]	X[19)]	X
	6.46 Einbau von Einstiegshilfen (z.B. Kran, Lift oder Rampe)[5)]		

Betriebserlaubnis des Fahrzeugs erlischt nicht	Betriebserlaubnis des Fahrzeugs erlischt		
wenn Teilegenehmigung vorhanden und von der Änderungsabnahme abhängig gemacht oder Teilegutachten vorhanden	wenn keine Teilegenehmigung oder Teilegutachten vorhanden oder der Verwendungsbereich nicht eingehalten		
unverzügliche Änderungsabnahme erforderlich	Begutachtung nach § 19 (2) Satz 3/ § 21 StVZO hins. d. Änderung erforderlich	Bemerkungen Hinweise auf besonders zu beachtende Vorschriften/Sonderfälle	*Arbeitshilfe, FAQ*
5	6	7	8
	X		
X		[16]) nur an Pkw innerhalb des Fahrzeugumrisses EMV ist nachzuweisen	
X			
X			
X		[5]) Nur für Behindertenumbau [17]) bei reiner Veränderung der Polsterung	
X		Prüfung nach 74/408/EWG erforderlich Prüfung nach 76/115/EWG erforderlich für Fahrzeuge mit Tag der 1. Zulassung nach dem 1.1.92	
X			
X			
X	X	[5]) Nur für Behindertenumbau	*Seite 269*
	X	[5]) Nur für Behindertenumbau	*Seite 269*
X			*Seite 269*
		[18]) s. VkBl. 1999 S. 98	
		[5]) Nur für Behindertenumbau [19]) bei Dachliftern, die nicht dauerhaft mit dem Fahrzeug verbunden sind	
X	X	[5]) Nur für Behindertenumbau	

		Betriebserlaubnis des Fahrzeugs erlischt nicht	
		weil keine Genehmigung und/oder Teilegutachten erforderlich	wenn Teilegenehmigung vorhanden und nicht von der Änderungsabnahme abhängig gemacht
Gruppe	Änderung	ohne Einschränkung verwendbar muß jedoch der StVZO entsprechen	Änderungsabnahme nicht erforderlich Beschränkungen oder Einbauanweisungen müssen aber eingehalten sein
1	2	3	4
7 **Feuersicherheit**	7.1 Kraftstoffleitungen	X	
	7.2 Kraftstoffbehälter		
	7.3 Kraftstoffvorwärmanlage		X
	7.4 Zusatzheizung (selbsttätige Wärmeerzeugung aus flüssigen o. gasförmigen Kraftstoffen)		
	7.5 Einbau einer Flüssiggasanlage oder anderer alternativer Antriebssysteme (Wasserstoff-, Methanolbetrieb usw.)		
8 **Abgas- und Geräuschverhalten**	8.1 Austauschmotor	X	
	8.2 Einbau eines anderen Motors		
	8.3 Änderung d. vorh. Motors insbes. zur Leistungsänderung durch – Änderung der Motorelektronik – Änderung der Gemischaufbereitungs- oder Ansauganlage – Verwendung geänderter Motorteile (z. B. Kolben, Nockenwelle, Zylinderköpfe) – Aufladung des Motors – Luftfilteranlage		
	8.4 Schalldämpfer		X

Betriebserlaubnis des Fahrzeugs erlischt nicht	Betriebserlaubnis des Fahrzeugs erlischt		
wenn Teilegenehmigung vorhanden und von der Änderungsabnahme abhängig gemacht oder Teilegutachten vorhanden	wenn keine Teilegenehmigung oder Teilegutachten vorhanden oder der Verwendungsbereich nicht eingehalten		
unverzügliche Änderungsabnahme erforderlich	Begutachtung nach § 19 (2) Satz 3/ § 21 StVZO hins. d. Änderung erforderlich	Bemerkungen Hinweise auf besonders zu beachtende Vorschriften/Sonderfälle	*Arbeitshilfe, FAQ*
5	6	7	8
		DIN 73378 muß erfüllt sein	
X		§§ 30, 45 StVZO bzw. 70/221/EWG beachten	
X			
X			
X		nur mit Nachweis des Abgas- und Geräuschverhaltens	*Seite 235*
		als Austauschmotor gilt nur ein Motor von gleichem Hubraum, gleicher Leistung ohne Verschlechterung d. Abgas- und Geräuschverhaltens; geringe Abweichungen infolge Ausschleifens d. Zylinder sind zulässig; Teilemotor gilt auch als Austauschmotor	
X		ohne Verschlechterung d. Abgas- und Geräuschverhaltens, Einbauhinweise d. Genehmigung beachten; ggf. Fz-Papiere ändern	
		in Einzelfällen Begutachtung nach § 21 StVZO erforderlich	*Seite 175 und 180*
X	X	ggf. AU-Werte neu festlegen	
X	X	EMV ist nachzuweisen	
X	X		
X	X		
X	X		
X			*S. 184 u. 188*

		Betriebserlaubnis des Fahrzeugs erlischt nicht	
		weil keine Genehmigung und/oder Teilegutachten erforderlich	wenn Teilegenehmigung vorhanden und nicht von der Änderungsabnahme abhängig gemacht
Gruppe	Änderung	ohne Einschränkung verwendbar muß jedoch der StVZO entsprechen	Änderungsabnahme nicht erforderlich Beschränkungen oder Einbauanweisungen müssen aber eingehalten sein
1	2	3	4
noch **8** **Abgas- und Geräuschverhalten**	8.5 Veränderung an der Zündanlage		X
	8.6 Einbau einer Geschwindigkeitsregeleinrichtung	X[20]	X
	8.7 Einbau eines Geschwindigkeitsbegrenzers	X	X
	8.8 Abgasreinigungsanlage – Einbau, Änderung		X[21]
	8.9 Latentwärmespeicher		X
	8.10 Blenden für Endrohre von Schalldämpferanlagen ohne Veränderung des Auslaßquerschnitts	X	
	8.11 Getriebe, Achsübersetzung (andere Wirkungsweise, Handschaltgetriebe)		
	8.12 Ausbau eines Geschwindigkeitsbegrenzers (Pkw)		
	8.13 Einbau einer automatischen Kupplung		
9 **Kombinationen von Änderungen**	9.1 Anhängekupplung **und** Änderung des Fahrwerks (z. B. Tieferlegung)		
	9.2 Auspuffanlage **und** Spoiler (im Bereich der Auspuffanlage)		X[22]
	9.3 Sonderlenkrad **und** Rad-/Reifenänderung		
	9.4 Sonderlenkrad **und** Änderung des Fahrwerks (z. B. Tieferlegung) wenn keine Spurverbreiterung		
	9.5 **Mehrere** Änderungen des Fahrwerks (z. B. Sturz, Spur, Federn, Stoßdämpfer, Räder, Reifen)		

Betriebserlaubnis des Fahrzeugs erlischt nicht	erlischt		
wenn Teilegenehmigung vorhanden und von der Änderungsabnahme abhängig gemacht oder Teilegutachten vorhanden	wenn keine Teilegenehmigung oder Teilegutachten vorhanden oder der Verwendungsbereich nicht eingehalten		
unverzügliche Änderungsabnahme erforderlich	Begutachtung nach § 19 (2) Satz 3/ § 21 StVZO hins. d. Änderung erforderlich	Bemerkungen Hinweise auf besonders zu beachtende Vorschriften/Sonderfälle	*Arbeitshilfe, FAQ*
5	6	7	8
X			
X	X	20) wenn kein Eingriff in die Motorelektronik und in das Bremssystem	
X			
X		§ 47 StVZO 21) wenn eine AU-Werkstatt Einbau bescheinigt hat	
X			
		§ 30c StVZO beachten	
X		bei Lkw u. Kom § 57b StVZO beachten, Abgas- u. Geräuschverhalten beachten	
X			
X			
X[22]		22) Werden mehrere Änderungen, die sich in ihrer Kombination gegenseitig so beeinflussen, daß eine Gefährdung zu erwarten ist oder eine Verschlechterung des Abgas- oder Geräuschverhaltens eintritt, zeitgleich oder zeitlich versetzt vorgenommen, so erlischt die Betriebserlaubnis des Fahrzeugs. Dies gilt nicht, wenn für die Kombination eine Teilegenehmigung oder ein Teilegutachten vorliegt.	
X[22]			
X[22]			
X[22]			
X[22]	X		

		Betriebserlaubnis des Fahrzeugs erlischt nicht	
		weil keine Genehmigung und/oder Teilegutachten erforderlich	wenn Teilegenehmigung vorhanden und nicht von der Änderungsabnahme abhängig gemacht
Gruppe	Änderung	ohne Einschränkung verwendbar muß jedoch der StVZO entsprechen	Änderungsabnahme nicht erforderlich Beschränkungen oder Einbauanweisungen müssen aber eingehalten sein
1	2	3	4
noch **9** **Kombinationen von Änderungen**	9.6 Rad/Reifen **und** Änderung des Fahrwerks		
	9.7 Rad/Reifen **und** Spoiler		X[22)]
	9.8 Rahmenverlängerung (ohne Radstandsänderung) **und** Änderung des hinteren Unterfahrschutzes		
	9.9 Rahmenverlängerung (ohne Radstandsänderung) **und** Tieferlegung der Anhängekupplung		
	9.10 Leistungsänderung **und** Rad/Reifen		
10 **§ 19 Abs. 2 Nr. 1 StVZO Änderung der Fahrzeugart**	10.1 Änderung der genehmigten Fz-Art bzw. Aufbauart z.B. – Pkw in Lkw oder umgekehrt (o.u.) – Lkw in Zugmaschine o.u. – Lkw in selbstfahrende Arbeitsmaschine o.u. – Kom in Wohnmobil o.u. – Pkw in Wohnmobil o.u. – Lkw in Wohnmobil o.u. – Anhänger offener Kasten in Tankwagen o.u. – Krad, Motorrad m. Leistungsbeschränkung in Lkrad Motorrad o.u. – Krad, Motorrad m. Leistungsbeschränkung in Krad Motorrad o. Leistungsbeschränkung o.u. – Lkrad in Kleinkrad o.u. – Kleinkrad in Mofa		

Betriebserlaubnis des Fahrzeugs erlischt nicht	Betriebserlaubnis des Fahrzeugs erlischt		
wenn Teilegenehmigung vorhanden und von der Änderungsabnahme abhängig gemacht oder Teilegutachten vorhanden	wenn keine Teilegenehmigung oder Teilegutachten vorhanden oder der Verwendungsbereich nicht eingehalten		
unverzügliche Änderungsabnahme erforderlich	Begutachtung nach § 19 (2) Satz 3/ § 21 StVZO hins. d. Änderung erforderlich	Bemerkungen Hinweise auf besonders zu beachtende Vorschriften/Sonderfälle	*Arbeitshilfe, FAQ*
5	6	7	8
X[22]	X	[22] Werden mehrere Änderungen, die sich in ihrer Kombination gegenseitig so beeinflussen, daß eine Gefährdung zu erwarten ist oder eine Verschlechterung des Abgas- oder Geräuschverhaltens eintritt, zeitgleich oder zeitlich versetzt vorgenommen, so erlischt die Betriebserlaubnis des Fahrzeugs. Dies gilt nicht, wenn für die Kombination eine Teilegenehmigung oder ein Teilegutachten vorliegt.	
X[22]			
X[22]	X		
X[22]	X		
X[22]			
X[23]	X	d. Herabsetzung d. zGG führt nicht automatisch zur Änderung d. Fahrzeugart die Heraufsetzung des zGG innerhalb einer Fz-Art kann der Änderung der Fz-Art gleichzusetzen sein (z. B. N1-Umbau in N2, M2-Umbau in M3) [23] nur in einfachen Fällen	*Seite 193 und 197*

Die gegenseitige Beeinflussung bei Kombinationen von Änderungen (Pkw, Kraftrad)

Art der Änderung	Abgasverhalten	Auspuffanlage	Änderung am Motor, Leistungsänderung	Anhängekupplung	Lenkrad, Lenker	Tieferlegung	Spoiler	Federn, Stoßdämpfer	Spur/Sturz	Rad/Reifen
Rad/Reifen	X	–	X	–	X	X	X	X	X	–
Spur/Sturz	–	–	–	–	X	X	–	X	–	
Federn, Stoßdämpfer	–	X	X	–	–	X	–	–		
Spoiler	–	X	X	X	–	X	–			
Tieferlegung	–	X	–	X	–	–				
Lenkrad, Lenker	–	–	–	–	–					
Anhängekupplung	–	X	X	–						
Änderung am Motor, Leistungsänderung	X	X	–							
Auspuffanlage	X	–								
Abgasverhalten	–									

– Keine gegenseitige Beeinflussung

x Gegenseitige Beeinflussung möglich, weitere Hinweise siehe Teile-ABE/Teilegutachten/Genehmigung

Teil C
Muster und Beispiele

I Muster für einen Nachweis gemäß § 19 Abs. 4 StVZO

Nachweis gemäß § 19 Abs. 4 Satz 1 StVZO

Für: ______________________________

des Herstellers/Importeurs: ______________________________

liegt eine Betriebserlaubnis nach § 22 StVZO/Bauartgenehmigung nach § 22 a StVZO/Genehmigung im Rahmen einer Betriebserlaubnis oder eines Nachtrags dazu für das Fahrzeug nach § 20 oder § 21 StVZO *)

mit Erlaubnis-/Genehmigungs-Nr.: ______________________________

liegt ein Teilegutachten/Prüfbericht *)

des / der Techn. Dienstes/Techn. Prüfstelle/aaS *) ______________________________

mit Gutachten/Bericht-Nr.: ______________ Datum: __________ vor.

Kennzeichnung: ______________________________

Stempel

Bestätigung der ordnungsgemäßen Änderung gem. § 19 Abs. 3 StVZO

Hiermit wird bestätigt, daß die Änderung mit dem/n im Nachweis genannten Bauteil/en am Fz-Typ: __________

Fahrzeughersteller: ______________ Fahrzeug-Ident-Nr.: ______________

ordnungsgemäß erfolgte und das Fahrzeug insoweit den geltenden Vorschriften entspricht.

Vorangegangene zulässige Änderungen, die berücksichtigt wurden:

____

Bemerkungen/Hinweise/Auflagen (siehe auch Rückseite): ______________________________

____

Eine Berichtigung der Fahrzeugpapiere ist unverzüglich / bei nächster Befassung / erforderlich / nicht vorgeschrieben aber möglich *)

Untersuchungsbericht/Gutachten-Nr.: ______________ Unterschrift u. Name

Ort u. Datum d. Abnahme: ______________ a.a.S.o.P. / Prüf-Ing.

Stempel

Daten für Fahrzeugbrief

1	Fahrzeug- und Aufbauart								33 Bemerkungen
5	Antriebsart					6	Höchstgeschw. km/h		
7	Leistung/kw bei min^{-1}		8	Hubraum					
9	Nutz-/Aufliegelast		10	Rauminhalt d. Tanks m^3					
11	Steh-/Liegeplätze		12	Sitzplätze einschl. Führerpl. u. Nots.					
13	Maße über alles mm Länge			Breite			Höhe		
14	Leergewicht kg		15	Zul. Gesamtgewicht kg					
16	Zul. Achslast kg vorn			Mitte			hinten		
17	Räder u. a. Gleisketten		18	Zahl d. Achsen		19	davon angetriebene Achsen		
20	Größenbez. d. Bereifung vorn								
21	Größenbez. d. Bereifung Mitte/hinten								
22	Größenbez. d. Bereifung vorn								
23	Größenbez. d. Bereifung Mitte/hinten								
	Überdr. a. Bremsanschl.		24	Einleitungsbremse		25	Zweileitungsbremse	bar	
26	Anhängekupplung DIN 740 Form u. Größe		27	Anhängekupplung Prüfz.					
28	Anhängelast kg bei Anhänger m Bremse		29	bei Anhänger ohne Bremsen					
[illegible]	[illegible]		31	Fahrgeräusch dB (A)					

Die in den vorliegenden Fz-Papieren in Spalte ________ unter Ziffer ________ u. Ziffer 33, Zeile ________ beschriebenen Angaben müssen entsprechend in den Fahrzeugpapieren gestrichen werden.

*) Nichtzutreffendes streichen

II Muster für einen EDV-Nachweis gemäß § 19 Abs. 4 StVZO

Hinweis

Im nachfolgenden Muster sind alle möglichen Bausteine aufgeführt, die für eine Änderungsabnahme notwendig sein können. Je nach Bedarf ist auch eine Kurzfassung möglich, wie in den Beispielen aufgezeigt.

Kopf der ÜI

Berichts-Nr.: vom: Seite: von

Kurzzeichen im Stempel

Änderungsabnahme nach § 19 Abs. 3 StVZO

FZ-Ident-Nr.:

Fahrzeugart: SN Bezeichnung Hersteller: SN Bezeichnung

Aufbauart: SN Bezeichnung Typ u. Ausführung: SN Bezeichnung

Nachweis gemäß § 19 Abs. 4 Satz 1 StVZO

Für
des Herstellers/Importeurs liegt eine Genehmigung im Rahmen einer Betriebserlaubnis oder eines Nachtrages dazu für das Fahrzeug nach § 20 StVZO mit der Erlaubnis-Nr.: vor. [1] [2]
Kennzeichnung: [1] [2]

Für
des Herstellers/Importeurs liegt eine Genehmigung im Rahmen einer Betriebserlaubnis oder eines Nachtrages dazu für das Fahrzeug nach § 21 StVZO mit der Erlaubnis-Nr.: vor. [1] [2]
Kennzeichnung: [1] [2]

Für
des Herstellers/Importeurs liegt eine Betriebserlaubnis oder ein Nachtrag nach § 22 StVZO mit der Erlaubnis-Nr.: vor. [1] [2]
Kennzeichnung: [1] [2]

Für
des Herstellers/Importeurs liegt eine Bauartgenehmigung oder ein Nachtrag nach § 22a StVZO mit der Genehmigungs-Nr.: vor. [1] [2]
Kennzeichnung: [1] [2]

Für
des Herstellers/Importeurs liegt eine EG-Betriebserlaubnis oder ein Nachtrag mit der Erlaubnis-Nr.: vor. [1] [2]
Kennzeichnung: [1] [2]

Für
des Herstellers/Importeurs liegt eine ECE-Genehmigung oder ein Nachtrag mit der Erlaubnis-Nr.: vor. [1] [2]
Kennzeichnung: [1] [2]

---

1) Nichtzutreffendes weglassen
2) Mehrfachnennungen möglich

Kopf der ÜI

Berichts-Nr.: vom: Seite: von

Änderungsabnahme nach § 19 Abs. 3 StVZO

Kurzzeichen im Stempel

FZ-Ident-Nr.:

Fahrzeugart:	SN	Bezeichnung	Hersteller:	SN	Bezeichnung
Aufbauart:	SN	Bezeichnung	Typ u. Ausführung:	SN	Bezeichnung

Bestätigung der ordnungsgemäßen Änderung gemäß § 19 Abs. 3 StVZO

Hiermit wird bestätigt, daß die Änderung mit dem/n im Nachweis genannten Bauteil/en am oben beschriebenen Fahrzeug ordnungsgemäß erfolgte und das Fahrzeug insoweit den geltenden Vorschriften entspricht.

Vorangegangene zulässige Änderungen, die berücksichtigt wurden: 1)

–
–

Hinweise: 1)

–
–

Eine Berichtigung der Fahrzeugpapiere ist unverzüglich erforderlich. 1)

Eine Berichtigung der Fahrzeugpapiere ist bei nächster Befassung erforderlich. 1)

Eine Ergänzung der Fahrzeugpapiere ist nicht vorgeschrieben, aber möglich. 1)

1) Nichtzutreffendes weglassen

Kopf der ÜI

Berichts-Nr.: vom: Seite: von

Änderungsabnahme nach § 19 Abs. 3 StVZO

Kurzzeichen im Stempel

FZ-Ident-Nr.:

Fahrzeugart:	SN	Bezeichnung	Hersteller:	SN	Bezeichnung
Aufbauart:	SN	Bezeichnung	Typ u. Ausführung:	SN	Bezeichnung

Für
des Herstellers/Importeurs liegt ein Teilegutachten des
Techn. Dienstes: mit Gutachten-Nr.:
vom: vor.
Kennzeichnung: [1] [2]

Für
des Herstellers/Importeurs liegt ein Prüfbericht über die Vorschriftsmäßigkeit eines Fahrzeuges bei bestimmungsgemäßem Ein- oder Anbau des aaS:
bei der Techn. Prüfstelle:
mit Bericht-Nr.: vom: vor.[1]

1) Nichtzutreffendes weglassen
2) Mehrfachnennungen möglich

Kopf der ÜI

Berichts-Nr.: vom: Seite: von

Kurzzeichen im Stempel

Änderungsabnahme nach § 19 Abs. 3 StVZO

FZ-Ident-Nr.:

Fahrzeugart: SN Bezeichnung Hersteller: SN Bezeichnung

Aufbauart: SN Bezeichnung Typ u. Ausführung: SN Bezeichnung

Daten für die Fahrzeugpapiere [1)]

1	Fahrzeug- und Aufbauart		
2	Fahrzeughersteller		
3	Typ und Ausführung		
4	Fahrzeug-Ident.-Nr.		
5	Antriebsart		
6	Höchstgeschwindigkeit km/h		
7	Leistung kW bei min^{-1}		
8	Hubraum cm^3		
9	Nutz- oder Aufliegelast kg		
10	Rauminhalt des Tanks m^3		
11	Steh-/Liegeplätze		
12	Sitzplätze einschl. Führerpl. u. Nots.		
13	Maße über alles mm Länge		
13	Maße über alles mm Breite		
13	Maße über alles mm Höhe		
14	Leergewicht kg		
15	Zul. Gesamtgewicht kg		
16	Zul. Achslast kg vorn		
16	Zul. Achslast kg mitten		
16	Zul. Achslast kg hinten		
17	Räder und/oder Gleisketten		
18	Zahl der Achsen		
19	davon angetriebene Achsen		
20	Größenbezeichnung der Bereifung	vorn	
21	Größenbezeichnung der Bereifung	mitten und hinten	

1) Nichtzutreffendes weglassen

Kopf der ÜI

Berichts-Nr.: vom: Seite: von

Änderungsabnahme nach § 19 Abs. 3 StVZO

FZ-Ident-Nr.:

Fahrzeugart:	SN	Bezeichnung	Hersteller:	SN	Bezeichnung
Aufbauart:	SN	Bezeichnung	Typ u. Ausführung:	SN	Bezeichnung

22	Größenbezeichnung der Bereifung	oder vorn		
23	Größenbezeichnung der Bereifung	mitten und hinten		
24	Überdruck am Bremsanschluß	Einleitungsbremse		bar
25	Überdruck am Bremsanschluß	Zweileitungsbremse		bar
26	Anhängekupplung DIN 740.. Form u. Größe			
27	Anhängekupplung Prüfzeichen ~			
28	Anhängelast kg bei Anhänger mit Bremse			
29	Anhängelast kg bei Anhänger ohne Bremse			
30	Standgeräusch dB(A)			
31	Fahrgeräusch dB(A)			
32	Tag der ersten Zulassung			
33	Bemerkungen			

Die in den vorliegenden Fahrzeugpapieren in Spalte unter Ziffer und Ziffer 33, Zeile beschriebenen Angaben müssen entsprechend in den Fahrzeugpapieren gestrichen werden.[1]

Ort, Datum Stempel

Unterschrift

Name: a.a.S.o.P./Prüf-Ing.

1) Nichtzutreffendes weglassen

Beispiel für eine Kurzfassung:

Kopf der ÜI

Berichts-Nr.: 123435343 vom: 00.00.0000

Änderungsabnahme nach § 19 Abs. 3 und 4 StVZO

FZ-Ident-Nr.: WXX23459687947123

Fahrzeugart:	01	PKW	Hersteller:	0000	Bezeichnung
Aufbauart:	02	geschlossen	Typ u. Ausführung:	000	Bezeichnung

Nachweis gemäß § 19 Abs. 4 StVZO Satz 1

Für LM-Räder
des Herstellers/Importeurs XY liegt ein Teilegutachten des
Techn. Dienstes: XXXXXXXX mit Gutachten-Nr.: 12344321
vom: 00.00.0000 vor. Kennzeichnung: ABC1234

Stempel

Bestätigung der ordnungsgemäßen Änderung gemäß § 19 Abs. 3 StVZO

Hiermit wird bestätigt, daß die Änderung mit dem/n im Nachweis genannten Bauteil/en am oben beschriebenen Fahrzeug ordnungsgemäß erfolgte und das Fahrzeug insoweit den geltenden Vorschriften entspricht.

Vorangegangene zulässige Änderungen, die berücksichtigt wurden:[1]

– keine

Hinweise: [1]

– keine

Eine Berichtigung der Fahrzeugpapiere ist bei nächster Befassung erforderlich.

Unterschrift

Name: a.a.S.o.P/Prüf-Ing.

Stempel

Daten für die Fahrzeugpapiere

33	Bemerkungen	ZIFF.20 U. 21: AUCH ZUL. A. LM-FELGE 7JX15H2 M.KENNZ.: ABC1234*

1) Nichtzutreffendes weglassen

Auf der Rückseite oder als letzte Seite des Nachweises I oder II ist nachfolgender Text aufzuführen:

Anmerkungen/Hinweise

Gemäß § 19 StVZO erlischt die Betriebserlaubnis des Fahrzeuges nicht, wenn bei Änderung durch Ein- oder Anbau/Aus- oder Abbau von Teilen eine Teilegenehmigung (deren Wirksamkeit von einer Änderungsabnahme abhängig ist) oder ein Teilegutachten für diese Teile vorliegt und die Änderungsabnahme unverzüglich durch einen aaSoP oder einen befugten Prüfingenieur einer amtlich anerkannten Überwachungsorganisation durchgeführt und die ordnungsgemäße Änderung bestätigt worden ist. Der Führer des Fahrzeugs hat in den Fällen den Abdruck oder die Ablichtung der Teilegenehmigung oder eines Nachtrags dazu oder eines Auszugs dieser Teilegenehmigung oder den Abdruck oder die Ablichtung des Teilegutachtens/Prüfberichts oder den Nachweis über diese Erlaubnis, diese Genehmigung oder dieses Teilegutachten mitzuführen und den zuständigen Personen auf Verlangen zur Prüfung auszuhändigen oder Änderungen nach *§ 13 FZV* in den Fahrzeugpapieren vermerken zu lassen. Ob eine Änderung der Fahrzeugpapiere notwendig ist, ist aus der **Bestätigung der Änderungsabnahme** zu entnehmen.

■ ***Anmerkung***

Auf nachfolgender Seite ist das Muster eines „Nachweises gemäß § 19 Abs. 4 StVZO" abgebildet, wie er von allen Überwachungsinstitutionen in elektronischer Form unter Beachtung der Vorschriften der FZV sowie im Hinblick auf die erfolgende Ausstellung einer Zulassungsbescheinigung Teil I erstellt wird, weil die im Teil C des Beispielkatalogs veröffentlichten Muster (s. Seite 89 bis 96) bisher nicht geändert wurden. Dabei werden diejenigen Daten der FzBeschreibung ausgewiesen, die durch die vorgenommene Änderung betroffen sind. Bei bereits vorliegenden neuen FzPapieren (z.B. Teil I) erfolgt ggf. zusätzlich ein Hinweis auf erforderliche Streichungen bisheriger Eintragungen, insbesondere im Feld 22, wenn diese durch die Änderung nicht mehr gültig sind.

Duplikat

Amtlich anerkannte Überwachungsorganisation des DEKRA e.V. Dresden
Betreuende Außenstelle:
Nikolaus-Otto-Str., 06667 Weißenfels
Tel.: 03443/3951-0 Fax: 03443/3951-99

DEKRA

Fz-Art/-Klasse M1 Fz.z.Pers.bef.b. 8 Spl.
AE Kabrio-Limousine
Hersteller 0999 DAIMLERCHRYSLER (D)
Typ BGM 451
Fz-Ident-Nr. WME4514311K067010
Erstzulassung 11/2007
km-Stand 5540
Prüfort 0000339518

Max Mustermann
Musterweg 1

23456 Musterhausen

Änderungsabnahme nach §19(3) StVZO

B SP2008

Berichts-Nr. P025295001071 XS vom
29.09.2008
Seite 1 von 2

Daten für Fahrzeugbeschreibung

14	EURO 4
14.1	0462
P.2/P.4	60/5890
T	155
V.7	130
U.2	4417
22	zu P.2/4;T;V.7;14;14.1:durch geänd.Motorsteuergerät Herst.Speedsystems Typ:MSM-Smart 1000/004*

Duplikat

Amtlich anerkannte Überwachungsorganisation des DEKRA e.V. Dresden
Betreuende Außenstelle:
Nikolaus-Otto-Str., 06667 Weißenfels
Tel.: 03443/3951-0 Fax: 03443/3951-99

DEKRA

Fz-Art/-Klasse M1 Fz.z.Pers.bef.b. 8 Spl.
AE Kabrio-Limousine
Hersteller 0999 DAIMLERCHRYSLER (D)
Typ BGM 451
Fz-Ident-Nr. WME4514311K067010
Erstzulassung 11/2007
km-Stand 5540
Prüfort 0000339518

Max Mustermann
Musterweg 1

23456 Musterhausen

Änderungsabnahme nach §19(3) StVZO

B SP2008

Berichts-Nr. P025295001071 XS vom
29.09.2008
Seite 2 von 2

Nachweis gemäß §19 Abs. 4 Satz 1 StVZO
Für die Leistungsänderung MSM-SMART 1000/004 des Herstellers/Importeurs Speedsystems liegt ein Teilegutachten des Technischen Dienstes: TÜV AUTOMOTIVE GMBH mit der Gutachten-Nr.: 08-00034-CP-GBM-00 vom: 04.02.2008 vor.

Kennzeichnung: MSM-SMART 1000/004

Stempel

Bestätigung der ordnungsgemäßen Änderung gemäß §19 Abs. 3 StVZO
Hiermit wird bestätigt, dass die Änderung mit dem im Nachweis genannten Bauteil am oben beschriebenen Fahrzeug ordnungsgemäß erfolgte und das Fahrzeug insoweit den geltenden Vorschriften entspricht.

Vorangegangene zulässige Änderungen, die berücksichtigt wurden:
-keine-

Eine Berichtigung der FZ-Papiere ist unverzüglich erforderlich.

Bemerkungen / Hinweise / Auflagen siehe Rückseite der Bestätigung.

Berichts-Nr. P025295001071

Stempel

Weißenfels, 29.09.2008

Unterschrift
Ihr Prüfingenieur
Dipl.-Ing. (FH) Paul Meister

Teil 4

Arbeitshilfen zur Abnahme technischer Änderungen (Änderungsabnahme)

Beispiele

1 Einbau Sonderlenkrad
2 Anbau Sonderlenker Krad
3 Austausch Bremsleitungen Krad
4 Änderung Rad-Reifen-Kombination an 2- und 3-rädrigen Fz
5 Änderung Rad-Reifen-Kombination an Kfz und Kfz-Anhängern (M, N, O)
6 Fahrwerksänderung Pkw
7 Änderung Teleskopgabel Krad
8 Anbau Spoiler
9 Anbau Verkleidungen Krad
10 Änderung Rückhaltesysteme
11 Anbau Frontschutzsysteme
12 Anbau Kupplungskugel mit Halterung
13 Anbau Sattelkupplung
14 Austausch Bolzenkupplung
15 Nachrüstung von Partikel-Minderungssystemen an schweren Nfz (Lkw, KOM)
16 Leistungssteigerung Pkw
17 Leistungsreduzierung Krad
18 Änderung Schalldämpferanlage Pkw
19 Änderung Schalldämpferanlage Krad
20 Änderung FzArt Pkw Kombi in Lkw
21 Änderung FzArt Lkw in Pkw
22 Änderung FzArt Pkw in Wohnmobil →

Beispiele (Fortsetzung)

23 Anbau von lichttechnischen Einrichtungen und Nachrüstsystemen
24 Veränderung von Scheiben
25 Anbau Ladekran Lkw
26 Änderung der Fahrgastplätze in KOM
27 Nachrüstung von Gasanlagen (Gassystem-Einbauprüfung)
28 Nachrüstung einer Anhängerstabilisierung für auflaufgebremste Anhänger
29 Deaktivierung und Ausbau von Airbags
30 Ausbau des ESP

Die nachstehenden aktualisierten und neu aufgenommenen 30 Beispiele sind wie folgt gegliedert:

- **Beschreibung der Änderung** (Bild mit einer erläuternden Beschreibung)
- **Mögliche Gefährdung**

  Beschreibung von Gefährdungsmomenten, die unabhängig vom Vorliegen eines Prüfzeugnisses auftreten können. Prüfzeugnisse sind alle in § 19 Abs. 3 StVZO aufgeführten Erlaubnisse, Genehmigungen oder deren Auszüge sowie Teilegutachten.
- **Mögliche Verschlechterung des Abgas- und Geräuschverhaltens**
- **Vorschriften und Richtlinien** (Auswahl)

  Quellen, wie Verordnungstexte, Richtlinien, Merkblätter etc.
- **Abnahme des ordnungsgemäßen Ein- oder Anbaus** (Änderungsabnahme)

  Vorschlag für die Durchführung der Änderungsabnahme. Die Änderungsabnahme umfasst dabei die Prüfung der verwendeten Teile und des Fahrzeugs auf Übereinstimmung mit den Angaben im Prüfzeugnis bzw. in den FzPapieren (Identifikation) sowie die Prüfung der Änderung selbst.

  Die fahrzeugseitigen Identifizierungsmerkmale sind für die „alten" FzPapiere und die neuen „Zulassungsbescheinigungen" auf der Seite 103 gegenübergestellt. Sie treffen für alle nachfolgend dargestellten Arbeitshilfen zu.
- **Bestätigung des ordnungsgemäßen Ein- oder Ausbaus**

  Diese Bestätigung erfolgt auf dem Nachweis (siehe Seite 89 ff.) durch den Abnehmenden (§ 22 Abs. 1 StVZO). Der Nachweis enthält neben dieser Bestätigung die zu beachtenden Beschränkungen oder Auflagen sowie einen Formulierungsvorschlag für die Berichtigung der FzPapiere (bisher: FzSchein und -Brief; inzwischen: Zulassungsbescheinigung Teil I und II), deren Ausführung in Anlehnung an die „Rili zum Fahrzeugbrief" bzw. „Rili zur Zul.-Bescheinigung" Teil I und II (VkBl. 2005, S. 188 ff.) erfolgen sollte. Der Fahrzeugführer hat diesen Nachweis solange in den mitzuführenden FzPapieren aufzubewahren und zuständigen Personen auf Verlangen auszuhändigen, bis in den FzPapieren selbst ein entsprechender Eintrag über die technische Änderung zusammen mit den ggf. zu beachtenden Beschränkungen und Auflagen durch die Zulassungsbehörde vorgenommen wurde. Können die Beschränkungen und Auflagen – z. B. wegen ihres Umfangs – nicht vollständig in die FzPapiere übertragen werden, so ist der Nachweis in jedem Fall mitzuführen (§ 19 Abs. 4 StVZO). Unabhängig davon besteht für einige Änderungen eine Pflicht zur Meldung der Änderung an die Zulassungsbehörde.
- **Inhalt und Bedeutung der Bestätigung**

  In Kurzform sind nachfolgend der für alle Arbeitshilfen zutreffende Inhalt und die Bedeutung der Bestätigung dargestellt:

Die Bestätigung beschreibt die Zuordnung der vorgenommenen Änderung zum konkreten Fz im vorgestellten Zustand.

Sie muss alle vorangegangenen zulässigen Änderungen erfassen. Sind keine weiteren Änderungen feststellbar, ist dies ausdrücklich anzugeben.

Erforderliche Hinweise für den FzHalter ergänzen die mit der Bestätigung getroffenen Aussagen.

Wesentlich ist die getroffene Festlegung zur Berichtigung der FzPapiere.

Für die Änderung der Angaben in den FzPapieren werden entsprechende Eintragungsvorschläge gemacht, die sich unabhängig von der Art der vorgelegten Papiere auf die nunmehr zutreffenden Daten in der Zulassungsbescheinigung Teil I beziehen.

Die Zulassungsbescheinigung Teil I wird nach wahrgenommener Meldepflicht des FzHalters von der Zulassungsbehörde neu ausgestellt und enthält dann die nach der Änderung geltenden neuen Daten.

Ein Beispieleintrag für die Zulassungsbescheinigung Teil I ist für den jeweils beschriebenen Änderungsumfang innerhalb der Arbeitshilfen abgebildet. Auf eine zusätzliche Darstellung erfolgter Eintragungen in den „alten" FzPapieren wurde verzichtet.

FzPapiere und „Zulassungsbescheinigung"

Seit dem 1. Oktober 2005 ist die Fz-Zulassungsverordnung (FZV) in Kraft, mit der die „alten" FzPapiere (FzSchein und FzBrief) durch neue FzPapiere (Zulassungsbescheinigung Teil I = FzSchein und Teil II = FzBrief) ersetzt werden.

Diese Änderung geht auf eine harmonisierte Vorschrift einer Richtlinie der Europäischen Union zurück. Damit gelten in allen Mitgliedstaaten der Europäischen Union gleiche Muster für die Zulassungsbescheinigung.

Auf den Bildern auf Seite 103 ist der alte FzSchein und die neue Zulassungsbescheinigung Teil I abgebildet, die vom 1. Oktober 2005 an ausgefertigt wird.

Die „alten" FzPapiere brauchen nicht gegen die „neue" Zulassungsbescheinigung umgetauscht zu werden; daher sind seit dem 1. Oktober 2005 sowohl „alte" FzPapiere und die „neue" Zulassungsbescheinigung gleichermaßen und gleichwertig in Gebrauch.

Jedoch ist ein Umtausch in eine Zulassungsbescheinigung Teil I (FzSchein) dann erforderlich, wenn aus bestimmten Gründen (z.B. Halterwechsel) der FzBrief durch eine Zulassungsbescheinigung Teil II (FzBrief) ersetzt wird. Analog ist ein Umtausch in eine Zulassungsbescheinigung Teil II (FzBrief) erforderlich, wenn der FzSchein durch eine Zulassungsbescheinigung Teil I (FzSchein) ersetzt wird.

In den Arbeitshilfen wird wegen der Parallelität von „alten" FzZulassungen und „neuen" Zulassungsbescheinigungen folgender übergeordneter Ausdruck verwendet: „FzPapiere".

Gegenüberstellung Fahrzeugschein – Zulassungsbescheinigung Teil I

Muster für Fahrzeugschein (Auszug)

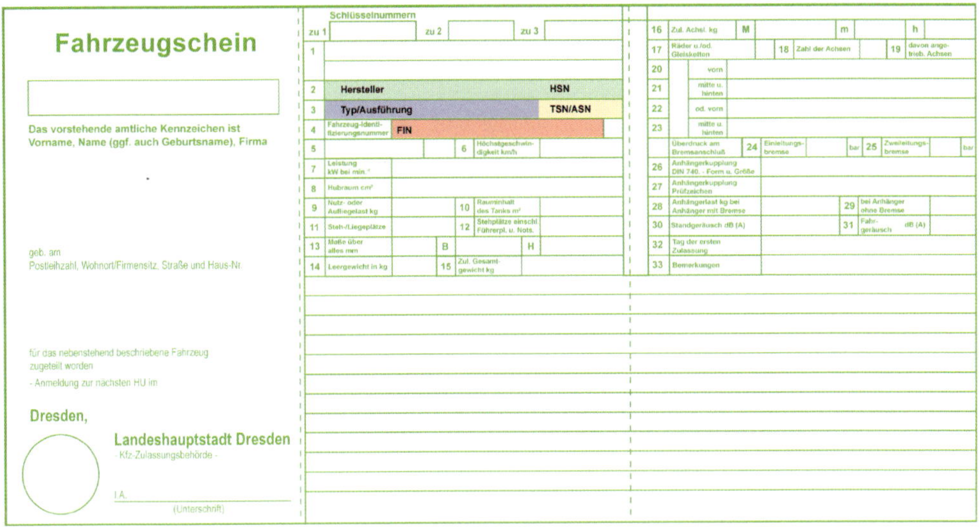

Fahrzeugschein

Das vorstehende amtliche Kennzeichen ist
Vorname, Name (ggf. auch Geburtsname), Firma

geb. am
Postleihzahl, Wohnort/Firmensitz, Straße und Haus-Nr.

für das nebenstehend beschriebene Fahrzeug
zugeteilt worden
- Anmeldung zur nächsten HU im

Dresden,
Landeshauptstadt Dresden
- Kfz-Zulassungsbehörde -
I.A.
(Unterschrift)

Schlüsselnummern
zu 1 | zu 2 | zu 3
1
2 Hersteller | HSN
3 Typ/Ausführung | TSN/ASN
4 Fahrzeug-Identifizierungsnummer | FIN
5 | 6 Höchstgeschwindigkeit km/h
7 Leistung kW bei min⁻¹
8 Hubraum cm³
9 Nutz- oder Aufliegelast kg | 10 Rauminhalt des Tanks m³
11 Steh-/Liegeplätze | 12 Stehplätze einschl. Führerpl. u. Nots.
13 Maße über alles mm | B | H
14 Leergewicht in kg | 15 Zul. Gesamtgewicht kg
16 Zul. Achsl. kg | M | m | h
17 Räder u./od. Gleisketten | 18 Zahl der Achsen | 19 davon angetrieb. Achsen
20 vorn
21 mitte u. hinten
22 od. vorn
23 mitte u. hinten
Überdruck am Bremsanschluß | 24 Einleitungsbremse bar | 25 Zweileitungsbremse bar
26 Anhängerkupplung DIN 740. - Form u. Größe
27 Anhängerkupplung Prüfzeichen
28 Anhängerlast kg bei Anhänger mit Bremse | 29 bei Anhänger ohne Bremse
30 Standgeräusch dB (A) | 31 Fahrgeräusch dB (A)
32 Tag der ersten Zulassung
33 Bemerkungen

Muster für Zulassungsbescheinigung Teil I (Auszug)

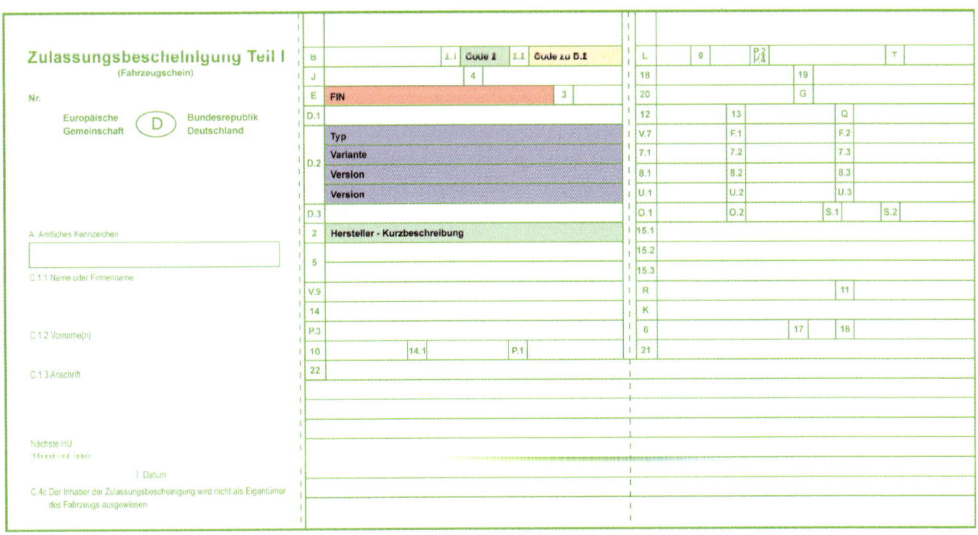

Zulassungsbescheinigung Teil I
(Fahrzeugschein)

Nr.

Europäische Gemeinschaft | D | Bundesrepublik Deutschland

A. Amtliches Kennzeichen
C.1.1 Name oder Firmenname
C.1.2 Vorname(n)
C.1.3 Anschrift

Nächste HU
Datum
C.4c Der Inhaber der Zulassungsbescheinigung wird nicht als Eigentümer des Fahrzeugs ausgewiesen

B | 2.1 Code 2 | 2.2 Code zu D.2
J | 4
E FIN | 3
D.1
D.2 Typ / Variante / Version / Version
D.3
2 Hersteller - Kurzbeschreibung
5
V.9
14
P.3
10 | 14.1 | P.1
22
L | 0 | P.2 P.4 | T
18 | 19
20 | G
12 | 13 | Q
V.7 | F.1 | F.2
7.1 | 7.2 | 7.3
8.1 | 8.2 | 8.3
U.1 | U.2 | U.3
O.1 | O.2 | S.1 | S.2
15.1
15.2
15.3
R | 11
K
6 | 17 | 16
21

Zulassungsbescheinigung Teil I, Definition der Felder

Feld	Bezeichnung
B	Datum der Erstzulassung des Fahrzeugs
D.1	Marke
D.2	Typ/Variante/Version
D.3	Handelsbezeichnung(en)
E	Fahrzeug-Identifizierungsnummer
F.1	Technisch zulässige Gesamtmasse in kg
F.2	Im Zulassungsmitgliedstaat zulässige Gesamtmasse in kg
G	Masse des in Betrieb befindlichen Fahrzeugs in kg (Leermasse)
H	Gültigkeitsdauer
I	Datum dieser Zulassung
J	Fahrzeugklasse
K	Nummer der EG-Typgenehmigung oder ABE
L	Anzahl der Achsen
O.1	Technisch zulässige Anhängelast gebremst in kg
O.2	Technisch zulässige Anhängelast ungebremst in kg
P.1	Hubraum in cm^3
P.2/P.4	Nennleistung in kW/Nenndrehzahl bei min^{-1}
P.3	Kraftstoffart oder Energiequelle
Q	Leistungsgewicht in kW/kg (nur bei Krafträdern)
R	Farbe des Fahrzeugs
S.1	Sitzplätze einschließlich Fahrersitz
S.2	Stehplätze
T	Höchstgeschwindigkeit in km/h
U.1	Standgeräusch in dB (A)
U.2	Drehzahl in min^{-1} zu U.1
U.3	Fahrgeräusch in dB (A)
V.7	CO_2 (in g/km) kombinierter Wert
V.9	Für die EG-Typgenehmigung maßgebliche Schadstoffklasse
(2)	Hersteller-Kurzbezeichnung
(2.1)	Code zu (2)
(2.2)	Code zu D.2 mit Prüfziffern
(3)	Prüfziffer zur Fahrzeug-Identifizierungsnummer
(4)	Art des Aufbaus
(5)	Bezeichnung der Fahrzeugklasse und des Aufbaus
(6)	Datum zu K
(7)	Technisch zulässige maximale Achslast/Masse je Achsgruppe in kg (7.1) Achse 1 bis (7.3) Achse 3
(8)	Zulässige maximale Achslast im Zulassungsmitgliedstaat in kg (8.1) Achse 1 bis (8.3) Achse 3 ➔

Zulassungsbescheinigung Teil I, Definition der Felder (Fortsetzung)

Feld	Bezeichnung
(9)	Anzahl der Antriebsachsen
(10)	Code zu P.3
(11)	Code zu R
(12)	Rauminhalt des Tanks bei Tankfahrzeugen in m^3
(13)	Stützlast in kg
(14)	Bezeichnung der nationalen Emissionsklasse
(14.1)	Code zu V.9 oder (14)
(15)	Bereifung (15.1) auf Achse 1 bis (15.3) auf Achse 3
(16)	Nummer der Zulassungsbescheinigung Teil II
(17)	Merkmal zur Betriebserlaubnis
(18)	Länge in mm
(19)	Breite in mm
(20)	Höhe in mm
(21)	Sonstige Vermerke
(22)	Bemerkungen und Ausnahmen

Meldung der Änderung an die Zulassungsbehörde

Die Angaben in den FzPapieren müssen den tatsächlichen Verhältnissen entsprechen. Nach erfolgter Änderungsabnahme ist deshalb vom Fz-Eigentümer oder Fz-Halter eine Meldung an die Zulassungsbehörde zur Berichtigung der FzPapiere grundsätzlich immer dann erforderlich, wenn sich die fahrzeugbeschreibenden Angaben im FzBrief/-Schein in den Ziffern 1 bis 31 und ggf. 33 bzw. in der Zulassungsbescheinigung Teil I (ggf. auch Teil II) verändern.

In den meisten Fällen ist es jedoch ausreichend, dass die Änderungen dann der Zulassungsbehörde gemeldet werden, wenn diese sich aus anderen Gründen mit den FzPapieren befasst – z. B. bei Halterwechsel (§ 13 Abs. 4 FZV). Abweichend davon ist bei folgenden technischen Änderungen in jedem Fall eine unverzügliche Meldung an die Zulassungsbehörde notwendig (§ 13 Abs. 1 FZV):

1 Änderung der Fahrzeugklasse nach Anlage XXIX Straßenverkehrs-Zulassungs-Ordnung,
2 Änderung von Hubraum, Nennleistung, Kraftstoffart oder Energiequelle,
3 Erhöhung der bauartbedingten Höchstgeschwindigkeit,
4 Verringerung der bauartbedingten Höchstgeschwindigkeit, wenn diese fahrerlaubnisrelevant oder zulassungsrelevant ist,
5 Änderung der zulässigen Achslasten, der Gesamtmasse, der Stützlast oder der Anhängelast,
6 Erhöhung der Fahrzeugabmessungen, ausgenommen bei Personenkraftwagen und Krafträdern,

7 Änderung der Sitz- oder Stehplatzzahl bei Kraftomnibussen,
8 Änderungen der Abgas- oder Geräuschwerte, sofern sie sich auf die Kraftfahrzeugsteuer oder Verkehrsverbote auswirken,
9 Änderungen, die eine Ausnahmegenehmigung nach § 70 erfordern und
10 Änderungen, deren unverzügliche Eintragung in die Zulassungsbescheinigung auf Grund eines Vermerks im Sinne des § 19 Abs. 4 Satz 2 StVZO erfordern.

Hinweise für Hauptuntersuchungen und Polizeikontrollen

Neu seit der 3. Auflage des vorliegenden Buchs ist die Ergänzung der nachfolgenden Arbeitshilfen zur Beurteilung technischer Änderungen durch Hinweise für die Polizeikontrolle.

In der vorliegenden 4. Auflage werden diese erweitert durch Hinweise für die Hauptuntersuchung.

Dabei wird pro Änderungsbeispiel in übersichtlicher Form beschrieben, worauf der Kraftfahrzeugsachverständige (aaS oder PI) bei der Durchführung von Hauptuntersuchungen und ebenso der Polizeibeamte bei der Unterwegskontrolle besonders achten sollten, wenn sie das Vorhandensein technischer Änderungen an Fz erkennen und über deren Zulässigkeit entscheiden sollen.

Es ist jeweils angegeben, welche Teilekennzeichnung überhaupt zutrifft und wie diese zum Beispiel aussieht.

Auch werden die zutreffenden Nachweismöglichkeiten durch den FzHalter über die Zulässigkeit einer durchgeführten technischen Änderung aufgelistet, also die teilebezogen erforderliche Abfrage des FzHalters durch den Kraftfahrzeugsachverständigen oder Polizeibeamten.

Eine logische Reihenfolge ergibt sich dabei – s. Anmerkung zu 4 auf Seite 61 – vom „Teil" zum „Papier".

Die eigentliche Teilekennzeichnung weist auf das Vorliegen entsprechender Teilegenehmigungen hin.

Bei EG- oder ECE-genehmigten FzTeilen ist deren Kennzeichnung im Regelfall der einzige Nachweis der Zulässigkeit, da die Genehmigung selbst nicht mitgeführt werden muss (§ 19 Abs. 3 Nr. 2). Da aber aus der Teilekennzeichnung allein nicht auf den Verwendungsbereich geschlossen werden kann, ist die Entscheidung über die Einhaltung von Einschränkungen oder Einbauanweisungen (z. B. bei einem Austauschschalldämpfer) am konkreten Fz bei einer Polizeikontrolle nicht unmittelbar möglich und bedarf anlässlich von Hauptuntersuchungen eines zusätzlichen Aufwands, der jedoch zum Know-how der Überwachungsinstitutionen gehört.

Als Nachweis der Zulässigkeit einer durchgeführten technischen Änderung dienen zunächst die FzPapiere.

Danach kann nach dem Vorhandensein von „Prüfzeugnissen" gefragt werden, in denen sowohl eine Änderungsabnahme vorgeschrieben als auch nicht vorgeschrieben sein kann.

Die Änderungsabnahme-Bestätigung (wenn eine Änderungsabnahme vorgeschrieben ist; bei Teilegutachten grundsätzlich!) stellt die nächstfolgende Nachweisstufe dar. In diesem Nachweis ist zusätzlich angegeben, ob und wann infolge der Änderung die FzPapiere zu berichtigen sind.

Im Feld Besonderheiten werden dem Kraftfahrzeugsachverständigen und dem Polizeibeamten deshalb die wichtigsten Hinweise zu Auffälligkeiten, durch die eine Gefährdung von Verkehrsteilnehmern zu erwarten oder eine unzulässige Verschlechterung des Abgas- oder Geräuschverhaltens eingetreten ist und die ggf. zum Erlöschen der Betriebserlaubnis des Fz führen können, gegeben.

Ergänzt werden diese Informationen in den zutreffenden Fällen durch Angaben zu spezifischen Mängeln und weiteren Auffälligkeiten.

Diese Übersichten sollen vor allem dazu beitragen, dass der Polizeibeamte zunächst seinen Anfangsverdacht über eine Unvorschriftsmäßigkeit oder die einschneidende Rechtsfolge des Erlöschens der Betriebserlaubnis unter den komplizierten Bedingungen der Verkehrskontrolle sicher begründen kann.

Die angeführten Beispiele können jedoch keinen Anspruch auf Vollständigkeit erheben und im Einzelfall unter Umständen erst dann rechtssicher bewertet werden, wenn durch einen Kraftfahrzeugsachverständigen die Auswirkung der durchgeführten technischen Änderung auf die Vorschriftsmäßigkeit bzw. Wirksamkeit der Betriebserlaubnis des Fz hin untersucht wird.

Zu diesem Zweck wäre eine FzVorführung bei einer Prüfstelle unerlässlich. Auch bei der Durchführung von Hauptuntersuchungen sind derartige Entscheidungen mit Sachverstand zu treffen.

Einbau Sonderlenkrad

Der nachträgliche Einbau eines Sonderlenkrads dient der Veränderung des optischen Eindrucks und führt ggf. zu einer Verbesserung der ergonomischen Eigenschaften. Ebenso ist eine Verminderung der erforderlichen Lenkkräfte möglich.

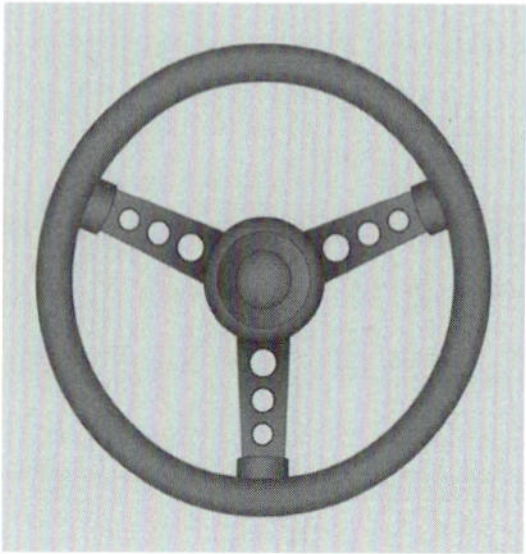

Mögliche Gefährdung

- **Verschlechterung des Lenkverhaltens**

  Der wirksame Lenkraddurchmesser darf in der Regel nicht kleiner sein als 90 % des kleinsten mit der Fz-Typgenehmigung (ABE, EG-TG) genehmigten Lenkrads, um eine unzulässige Vergrößerung der Lenkkräfte zu verhindern. Andernfalls ist eine zusätzliche Begutachtung des Fahrverhaltens und der Lenkkräfte erforderlich!

- **Einschränkung der sicheren Bedienbarkeit durch**
  - ungenügende Freiräume oder zu großen Abstand zu Bedienelementen
  - Verdeckung von Instrumenten und Kontrollleuchten

- **Unvorschriftsmäßige Montage durch**
  - fehlende Sicherungselemente
  - falsche elektrische Verbindungen

- **Verschlechterung der Aufprallbedingungen bei Unfallstoß durch**
  - geringeres Energieaufnahmevermögen gegenüber dem Serienlenkrad
  - Splittern oder Brechen bei Unfallstoß

- **Ungenügende Betriebsfestigkeit**
  - z. B. der Verbindung Lenkradnabe – Lenkradspeichen – Lenkradkranz

Einbau Sonderlenkrad

Vorschriften und Richtlinien

- **Auswahl**
  - StVZO, insbes. §§ 30, 35b, 38
  - FZV
  - Rili Sonderlenkräder – VkBl. 1975 S. 521, KIRSCHBAUM StVZO-Kommentar § 38, Erl. 3
  - Rili 74/279/EWG oder ECE R 12 – Lenkanlage (Verhalten bei Unfall)

Abnahme des ordnungsgemäßen Ein- oder Anbaus

a) Identifikation und Prüfung auf Übereinstimmung mit Prüfzeugnissen

- **Fahrzeug**

  Identifizierungsmerkmale siehe Abbildung auf Seite 110

- **Sonderlenkrad**
  - Kennzeichnung (bei geteilter Ausführung auch der Nabe)
  - Hersteller/Typ
  - Typzeichen (ABE-Nr.)
  - Ggf. andere Kennzeichnung lt. Prüfzeugnis
  - Form und Abmessung

- **Prüfung auf Einhaltung des Verwendungsbereichs (z.B. hinsichtlich FzTyp und Ausführung)**

- **Ggf. Prüfung auf Verwendbarkeit im Zusammenhang mit Mehrfachänderungen (zeitgleich oder zeitlich versetzt)**

b) Prüfung des Ein- oder Anbaus

- **Prüfung auf Einhaltung der zutreffenden Beschränkungen, Auflagen und Hinweise aus den Prüfzeugnissen**

- **Weitere Prüfung auf Vorschriftsmäßigkeit**
  - Die *Befestigungen*, insbes. die Anbringung von *Sicherungselementen* und ggf. elektrischer Verbindungen (z. B. zu den im Lenkrad integrierten Betätigungseinrichtungen/zur Airbag-Steuerung) müssen entsprechend der Einbauanweisung erfolgen.
  - Der *Freiraum* zwischen Lenkradkranz und anderen FzTeilen sollte 10 cm nicht unterschreiten.
  - Die Erreichbarkeit und Funktionstüchtigkeit der *Bedienelemente* muss ohne Behinderung gewährleistet sein.

- Die Sichtbarkeit der vorgeschriebenen *Instrumente* und *Kontrollleuchten* in normaler Sitzposition und Körperhaltung darf nicht unzulässig eingeschränkt sein.
- Erforderlich ist eine *Probefahrt* zur Feststellung, ob ein leichtes und sicheres Lenken des Fz gewährleistet ist (Prüfung auf unzulässiges Spiel/Schwergängigkeit; ggf. Prüfung auf Einhaltung der zulässigen Lenkkräfte erforderlich).
- Ggf. Prüfung des Einbaus des Sonderlenkrads im Zusammenhang mit anderen Änderungen am Fz (*Mehrfachänderungen*) darauf, ob sich die *Einzeländerungen* gegenseitig so beeinflussen, dass eine Gefährdung zu erwarten ist

c) Bestätigung des ordnungsgemäßen Ein- oder Anbaus

Inhalt und Bedeutung der Bestätigung siehe Seite 89

d) Meldung an die Zulassungsbehörde

Eine Berichtigung der FzPapiere ist nicht vorgeschrieben, aber möglich.

Beispieleintrag Zulassungsbescheinigung Teil I

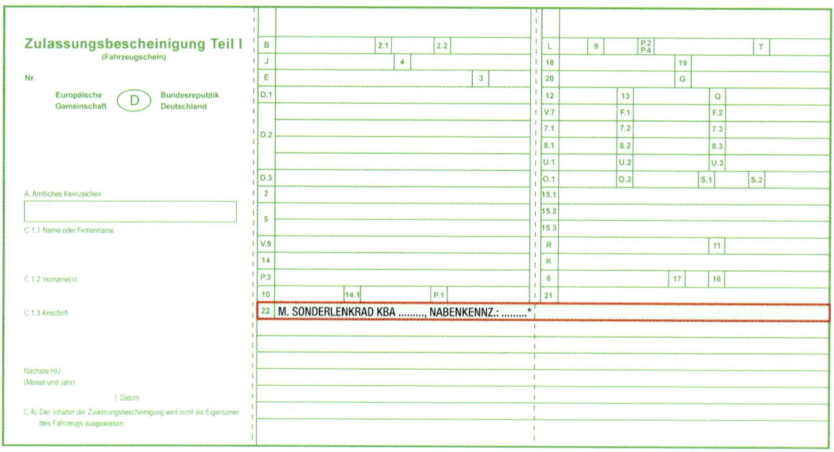
Zulassungsbescheinigung Teil I
(Fahrzeugschein)
Nr.
Europäische Gemeinschaft (D) Bundesrepublik Deutschland
A Amtliches Kennzeichen
C.1.1 Name oder Firmenname
C.1.2 Vorname(n)
C.1.3 Anschrift
Nächste HU (Monat und Jahr)
Datum
C.4c Der Inhaber der Zulassungsbescheinigung wird nicht als Eigentümer des Fahrzeugs ausgewiesen
22 M. SONDERLENKRAD KBA ...., NABENKENNZ.: ....*

Hinweis für Hauptuntersuchungen und Polizeikontrollen

Teilekennzeichnung

- KBA-Typzeichen z. B.: KBA 70260
- Hersteller-/Typ-Kennzeichnung (TGA)
  z. B.: RAID 24-02

Nachweismöglichkeiten durch den FzHalter

- Allgemeine Betriebserlaubnis für FzTeile gem. § 22 StVZO

- Teilegutachten gem. Anlage XIX zur StVZO
- Änderungsabnahme-Bestätigung
- Eintrag in den FzPapieren
  (Berichtigung der FzPapieren in der Regel nicht vorgeschrieben, aber möglich)

Besonderheiten

Auffälligkeiten, durch die eine Gefährdung von Verkehrsteilnehmern zu erwarten ist und die ggf. zum Erlöschen der Betriebserlaubnis des Fz führen können:

- Bei Fz mit vorhandener serienmäßiger Ausrüstung mit Fahrer-Airbag darf der Ausbau nur durch eine Fachwerkstatt erfolgen.
- Die Zulässigkeit des Ausbaus eines Lenkrads mit Airbag ergibt sich aus den Auflagen der ABE für das Sonderlenkrad ohne Airbag (siehe Arbeitshinweis Nr. 29 – Ausbau/Deaktivierung von Airbags, Seite 244).
- Ggf. kann es zu einer negativen gegenseitigen Beeinflussung in Verbindung mit der Änderung der Rad-Reifen-Kombination und/oder einer Spurweitenänderung kommen.

Sonderlenker sind solche, die u.a. nach ihren Abmessungen und ihrer Form von den Lenkern der Serienausstattung abweichen.
Durch ihren Einbau soll in der Regel eine andere Sitzposition erreicht werden.

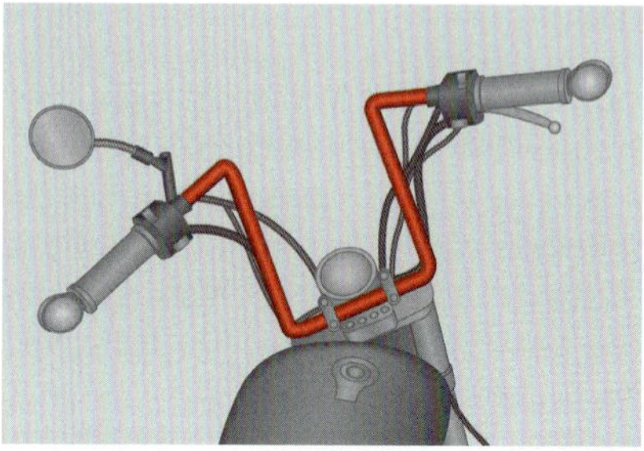

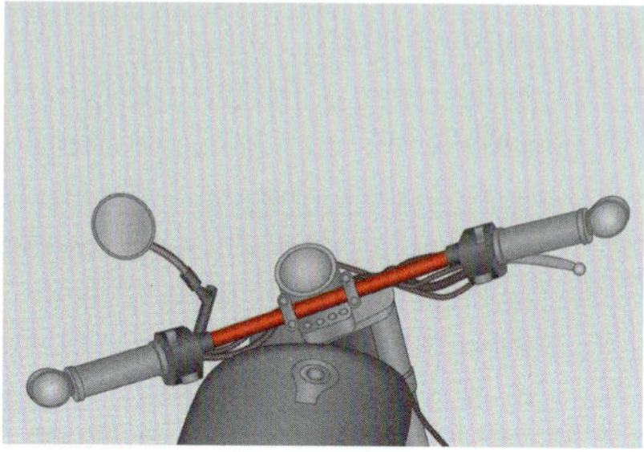

Mögliche Gefährdung

- **Verschlechterung der Manövrierbarkeit durch**
  - geänderte Hebelverhältnisse aufgrund anderer Abmessungen (insbesondere Breite und Höhe)
  - geänderte Sitzposition, geänderte Erreichbarkeit der Bedienelemente, verringerten Lenkereinschlagwinkel
- **Eingeschränkte Sicht auf Anzeige- und Kontrolleinrichtungen**
- **Verletzungsgefahr durch Unterschreitung der Mindestabstände zwischen Lenkerenden oder Betätigungseinrichtungen und feststehenden Bauteilen (Verkleidungen, Tank)**
- **Unvorschriftsmäßige Umrissgestaltung (Lenkerenden, Kanten)**
- **Negative Beeinflussung der Wirksamkeit anderer Baugruppen des Kraftrades (z. B. hydraulische Bremsanlage: Lage des Ausgleichbehalters und Bremszylinders, Bremsleitungslänge und -verlegung)**
- **Nichteinhaltung der vorgeschriebenen Festigkeit und des vorgeschriebenen Deformationsvermögens (Energieaufnahme bei Unfallstoß)**

Vorschriften und Richtlinien

- **Auswahl**
  - StVZO, insbesondere §§ 30, 30c, 38
  - FZV
  - Rili Sonderlenker Krad – VkBl. 1978 S. 366, KIRSCHBAUM StVZO-Kommentar § 38, Erl. 4

Abnahme des ordnungsgemäßen Ein- oder Anbaus

a) Identifikation und Prüfung auf Übereinstimmung mit Prüfzeugnissen

- **Fahrzeug**

  Identifizierungsmerkmale siehe Abbildung auf Seite 114

- **Sonderlenker**
  - Kennzeichnung
  - Hersteller/Typ
  - Ggf. andere Kennzeichnung lt. Prüfzeugnis
  - Werkstoff
  - Form und Abmessung

- **Ggf. Prüfung auf Einhaltung des Verwendungsbereichs**

- **Ggf. Prüfung auf Verwendbarkeit im Zusammenhang mit Mehrfachänderungen (zeitgleich oder zeitlich versetzt)**

b) Prüfung des Ein- oder Anbaus

- **Prüfung auf Einhaltung der zutreffenden Beschränkungen, Auflagen und Hinweise aus den Prüfzeugnissen**

- **Weitere Prüfung auf Vorschriftsmäßigkeit**
  - Ein *Lenkereinschlag* von mind. 30° nach jeder Seite wird als ausreichend angesehen.
  - Der *Freiraum* zwischen Lenkerenden, Lenkergriffflächen sowie Betätigungseinrichtungen am Lenker gegenüber feststehenden FzTeilen und Verkleidungen muss bis 20° Einschlagwinkel mindestens 30 mm und über 20° Einschlagwinkel mindestens 20 mm betragen. Gegebenenfalls muss eine Einschlagwinkelbegrenzung erfolgen (erforderlichen Mindest-Einschlagwinkel beachten!).
  - Bei hydraulischen Bremsanlagen ist zu prüfen, ob die maximal zulässige Neigung des *Ausgleichbehälters* und des *Hauptbremszylinders* nicht überschritten wird; ein sicheres Überdecken der Nachlaufbohrung (des sog. Schnüffellochs) muss in allen Betriebszuständen gewährleistet sein.

- Die ordnungsgemäße Verlegung von elektrischen *Leitungen*, Übertragungseinrichtungen (Bremsleitungen, Bowdenzüge) u. Ä. ohne Scheuerstellen, Knickstellen oder andere Beeinträchtigungen ist zu prüfen.
- Die *Sicherungseinrichtung* gegen unbefugte Benutzung muss wirksam bleiben.
- Die Sichtbarkeit der *Anzeige-* und *Kontrolleinrichtungen* darf nicht eingeschränkt sein.
- Das Vorhandensein der vorgeschriebenen *Rückspiegel* sowie die entsprechenden Sichtverhältnisse sind zu prüfen.
- Eine abschließende *Funktionsprüfung* aller von der Änderung beeinflussten Baugruppen ist im Rahmen einer *Überprüfungsfahrt* durchzuführen.
- Ggf. Prüfung des Anbaus des Sonderlenkers im Zusammenhang mit anderen Änderungen am Fz (*Mehrfachänderungen*) darauf, ob sich die *Einzeländerungen* gegenseitig so beeinflussen, dass eine Gefährdung zu erwarten ist.

c) Bestätigung des ordnungsgemäßen Ein- oder Anbaus

Inhalt und Bedeutung der Bestätigung siehe Seite 89

d) Meldung an die Zulassungsbehörde

Eine Berichtigung der FzPapiere bezüglich eines Sonderlenkers ist nicht vorgeschrieben, aber möglich.

Beispieleintrag Zulassungsbescheinigung Teil I

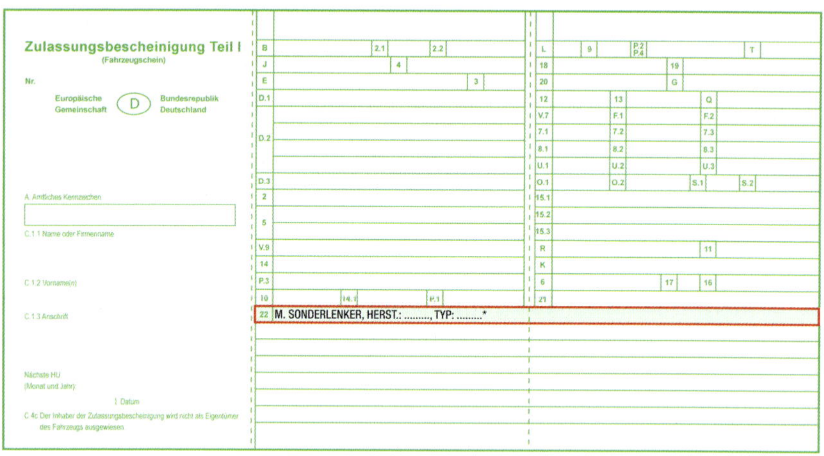
Zulassungsbescheinigung Teil I
(Fahrzeugschein)
Nr.
Europäische Gemeinschaft D Bundesrepublik Deutschland
A Amtliches Kennzeichen
C.1.1 Name oder Firmenname
C.1.2 Vorname(n)
C.1.3 Anschrift
Nächste HU (Monat und Jahr)
I Datum
C.4c Der Inhaber der Zulassungsbescheinigung wird nicht als Eigentümer des Fahrzeugs ausgewiesen

22 M. SONDERLENKER, HERST.: ...., TYP: ....*

Hinweis für Hauptuntersuchungen und Polizeikontrollen

Teilekennzeichnung

- KBA-Typzeichen (ABE)
  z. B.: KBA 12345
- Hersteller-/Typ-Kennzeichnung (TGA)
  z. B.: W-1210

Nachweismöglichkeiten durch den FzHalter

- Allgemeine Betriebserlaubnis für FzTeile gem. § 22 StVZO
- Teilegutachten gemäß Anlage XIX zur StVZO
- Änderungsabnahme-Bestätigung
- Eintrag in den FzPapieren
  (Berichtigung der FzPapiere in der Regel nicht vorgeschrieben, aber möglich)

Besonderheiten

Auffälligkeiten, durch die eine Gefährdung von Verkehrsteilnehmern zu erwarten ist und die ggf. zum Erlöschen der Betriebserlaubnis des Fz führen können:

- Kombination mit Kraftradverkleidung und dabei eingeschränkten Freiräumen zu Lenkerenden, Hebeln, Schaltern
- Mängel bei der Verlegung von Bremsleitungen (falsche Länge, Knicke, Verdrillungen); fehlender Lenkungsdämpfer trotz vorhandener Befestigungen/Halterungen

Austausch Bremsleitungen Krad

Austauschbremsleitungen werden häufig im Zusammenhang mit weiteren technischen Änderungen am Kraftrad (z. B.: Sonderlenker, andere Teleskopgabel, Schwingenumbau) verwendet. Sie unterscheiden sich von den serienmäßigen Bremsleitungen ggf. durch andere Abmessungen (Länge/Querschnitt), einen anderen Aufbau/Werkstoff oder durch andere Bremsleitungsanschlüsse (möglich sind Ringanschluss oder Anschluss mit Innen- bzw. Außengewinde).

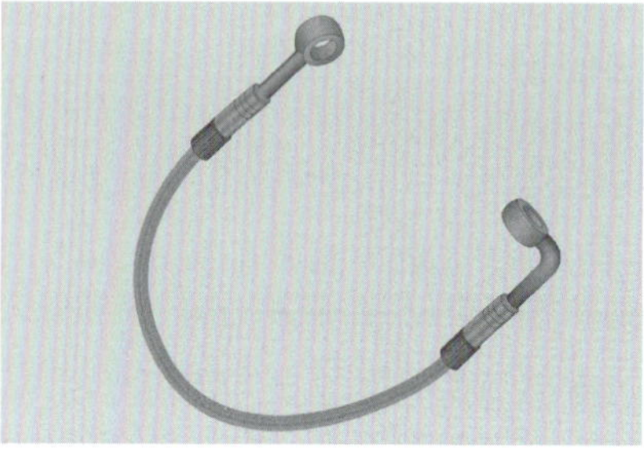

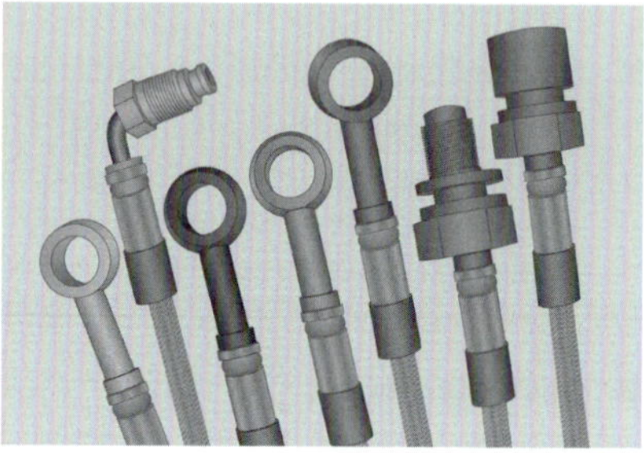

Mögliche Gefährdung

- **Beschädigung im Betrieb infolge falscher Abmessungen (Bremsleitung verbindet im Allgemeinen gegeneinander bewegliche FzTeile)**
- **Beeinträchtigung oder Ausfall in der Funktion als Übertragungseinrichtung durch falschen Anbau der Anschlüsse und entsprechende Undichtigkeiten oder falsche Verlegung und infolge dessen erhöhten Verschleiß (Durchscheuern, zu kleine Biegeradien bzw. Knickstellen) und Undichtigkeiten**
- **Verschlechterung der Wirkung und des Ansprechverhaltens der Bremsanlage durch fehlenden Volumenausgleich bei erheblichen Längen-/Querschnittsänderungen oder mangelhafte Entlüftung**
- **Negative Beeinflussung eines vorhandenen ABS/ABV bei nicht nachgewiesener Prüfung zu dieser Kombination**

Austausch Bremsleitungen Krad

Vorschriften und Richtlinien

- **Auswahl**
  - StVZO, insbes. §§ 30, 41
  - FZV
  - US-Standard FMVSS 106 – Bremsleitung für Krafträder
  - DIN ISO 4038/3996 – Hydraul. Bremsanlage/Bremsschläuche

Abnahme des ordnungsgemäßen Ein- oder Anbaus

a) Identifikation und Prüfung auf Übereinstimmung mit Prüfzeugnissen

- **Fahrzeug**

  Identifizierungsmerkmale siehe Abbildung auf Seite 118

- **Austauschbremsleitung**
  - Kennzeichnung
  - Hersteller/Typ
  - Ggf. andere Kennzeichnung lt. Prüfzeugnis
  - Werkstoff
  - Abmessungen, Anschlussart
- **Prüfung auf Einhaltung des Verwendungsbereichs**
- **Prüfung auf Verwendbarkeit in Verbindung mit vorhandenem ABS/ABV**
- **Ggf. Prüfung auf Verwendbarkeit im Zusammenhang mit Mehrfachänderungen (zeitgleich oder zeitlich versetzt)**

b) Prüfung des Ein- oder Anbaus

- **Prüfung auf Einhaltung der zutreffenden Beschränkungen, Auflagen und Hinweise aus den Prüfzeugnissen**
- **Weitere Prüfung auf Vorschriftsmäßigkeit**
  - Die *Länge* der Bremsleitungen muss für alle Betriebszustände ausreichend sein, d. h. die Bremsleitungen müssen über den gesamten Federweg an Vorder- und Hinterrad und bei allen Lenkeinschlägen ohne Zugbeanspruchung bleiben.
  - Die Bremsleitungen dürfen bei allen Fahrzuständen und Belastungsfällen (Federweg, Relativbewegung zwischen FzTeilen) nur im zulässigen Maß auf *Biegung* beansprucht werden. Es dürfen keine Knicke oder Quetschungen auftreten (ein Biegeradius von ca. 80 mm wird als Minimum angesehen).
  - Die Bremsleitungen müssen *scheuerfrei* verlegt und erforderlichenfalls in der dementsprechenden Lage gesichert sein.

- Die *Funktionsprüfung* sollte mindestens umfassen:
  - Entlüftetes Bremssystem,
  - Dichtheit des Systems und
  - Betätigungsweg (Ansprechen/Leerweg, Reserveweg).
- Die *Überprüfungsfahrt* sollte die Funktions- und Wirkungsprüfung insbesondere hinsichtlich
  - Ansprechverhalten,
  - Evtl. Druckabfall während des Bremsens und
  - Bremswirkung in Verbindung mit der erforderlichen Betätigungskraft beinhalten.
- Ggf. Prüfung des Einbaus von Austauschbremsleitungen im Zusammenhang mit anderen Änderungen am Fz (*Mehrfachänderungen*) darauf, ob sich die *Einzeländerungen* gegenseitig so beeinflussen, dass eine Gefährdung zu erwarten ist.

c) Bestätigung des ordnungsgemäßen Ein- oder Anbaus

Inhalt und Bedeutung der Bestätigung siehe Seite 89

d) Meldung an die Zulassungsbehörde

Eine Berichtigung der FzPapiere bezüglich einer Austauschbremsleitung ist nicht vorgeschrieben, aber möglich.

Beispieleintrag Zulassungsbescheinigung Teil I

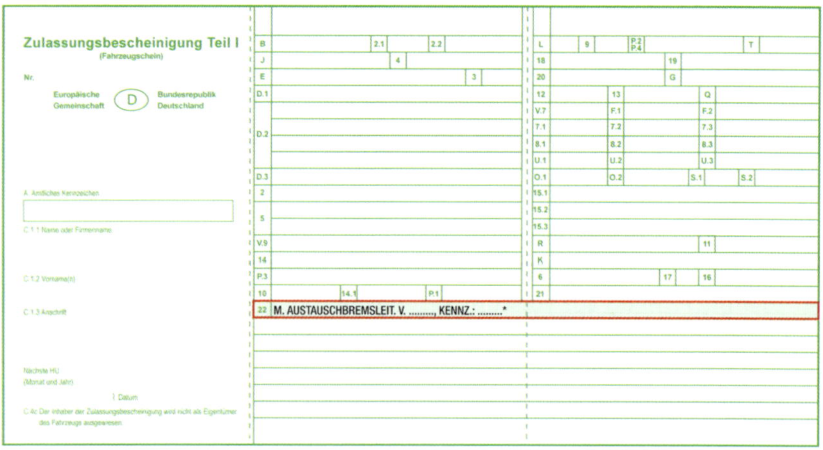

Hinweis für Hauptuntersuchungen und Polizeikontrollen

- **Teilekennzeichnung**
  - KBA-Typzeichen (ABE)
    z. B.: KBA 12345
  - Hersteller-/Typ-Kennzeichnung (TGA)
    z. B.: LUCAS DOT FMVSS 106

- **Nachweismöglichkeiten durch den FzHalter**
  - Allgemeine Betriebserlaubnis für FzTeile gem. § 22 StVZO
  - Teilegutachten gemäß Anlage XIX zur StVZO
  - Änderungsabnahme-Bestätigung
  - Eintrag in den FzPapieren
    (Berichtigung der FzPapiere in der Regel nicht vorgeschrieben, aber möglich)

- **Besonderheiten**

  Auffälligkeiten, durch die eine Gefährdung von Verkehrsteilnehmern zu erwarten ist und die ggf. zum Erlöschen der Betriebserlaubnis des Fz führen können:
  - Undichtheiten auf Grund falsch zugeordneter Anschlüsse; sichtbare Scheuerstellen oder andere Beschädigungen
  - Langsam oder unvollständig lösende Bremse (möglicher Hinweis auf Knickung z. B. während des Einfederns der Teleskopgabel)

Änderung Rad-Reifen-Kombination an 2- und 3-rädrigen Fz

Änderungen der Reifendimension oder des Reifenfabrikats werden in der Regel vorgenommen, um Verbesserungen im Fahrverhalten zu erzielen.
Des Weiteren können technische Erfordernisse vorliegen, die eine solche Änderung nötig machen (z. B. Leistungserhöhung mit dem Erfordernis eines höheren Geschwindigkeitsbereiches).

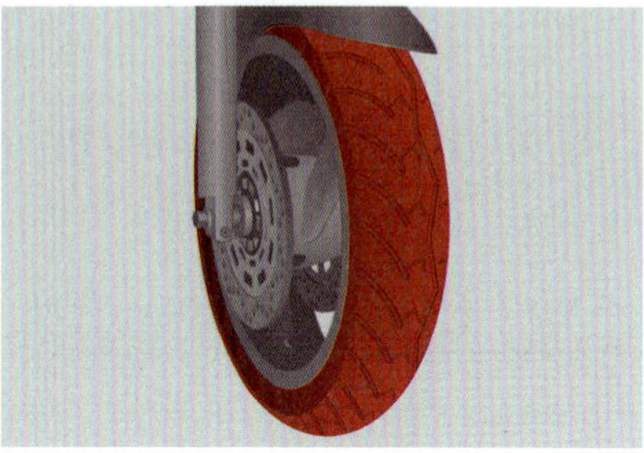

Mögliche Gefährdung

- **Verschlechterung des Fahrverhaltens besonders bei Brems-, Beschleunigungs- und Lenkvorgängen**
  - Verhalten bei Fahrbahnnässe
  - Aufstellmoment
- **Berührung zwischen Reifen und Fahrwerks-, Kraftübertragungs- oder Verkleidungsteilen**
- **Kombination mit unpassender Felge (geänderte Reifenbreite erfordert unter Umständen andere Felgenmaulweite)**
- **Überschreitung der auf den Reifen bezogenen Höchstgeschwindigkeit oder Tragfähigkeit**
- **Unzulässige Änderung der Anzeige des Geschwindigkeitsmessers durch Änderung des Reifenabrollumfangs**
- **Unvorschriftsmäßige Radabdeckung**

Änderung Rad-Reifen-Kombination an 2- und 3-rädrigen Fz

Vorschriften und Richtlinien

- **Auswahl**
  - StVZO, insbes. §§ 30, 36, 36a, 57
  - FZV
  - Rili Reifenkennzeichnung – VkBl. 1989 S. 112, 1990 S. 8 und 1992 S. 672, KIRSCHBAUM StVZO-Kommentar § 19, Erl. 9 (Fabrikatsbindung) und § 36, Erl. 4
  - WdK-Leitlinien DIN 7801/7802/7810 – Reifen/Motorrad-/Motorrollerreifen
  - Rili 97/24/EG, Kap. 1 oder ECE R 75 – Reifen 2- oder 3-rädr. Kfz/Krafträder
  - ETRTO

Abnahme des ordnungsgemäßen Ein- oder Anbaus

a) Identifikation und Prüfung auf Übereinstimmung mit Prüfzeugnissen

- **Fahrzeug**

  Identifizierungsmerkmale siehe Abbildung auf Seite 123

- **Reifen-Kennzeichnung** (Angaben gemäß o. a. Rili)
  - Fabrik- oder Handelsmarke
  - Breite/Querschnittsverhältnis
  - Bauart
  - Felgendurchmesser
  - Tragfähigkeitskennzahl
  - Geschwindigkeitssymbol
  - Schlauchtyp- oder Schlauchlosbereifung
  - Ggf. Zusätze wie „reinforced"
  - Herstellungsdatum
  - Profilbezeichnung

  Beispiel

  150/70 B 17 69 H
  - H – Geschwindigkeitssymbol (H = 210 km/h)
  - 69 – Tragfähigkeitskennzahl (69 = 325 kg)
  - 17 – Felgendurchmesser [Zoll]
  - B – Reifenbauart (Bias-Belted)
  - 70 – Querschnittsverhältnis (H : B) [%]
  - 150 – Reifenbreite [mm]

- **Prüfung auf Einhaltung des Verwendungsbereichs (z. B. hinsichtlich FzTyp und Ausführung)**

- **Ggf. Prüfung auf Verwendbarkeit im Zusammenhang mit Mehrfachänderungen (zeitgleich oder zeitlich versetzt)**

b) Prüfung des Ein- oder Anbaus

- **Prüfung auf Einhaltung der zutreffenden Beschränkungen, Auflagen und Hinweise aus den Prüfzeugnissen**
- **Weitere Prüfung auf Vorschriftsmäßigkeit**
  - Die erforderlichen *Geschwindigkeitssymbole* und *Tragfähigkeitskennzahlen* der Reifen sind zu prüfen; sie müssen mindestens denen in den FzPapieren entsprechen.
  - Die *Laufrichtung* der Reifen ist zu prüfen; ggf. zusätzliche Hinweise auf dem Reifen sind diesbezüglich zu beachten.
  - Die *Paarung* der Reifen mit den entsprechenden Rädern ist zu überprüfen.
  - Die *Freigängigkeit* der Reifen gegenüber Fahrwerks-, Kraftübertragungs- und Verkleidungsteilen ist zu prüfen; dabei sind ggf. statisch verschiedene Beladungszustände zu simulieren.
  - Durch *Überprüfungsfahrt*, ggf. unter verschiedenen Beladungszuständen, ist das Fahrverhalten und nochmals die Freigängigkeit der Reifen zu überprüfen.
  - Die Verwendung eines vorgeschriebenen *Schlauchs* ist zu überprüfen.
  - Ggf. Prüfung der Änderung der Reifen im Zusammenhang mit anderen Änderungen am Fz (*Mehrfachänderungen*) darauf, ob sich die *Einzeländerungen* gegenseitig so beeinflussen, dass eine Gefährdung zu erwarten ist.

Achtung!

Bei Leichtkrafträdern sowie bei Kleinkrafträdern und Fahrrädern mit Hilfsmotor sind Reifen unterschiedlicher Bauart an Vorder- und Hinterrad nicht zulässig.

Bei Krafträdern kann jedoch eine solche Ausrüstung beschrieben sein; dies ist gemäß § 36 Abs. 2a StVZO zulässig.

Gebräuchlich sind folgende Kombinationen (im Allgemeinen auf Grund der erforderlichen Tragfähigkeiten am Hinterrad in Verbindung mit hohen Geschwindigkeiten und großen Umfangskräften):

Vorderrad	*Hinterrad*
Diagonalreifen	Bias-Belted-Reifen
Diagonalreifen	Radialreifen

c) Bestätigung des ordnungsgemäßen Ein- oder Anbaus

Inhalt und Bedeutung der Bestätigung siehe Seite 89

d) Meldung an die Zulassungsbehörde

Eine Berichtigung der FzPapiere bezüglich der geänderten Bereifung ist im Regelfalle vorgeschrieben. Diese braucht jedoch nicht unverzüglich, sondern erst bei der nächsten Befassung der Zulassungsbehörde mit den FzPapieren zu erfolgen.

In bestimmten Fällen ist keine Berichtigung der FzPapiere vorgeschrieben, wenn die ABE für ein Rad in Verbindung mit anderen Reifengrößen ausdrücklich von der Pflicht zur Berichtigung der FzPapiere befreit.

Beispieleintrag Zulassungsbescheinigung Teil I

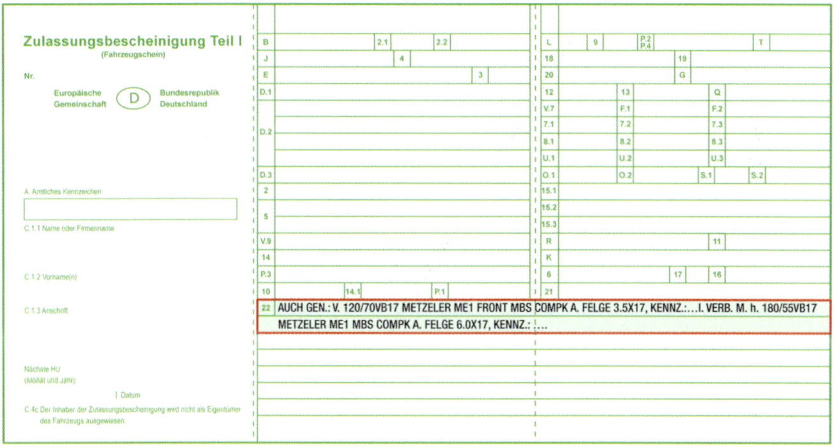

Hinweis für Hauptuntersuchungen und Polizeikontrollen

- **Teilekennzeichnung**
  - Reifengröße/Reifentyp/Reifenpaarung, Felgengröße
  - EG-Genehmigungszeichen für Reifen
    z. B.: e1*0147*03
  - ECE-Genehmigungszeichen für Reifen
    z. B.: E4-75R-002439
- **Nachweismöglichkeiten durch den FzHalter**
  - Eintrag in den FzPapieren
  - Berichtigung der FzPapiere erforderlich, aber zurückgestellt bzw. nicht vorgeschrieben, aber möglich
    Änderungsabnahme Bestätigung
  - Bescheinigungen des Fz- oder Reifenherstellers bei Fabrikats- und/oder Typbindung der Bereifung

Besonderheiten

Auffälligkeiten, durch die eine Gefährdung von Verkehrsteilnehmern zu erwarten ist und die ggf. zum Erlöschen der Betriebserlaubnis des Fz führen können:

- Von den Festlegungen abweichende Reifenpaarung
- Abweichungen von der vorgeschriebenen Reifenfabrikats- oder -typbindung
- Fehlende Bescheinigung des Fz- oder Reifenherstellers über eine zulässige Abweichung von der vorgeschriebenen Reifenfabrikats- oder -typbindung
- Ggf. negative gegenseitige Beeinflussung in Verbindung mit Leistungssteigerung, Anbau Sonderlenker, Anbau Spoiler

Änderung Rad-Reifen-Kombination an Kfz und Kfz-Anhängern (M, N, O)

Unter „Änderung der Rad-Reifen-Kombination" versteht man den Anbau von Reifen einer für dieses Fz bisher nicht genehmigten Größe und/oder den Anbau von Sonderrädern zum Zweck der Verbesserung des Fahrverhaltens, zur Veränderung des optischen Erscheinungsbilds, zur Verringerung der ungefederten Massen oder aus ökonomischen Erwägungen.

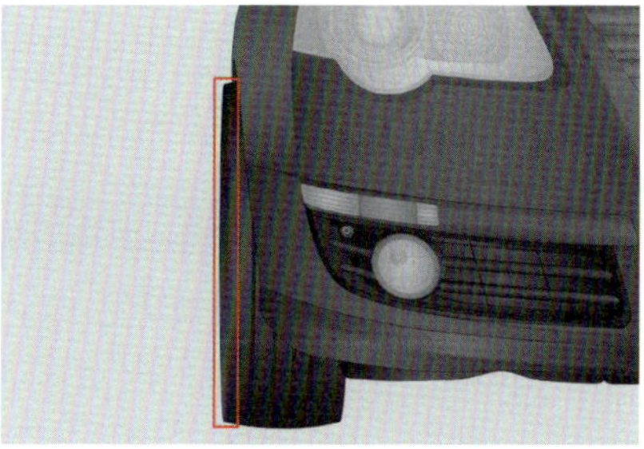

Mögliche Gefährdung

- **Verschlechterung des Fahr- und Lenkverhaltens**

  Negative Auswirkungen von Lenk- und Achsbewegungen bei Beschleunigungs-, Brems-, Lenk- und Einfederungsvorgängen z. B. durch Änderung des Lenkrollhalbmessers (Änderung von Einpresstiefe/Spurweite, Felgendurchmesser, Reifenbreite bzw. Reifenquerschnitt)

- **Negative Beeinflussung der Betriebsfestigkeit von Fahrwerks- und Lenkungsteilen durch Erhöhung der Momentenbeanspruchung an der Radaufhängung (Verringerung der Einpresstiefe/Spurverbreiterung oft in Verbindung mit Vergrößerung der ungefederten Massen durch Verwendung von schwereren Breitreifen)**

- **Verschlechterung des Bremsverhaltens (Änderung von Reifenhalbmesser, Reifenbreite, Kühlungsverhältnissen der Bremse)**

- **Ungenügender Freiraum der Rad-Reifen-Kombination gegenüber Fahrwerks- und Karosserieteilen oder der Radaufhängung bzw. Teilen der Brems- und Lenkanlage**

Änderung Rad-Reifen-Kombination an Kfz und Kfz-Anhängern (M, N, O)

- **Nicht ausreichende zulässige Radlast in Bezug auf die technisch zulässige Achslast (Verwendung von Felgen mit geringerer geprüfter Radlast)**
- **Verwendung von Reifen mit zu geringem Tragfähigkeits- und/oder Geschwindigkeitsindex**
- **Unzulässige Änderung der Anzeige des Geschwindigkeitsmessers (Änderung des Reifenabrollumfangs)**
- **Unvorschriftsmäßige Radabdeckung**

Vorschriften und Richtlinien

- **Auswahl**
  - StVZO, insbes. §§ 30, 36, 36a, 57
  - FZV
  - Rili Sonderräder – VkBl. 1982 S. 276, 1991 S. 736, KIRSCHBAUM StVZO-Kommentar § 30, Erl. 42
  - Rili Reifenkennzeichnung – VkBl. 1989 S. 112, 1990 S. 8, 1992 S. 672
  - VdTÜV-Merkblatt 751, Anh. 1 – Rad-Reifen-Kombinationen (Stand: 6.2006)
  - Rili 78/549/EWG – Radabdeckung
  - ETRTO, WdK, DIN

Abnahme des ordnungsgemäßen Ein- oder Anbaus

a) Identifikation und Prüfung auf Übereinstimmung mit Prüfzeugnissen

- **Fahrzeug**

  Identifizierungsmerkmale siehe Abbildung auf Seite 129

- **Sonderrad-Kennzeichnung**
  - Hersteller/Typ
  - Felgengröße/Einpresstiefe
  - Typzeichen (ABE-Nr.)
  - Ggf. andere Kennzeichnung lt. Prüfzeugnis

- **Reifen-Kennzeichnung** (Angaben gemäß o. a. Rili)
  - Fabrik- oder Handelsmarke
  - Breite/Querschnittsverhältnis
  - Bauart
  - Felgendurchmesser
  - Tragfähigkeitskennzahl
  - Geschwindigkeitssymbol

- Ggf. Zusätze wie „TUBELESS", „M+S", „reinforced", „Extra Load"
- Herstellungsdatum
- Profilbezeichnung

Beispiel

150/70 R 17 69 H
- H – Geschwindigkeitssymbol (H = 210 km/h)
- 69 – Tragfähigkeitskennzahl (69 = 325 kg)
- 17 – Felgendurchmesser [Zoll]
- R – Reifenbauart (Radialreifen)
- 70 – Querschnittsverhältnis (H : B) [%]
- 150 – Reifenbreite [mm]

- **Prüfung auf Einhaltung des Verwendungsbereichs (z. B. hinsichtlich FzTyp und Ausführung)**
- **Ggf. Prüfung auf Verwendbarkeit im Zusammenhang mit Mehrfachänderungen (zeitgleich oder zeitlich versetzt)**

b) Prüfung des Ein- oder Anbaus

- **Prüfung auf Einhaltung der zutreffenden Beschränkung, Auflagen und Hinweise aus den Prüfzeugnissen**
- **Weitere Prüfung auf Vorschriftsmäßigkeit**
  - Die *Tragfähigkeitskennzahlen* und *Geschwindigkeitssymbole* der verwendeten Reifen müssen mindestens den in den FzPapieren ausgewiesenen bzw. den zulässigen Achslasten und der bbH des Fz unter Beachtung der zulässigen Toleranzen entsprechen.
  - Die *Freigängigkeit*
    der Rad-Reifen-Kombination gegenüber
    Fahrwerksteilen ≥ 4 mm
    Karosserieteilen ≥ 6 mm
    der Räder gegenüber
    Radaufhängung, Brems- und Lenkanlage ≥ 2 mm
    ist im statischen Versuch zu überprüfen. Dabei ist auch auf einen ausreichenden Freiraum für die Auswuchtgewichte zu achten.

Prüfvorschlag (Einzelradaufhängung)

Das Fz mit den jeweils diagonal gegenüberliegenden Rädern auf zwei Auffahrrampen (Höhe ca. 140 mm) fahren und das Rad der Vorderachse, welches auf der Rampe steht, so bis zum Anschlag einlenken, dass es als kurvenäußeres Rad betrachtet wird.

Dabei federt das Fz soweit ein, dass nur ein geringer Restfederweg verbleibt, der leicht durch Wippen der Karosserie überwunden werden kann. Der verbleibende Freiraum ist zu beurteilen.

- Erforderlichenfalls sind zusätzliche *Überprüfungsfahrten* bei zulässigem Gesamtgewicht (Kurvenfahrt bei maximalem Lenkeinschlagwinkel und Grenzgeschwindigkeit) durchzuführen und danach alle Räder und Reifen auf evtl. Schleifspuren zu untersuchen.
- *Ventilbestückung* beachten; bei v_{max} ≥ 210 km/h sind in der Regel Metallschraubventile lt. Prüfzeugnis vorgeschrieben. Aufgrund der konstruktiven Ausführung sind auch Ventilbohrung/Auflagefläche von Gummiventilen vorgeschrieben.
- Verwendung der richtigen *Befestigungsteile*, Einschraubtiefe
- Die richtige *Paarung* von Radschraube bzw. -mutter mit dem Sonderrad ist zu überprüfen (Kegel- auf Kegelbund, Kugel- auf Kugelbund)
  Schraubenlänge:
  - Anzahl der tragenden Gewindeteile ≥ 0,8 x d : Steigung
  - Schrauben dürfen nicht in Bremstrommel hineinragen
  - Ggf. festen Sitz der Ringe für die Mittenlöcher überprüfen
- Ausreichende *Radabdeckung*
- Über einen Bereich von 30° vor und 50° hinter der Radmitte muss die Gesamtbreite des Reifens (oben am Reifen zu bestimmen) voll abgedeckt sein.
- Ggf. Prüfung der Änderung der Rad-Reifen-Kombination im Zusammenhang mit anderen Änderungen am Fz (*Mehrfachänderungen*) darauf, ob sich die *Einzeländerungen* gegenseitig so beeinflussen, dass eine Gefährdung zu erwarten ist.

c) Bestätigung des ordnungsgemäßen Ein- oder Anbaus

Inhalt und Bedeutung der Bestätigung siehe Seite 89

d) Meldung an die Zulassungsbehörde

Eine Berichtigung der FzPapiere bezüglich einer gegenüber der mit der FzTypgenehmigung freigegebenen Serienbereifung geänderten Bereifung ist vorgeschrieben. Diese braucht jedoch nicht unverzüglich, sondern erst bei der nächsten Befassung der Zulassungsbehörde mit den FzPapieren zu erfolgen.

In bestimmten Fällen ist keine Berichtigung der FzPapiere vorgeschrieben, wenn die ABE für ein Rad in Verbindung mit anderen Reifengrößen ausdrücklich von der Pflicht zur Berichtigung der FzPapiere befreit.

Änderung Rad-Reifen-Kombination an Kfz und Kfz-Anhängern (M, N, O)

Beispieleintrag Zulassungsbescheinigung Teil I

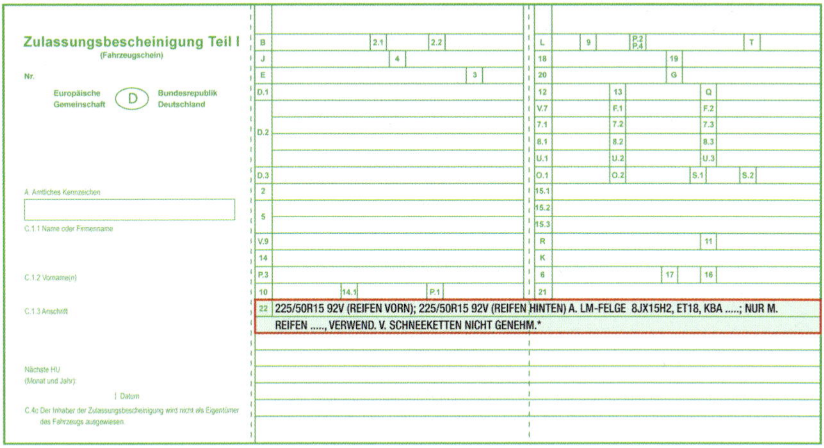

Zulassungsbescheinigung Teil I
(Fahrzeugschein)

Europäische Gemeinschaft (D) Bundesrepublik Deutschland

22 225/50R15 92V (REIFEN VORN); 225/50R15 92V (REIFEN HINTEN) A. LM-FELGE 8JX15H2, ET18, KBA .....; NUR M. REIFEN ....., VERWEND. V. SCHNEEKETTEN NICHT GENEHM.*

Hinweis für Hauptuntersuchungen und Polizeikontrollen

Teilekennzeichnung

- KBA-Typzeichen (ABE) für Rad
  z. B.: KBA 43210
- KBA-Typzeichen (ABE) für Distanzscheiben
  z. B.: KBA 90846
- EG-Genehmigungszeichen für Reifen
  z. B.: e24*00479
- ECE-Genehmigungszeichen für Reifen
  z. B.: E4-30R-022439

Nachweismöglichkeiten durch den FzHalter

- Eintrag in den FzPapieren
- Berichtigung der FzPapiere ggf. erforderlich, aber zurückgestellt
- Berichtigung der FzPapiere ggf. nicht vorgeschrieben, aber möglich
- Änderungsabnahme-Bestätigung
- Allgemeine Betriebserlaubnis für FzTeile gemäß § 22 StVZO (Sonderräder, Distanzscheiben)

Besonderheiten

Auffälligkeiten, durch die eine Gefährdung von Verkehrsteilnehmern zu erwarten ist und die ggf. zum Erlöschen der Betriebserlaubnis des Fz führen können:

- Unzureichender Lastindex
- Unzureichender Geschwindigkeitsindex
- Unvorschriftsmäßige Radabdeckung
- Ggf. negative gegenseitige Beeinflussung in Verbindung mit Leistungssteigerung, Einbau Sonderlenkrad, Fahrwerkstieferlegung, Anbau Spoiler, geänderte Federn/Stoßdämpfer, Änderung Spur/Sturz sowie des Abgasverhaltens

Fahrwerksänderung Pkw

Die Tieferlegung von Pkw wird vorgenommen, um den optischen Eindruck des Fz zu verändern und das Fahrverhalten hinsichtlich der Fahrsicherheit, ggf. unter Verschlechterung des Fahrkomforts, positiv zu beeinflussen.

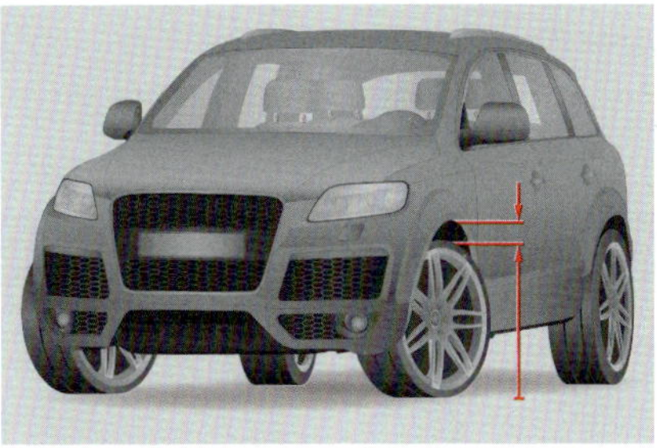

Mögliche Gefährdung

- **Verschlechterung des Fahr- und Lenkverhaltens**

  Negative Auswirkungen von Achsbewegungen bei Beschleunigungs-, Brems-, Lenk- und Einfederungsvorgängen z. B. durch Verminderung des Federwegs, Änderung der Federkennung oder des Radsturzes

- **Verschlechterung des Bremsverhaltens**

  Funktion des federwegabhängigen Bremsdruckregelventils

- **Nichtbeachtung einer ggf. notwendigen Einschränkung der Verwendbarkeit auf bestimmte Rad-Reifen-Kombinationen**

- **Ungenügende Bodenfreiheit**

- **Unzulässige Änderung der Kuppelhöhe der Anhängezugeinrichtung**

- **Unzulässige Verringerung der Anbringungshöhe lichttechnischer Einrichtungen und der Kennzeichen**

- **Beeinträchtigung der Möglichkeit zur Scheinwerfereinstellung**

Vorschriften und Richtlinien

- **Auswahl**
  - StVZO, insbes. §§ 30, 36a, 43, 47c, 49a, 50 bis 54, 60
  - FZV
  - VdTÜV-Merkblatt 751 Anh. II – FzTiefer-/-Höherlegungen (Stand: 6.2006)

Abnahme des ordnungsgemäßen Ein- oder Anbaus

a) Identifikation und Prüfung auf Übereinstimmung mit Prüfzeugnissen

- **Fahrzeug**

  Identifizierungsmerkmale siehe Abbildung auf Seite 135

- **Umrüstteile**

  Kennzeichnung und Merkmale aller zur Umrüstung erforderlichen Teile sowie deren Zuordnung zu den Achsen

- **Prüfung auf Einhaltung des Verwendungsbereichs (z. B. hinsichtlich FzTyp und Ausführung)**

- **Ggf. Prüfung auf Verwendbarkeit im Zusammenhang mit Mehrfachänderungen (zeitgleich oder zeitlich versetzt)**

b) Prüfung des Ein- oder Anbaus

- **Prüfung auf Einhaltung der zutreffenden Beschränkungen, Auflagen und Hinweise aus den Prüfzeugnissen**

- **Weitere Prüfung auf Vorschriftsmäßigkeit**
  - Die *Montage* muss entsprechend Einbauanleitung erfolgen.
  - Die *Freigängigkeit* der Rad-Reifen-Kombination in allen Belastungs- und Betriebszuständen gegenüber

    Fahrwerksteilen ≥ 4 mm

    Karosserieteilen ≥ 6 mm

    sowie der Räder gegenüber

    Radaufhängung, Brems- und Lenkanlage ≥ 2 mm

    ist im statischen Versuch zu überprüfen. Dabei ist auch auf einen ausreichenden Freiraum für die Auswuchtgewichte zu achten.

P r ü f v o r s c h l a g (Einzelradaufhängung)

Das Fz mit den jeweils diagonal gegenüberliegenden Rädern auf zwei Auffahrrampen mit einer Höhe von ca. 140 mm fahren und das Rad der Vorderachse, welches auf der Rampe steht, so bis zum Anschlag einlenken, dass es als kurvenäußeres Rad betrachtet wird. Dabei federt das Fz soweit ein, dass nur ein geringer Restfederweg verbleibt, der leicht durch Wippen der Karosserie überwunden werden kann. Der verbleibende Freiraum ist zu beurteilen.

P r ü f h i n w e i s e

Bodenfreiheit

- Die verbliebene Bodenfreiheit ist zu überprüfen.
- Entsprechend der Prüfrichtlinie des VdTÜV-Merkblatts 751 Ziff. II.5.6 muss ein Fahrbahnkontakt sicherheitsrelevanter Bauteile, insbesondere von Achsaufhängungen, Ölwannen, Brems- und Kraftstoffleitungen, sowie Kraftstoffbehältern und deren Anbau- und Befestigungsteilen unter betriebsüblichen Bedingungen ausgeschlossen sein.
- Dies ist in der Regel der Fall, wenn die statische Bodenfreiheit (= Kleinster Abstand von Teilen der Bodengruppe zur ebenen Fahrbahn bei Leergewicht, ohne Fahrer und mit vollem Tank) unter starren Teilen der Bodengruppe nicht weniger als 80 mm beträgt.
- Elastische Teile dürfen tiefer angebracht sein, wenn sie sich nach Bodenkontakt wieder in ihrer ursprünglichen Anbaulage befinden.
- Eine Bodenfreiheit unter 80 mm (70 mm bei gummielastischen Teilen) kann unter keinen Umständen positiv begutachtet werden!
- Ermittlung der neuen FzHöhe; Messung am höchsten festen Punkt des Fz (bei Leergewicht, vollgetankt, mit üblicher Ausrüstung).
- Ermittlung eines Kontrollmaßes „Abstand Radmitte – Kotflügelunterkante".

Anbrigungshöhen der lichttechnischen Einrichtungen

- Die Anbringungshöhen der lichttechnischen Einrichtungen beziehen sich jeweils auf den niedrigsten Punkt der leuchtenden Fläche.
- Unter dem Begriff „leuchtende Fläche" wird derjenige Teil eines Scheinwerfers oder einer anderen lichttechnischen Einrichtung verstanden, aus dem reell das von der Glühlampe oder einem anderen System erzeugte Licht ausgestrahlt wird.
- Im Rahmen des Bauart- bzw. Typgenehmigungsverfahrens wird für jeden einzelnen Typ der LTE als Bezugsgröße der untere Rand der tatsächlichen Austrittsöffnung des optischen Systems (Reflektor, Abschlussscheibe) ermittelt und festgelegt.
- Nur aus den Genehmigungsdokumenten kann man deshalb den wirklichen niedrigsten Punkt einer leuchtenden Fläche ermitteln, wenn dieser nicht an der LTE selbst kenntlich gemacht ist.
- Behelfsweise wird in der Praxis deshalb am unbeladenen, vollgetankten Fz ohne Fahrer mittels Scheinwerfer-Einstellgerät oder Abdeckung der LTE mit weißem Papier die leuchtende Fläche und ihr niedrigster Punkt ermittelt, wenn das lichttechnische Gutachten aus der Typgenehmigung nicht zur Verfügung steht.
- Ein so ermitteltes Maß stellt somit nur eine Orientierungsgröße dar, die auf das geforderte Grenzmaß zu beziehen ist.

– Im Einzelnen sind folgende Grenzmaße für den unteren Rand der leuchtenden Fläche von lichttechnischen Einrichtungen vorgeschrieben:

Art	*Minimale Höhe über Fahrbahn (mm)*	
	nach EG-Richtlinie	*nach StVZO*
Abblendlicht	500	500
Begrenzungsleuchte	350	350
Fernlicht	–	–
Nebelscheinwerfer	250	–
Fahrtrichtungsanzeiger (v/h)	350	400
Fahrtrichtungsanzeiger (seitl.)	350	400
Parkleuchte	–	350
Rückfahrscheinwerfer	250	–
Bremsleuchte (S1 und S2)	350	350
Schlussleuchte	350	350
Nebelschlussleuchte	250	250
Rückstrahler	250	–

Auf diese Grenzmaße gibt es jedoch unabhängig von der Art der vorgenommenen Änderung keine nutzbare Toleranz, etwa durch das „Setzen" der Federn von in Betrieb befindlichen Fz oder durch die Verwendung von Reifen mit einem geringeren Höhe-Breite-Verhältnis.

Anbringungshöhen der Kennzeichen

– Der untere Rand des vorderen Kennzeichens darf nicht weniger als 200 mm und des hinteren Kennzeichens darf nicht weniger als 300 mm über der Fahrbahn liegen.
– Ggf. Prüfung der Tieferlegung im Zusammenhang mit anderen Änderungen am Fz (*Mehrfachänderungen*) darauf, ob sich die *Einzeländerungen* gegenseitig so beeinflussen, dass eine Gefährdung zu erwarten ist.

c) Bestätigung des ordnungsgemäßen Ein- oder Anbaus

Inhalt und Bedeutung der Bestätigung siehe Seite 89

d) Meldung an die Zulassungsbehörde

Grundsätzlich ist bedingt durch die Änderung der FzAbmessungen (Höhe) eine Berichtigung der FzPapiere erforderlich. Diese braucht jedoch nicht unverzüglich, sondern erst bei der nächsten Befassung der Zulassungsbehörde mit den FzPapieren zu erfolgen.

Beispieleintrag Zulassungsbescheinigung Teil I

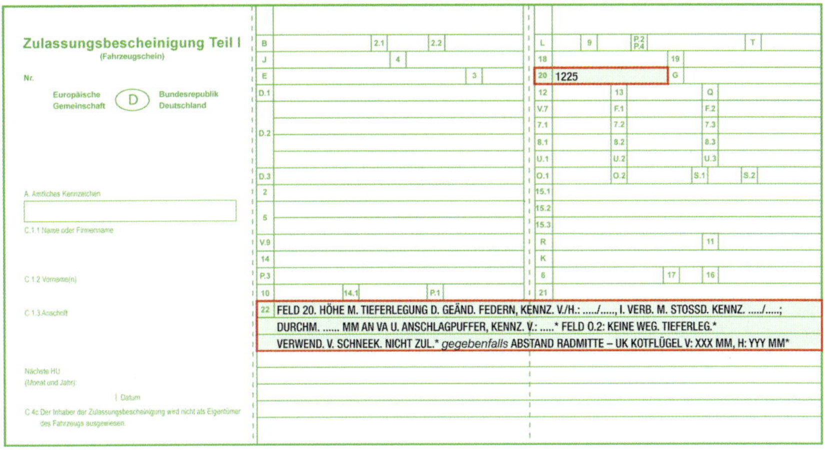

Hinweis für Hauptuntersuchungen und Polizeikontrollen

Teilekennzeichnung

KBA Typzeichen (ABE)
z. B.: KBA 90469

- Hersteller-/Typ-Kennzeichnung (TGA)
  z. B.: 313560311-VA
  313560312-HA

Nachweismöglichkeiten durch den FzHalter

- Eintrag in den FzPapieren
- Berichtigung der FzPapiere erforderlich, aber zurückgestellt
- Allgemeine Betriebserlaubnis für FzTeile gemäß § 22 StVZO
- Änderungsabnahme-Bestätigung

Besonderheiten

Auffälligkeiten, durch die eine Gefährdung von Verkehrsteilnehmern zu erwarten ist und die ggf. zum Erlöschen der Betriebserlaubnis des Fz führen können:

- Zulässige Höhe der Unterkante der Lichtaustrittsfläche der Scheinwerfer für Abblendlicht von mindestens 500 mm (nur Orientierungsgröße, kein absolutes Grenzmaß, siehe Prüfhinweise) unterschritten
- Zulässige Höhe der Unterkante des vorderen Kennzeichens von mindestens 200 mm unterschritten
- Zulässige Höhe der Unterkante des hinteren Kennzeichens von mindestens 300 mm unterschritten

Änderung Teleskopgabel Krad

Durch den Anbau einer anderen Teleskopgabel wird ggf. eine andere Fahrwerksgeometrie oder eine andere Belastbarkeit erreicht. Mitunter wird auch ausschließlich eine andere optische Erscheinung des Kraftrads angestrebt.

Mögliche Gefährdung

- **Verschlechterung des Fahrverhaltens/Handlings durch geänderte Fahrwerksgeometrie (Radstand, Nachlauf) oder andere Funktionsmaße der Teleskopgabel**
- **Verschlechterung des Fahrverhaltens/Lenkverhaltens durch geänderte Fahrwerksgeometrie bei gleichzeitig geänderten weiteren Teilen (z. B. Gabelbrücken, Rad-Reifen-Kombination)**
- **Verschlechterung des Bremsverhaltens besonders hinsichtlich des Zeitverhaltens durch anderes „Eintauchen" (Federung) oder durch verändertes Verhalten beim Intervallbremsen (Dämpfung)**
- **Beeinträchtigung der Übertragungseinrichtungen der Vorderradbremsanlage (Bowdenzüge, Hydraulikbremsleitung) durch fehlerhafte Verlegung oder falsche Maße (zu beachten sind ggf. geänderte Federwege der Teleskopgabel)**

Vorschriften und Richtlinien

- **Auswahl**
  - StVZO, insbes. § 30
  - FZV

Abnahme des ordnungsgemäßen Ein- oder Anbaus

a) Identifikation und Prüfung auf Übereinstimmung mit Prüfzeugnissen

- **Fahrzeug**

  Identifizierungsmerkmale siehe Abbildung auf Seite 138

- **Teleskopgabel/Gabelbrücken**
  - Kennzeichnung
  - Hersteller/Typ
  - Ggf. andere Kennzeichnung lt. Prüfzeugnis
  - Bauart (z. B. konventionell, up-side-down)

- **Prüfung auf Einhaltung des Verwendungsbereichs (z. B. hinsichtlich FzTyp und Ausführung)**

- **Ggf. Prüfung auf Verwendbarkeit im Zusammenhang mit Mehrfachänderungen (zeitgleich oder zeitlich versetzt)**

b) Prüfung des Ein- oder Anbaus

- **Prüfung auf Einhaltung der zutreffenden Beschränkungen, Auflagen und Hinweise aus den Prüfzeugnissen**

- **Weitere Prüfung auf Vorschriftsmäßigkeit**
  - Es ist zu prüfen, ob die vorgeschriebenen *Befestigungsteile* verwandt wurden.
  - Im Prüfzeugnis ggf. *festgeschriebene Maße* für das umgebaute Fz müssen eingehalten werden (z. B. Abstand von Vorderachse bis Mitte des Hinterradschwingenlagers).
  - Eine Prüfung der *Funktion* – wie z. B. Ein- und Ausfederverhalten oder Dämpfungsverhalten (ggf. bei unterschiedlichen Belastungszuständen) – ist vorzunehmen.
  - Die *Bremsanlage* ist insbesondere hinsichtlich der Übertragungseinrichtungen (*Bowdenzüge*, *Hydraulikbremsleitungen*) auf entsprechende Maße (geänderte Federwege) und Funktion zu prüfen.
  - Eine *Überprüfungsfahrt* sollte – neben der Funktions- bzw. Wirkungsprüfung der vom Umbau beeinflussten Baugruppen – bezüglich des Fahrverhaltens/Handlings, des Lenkverhaltens und des Bremsverhaltens mindestens folgende Prüfungen beinhalten:
    - Verhalten beim Ein- und Ausfahren in und aus Kurven,
    - Verhalten beim Durchfahren von Kurven,
    - Erforderliche Lenkkräfte,
    - Einfluss von Bremskräften auf das Fahrverhalten,

- Ansprechverhalten beim Bremsvorgang, besonders hinsichtlich des „Eintauchens“ sowie des Dämpfungsvermögens (Bremsen aus hoher Geschwindigkeit, Intervallbremsung).
- Ggf. Prüfung des Anbaus einer anderen Teleskopgabel im Zusammenhang mit anderen Änderungen am Fz (*Mehrfachänderungen*) darauf, ob sich die *Einzeländerungen* gegenseitig so beeinflussen, dass eine Gefährdung zu erwarten ist.

c) Bestätigung des ordnungsgemäßen Ein- oder Anbaus

Inhalt und Bedeutung der Bestätigung siehe Seite 89

d) Meldung an die Zulassungsbehörde

Eine Berichtigung der FzPapiere bezüglich einer geänderten Teleskopgabel ist nicht vorgeschrieben, aber möglich.

Beispieleintrag Zulassungsbescheinigung Teil I

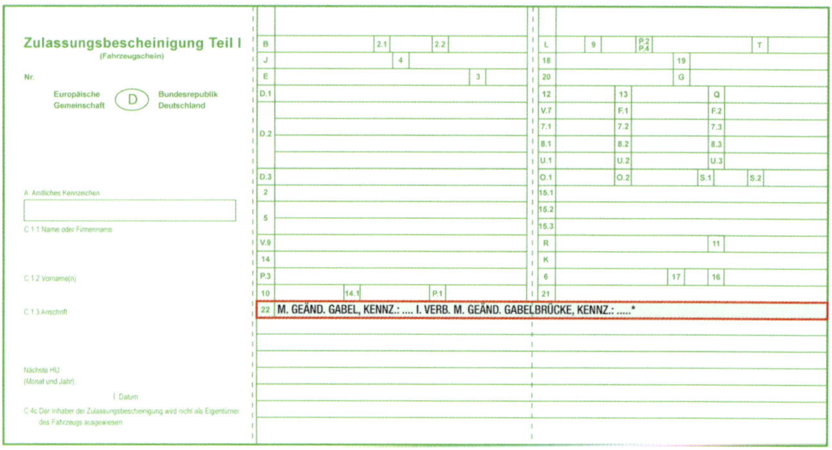

Hinweis für Hauptuntersuchungen und Polizeikontrollen

Teilekennzeichnung

- Hersteller /Typ Kennzeichnung (TGA)
  z. B.: Herstellername oder -logo, Bauart der Teleskopgabel, Standrohr-Durchmesser und -Abstand

Nachweismöglichkeiten durch den Fahrzeughalter

- Eintrag in den FzPapieren

- Änderungsabnahme-Bestätigung
- Berichtigung der FzPapiere in der Regel nicht vorgeschrieben, aber möglich

Besonderheiten

Auffälligkeiten, durch die eine Gefährdung von Verkehrsteilnehmern zu erwarten ist und die ggf. zum Erlöschen der Betriebserlaubnis des Fz führen können:

- Unsachgemäße Ausführung
- Extreme geometrische Gestaltung
- Abweichung von vorgegebenen Maßen durch falschen Einbau oder durch Verwendung geänderter Federn in der Gabel
- Fehlende Kennzeichnung, sonstige Abweichung von Vorgaben in den FzPapieren

Der nachträgliche Anbau von Luftleiteinrichtungen (LLE) am Pkw erfolgt in der Regel mit der Absicht der Veränderung des optischen Eindrucks oder bestimmter Fahrzeugeigenschaften, wie z. B. Höchstgeschwindigkeit, Fahrverhalten, Auftriebsverhalten oder Bremsverhalten.

Mögliche Gefährdung

- **Verschlechterung des Fahr-, Lenk- und Bremsverhaltens durch**
  - unzulässige Vergrößerung der Auftriebskräfte an Vorder- und/oder Hinterachse bei überdimensionierter oder falscher Ausführung von Front- und/oder Heckspoilern
  - Erhöhung der Seitenwindempfindlichkeit bei überdimensionierter oder falscher Ausführung von seitlichen Luftleiteinrichtungen
  - Vergrößerung der Stirnfläche bei Anbau von Frontspoilern
- **Verschlechterung des Bremsverhaltens**

  Negative Beeinflussung der Kühlung/Zwangsbelüftung der vorderen Radbremsen bei Anbau von Frontspoilern und dadurch entstehende Vergrößerung des Bremsenfadings (Veränderung der konstruktiv vorgesehenen Luftströmung bzw. Nichtbeachtung der erforderlichen Zwangsbelüftung, besonders bei Fz mit $v_{max} > 160$ km/h)
- **Ungenügende Bodenfreiheit**
- **Ungenügende Freiräume gegenüber Rad-Reifen-Kombination**
- **Unzulässige Einschränkung des Sichtfeldes der Rückspiegel**
- **Verschlechterung des Brandverhaltens/der Feuersicherheit durch**
  - Verwendung von ungeeignetem Material
  - ungenügenden Abstand zur Abgasanlage

- **Negative Veränderung der Umrissgestaltung**
  - Verletzungsmöglichkeit durch Form und Ausführung
  - Unzulässige Verwendung von Heckspoilern aus metallischen Werkstoffen
- **Unzulässige Einschränkung**
  - der Freiräume für Abschleppeinrichtungen
  - der Wirksamkeit und/oder geometrischen Sichtbarkeit von lichttechnischen Einrichtungen
- **Negative Beeinflussung der Ansaugverhältnisse für den Motor**

Vorschriften und Richtlinien

- **Auswahl**
  - StVZO, insbes. §§ 30, 30a, 36, 36a, 41, 43, 47c, 49a, 50–54
  - FZV, insbesondere § 10
  - VdTÜV-Merkblatt 744 – Luftleiteinrichtungen Pkw

Abnahme des ordnungsgemäßen Ein- oder Anbaus

a) Identifikation und Prüfung auf Übereinstimmung mit Prüfzeugnissen

- **Fahrzeug**

Identifizierungsmerkmale siehe Abbildung auf Seite 142

- **Luftleiteinrichtungen**
  - Kennzeichnung
  - Hersteller/Typ
  - Typzeichen (ABE-Nr.)
  - Werkstoff
  - Form, Abmessungen
- **Prüfung auf Einhaltung des Verwendungsbereichs (z. B. hinsichtlich FzTyp und Ausführung)**
- **Ggf. Prüfung auf Verwendbarkeit im Zusammenhang mit Mehrfachänderungen (zeitgleich oder zeitlich versetzt)**

b) Prüfung des Ein- oder Anbaus

- **Prüfung auf Einhaltung der zutreffenden Beschränkungen, Auflagen und Hinweise aus den Prüfzeugnissen**

Weitere Prüfung auf Vorschriftsmäßigkeit

- Die *Befestigung* muss entsprechend der Montageanleitung, insbesondere aber sicher, fest und vibrationsfrei erfolgen.
- Unabhängig von Art und Form der Luftleiteinrichtung darf sich die *Verletzungsgefahr* für andere Verkehrsteilnehmer durch den Anbau der LLE nicht vergrößern.
- Die Zugänglichkeit zu den *Abschleppeinrichtungen* muss erhalten bleiben.
- Die Änderung der Strömungsverhältnisse am Fahrzeug darf keine negative Wirkung auf die *Belüftung* der Bremsanlage haben.

Prüfhinweis

Im Zusammenhang mit der Leistungssteigerung sind häufig Änderungen der Bremsanlage insgesamt erforderlich. Das Vorhandensein einer Zwangsbelüftung im Originalzustand kann dabei nicht mehr ausreichen!

- Hierzu sind im Regelfall gesonderte Gutachten bzw. Prüfungen erforderlich.
- Ggf. Prüfung des Anbaus von Luftleiteinrichtungen im Zusammenhang mit anderen Änderungen am Fz (*Mehrfachänderungen*) darauf, ob sich die *Einzeländerungen* gegenseitig so beeinflussen, dass eine Gefährdung zu erwarten ist.

c) Bestätigung des ordnungsgemäßen Ein- oder Anbaus

Inhalt und Bedeutung der Bestätigung siehe Seite 89

d) Meldung an die Zulassungsbehörde

Eine Berichtigung der FzPapiere bezüglich des Anbaus eines Spoilers ist nicht vorgeschrieben, aber möglich.

Beispieleintrag Zulassungsbescheinigung Teil I

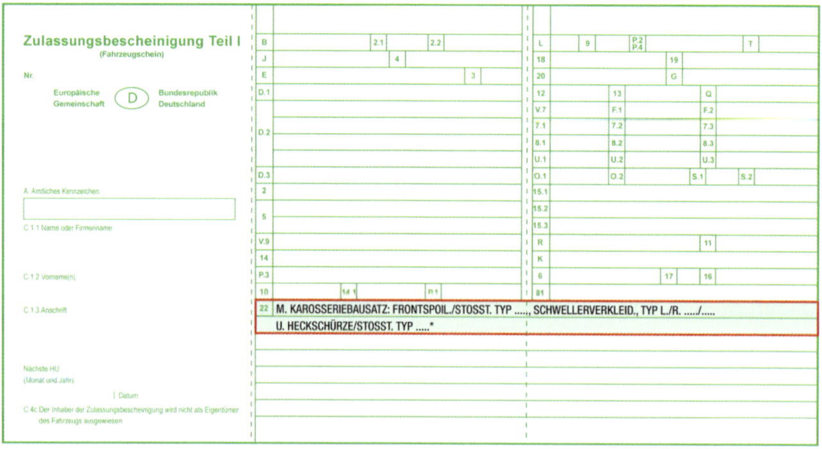

Anbau Spoiler

Hinweis für Hauptuntersuchungen und Polizeikontrollen

Teilekennzeichnung

- KBA-Typzeichen (ABE)
  z. B.: KBA 35640
- Hersteller-/Typ-Kennzeichnung (TGA)
  z. B.: CRD ZH-200-00

Nachweismöglichkeiten durch den Fahrzeughalter

- Eintrag in den FzPapieren
- Änderungsabnahme-Bestätigung
- Allgemeine Betriebserlaubnis für FzTeile gemäß § 22 StVZO
- Berichtigung der FzPapiere nicht vorgeschrieben, aber möglich

Besonderheiten

Auffälligkeiten, durch die eine Gefährdung von Verkehrsteilnehmern zu erwarten ist und die ggf. zum Erlöschen der Betriebserlaubnis des Fz führen können:

- Verdeckung/Nichtnutzbarkeit der vorgeschriebenen vorderen Abschleppeinrichtung
- Spoiler aus metallischen Werkstoffen (Aluminium)
- Heckspoiler mit einer Fußhöhe von mehr als 60 mm über Kofferraumdeckel ohne Nachweis der Zulässigkeit
- Ggf. negative gegenseitige Beeinflussung in Verbindung mit Änderung der Auspuffanlage und/oder Leistungssteigerungen und/oder Anbau einer Anhängekupplung und/oder Fahrzeugtieferlegung

Durch den nachträglichen Anbau von ein- oder mehrteiligen Verkleidungen können die Aerodynamik, der Schutz des Fahrers vor Witterungseinflüssen sowie der Fahrkomfort und das Erscheinungsbild eines Kraftrads nachhaltig beeinflusst werden. Üblich sind Voll-, Halbschalen und Lenkerverkleidungen und Windschilder.

Mögliche Gefährdung

- **Verschlechterung des Fahr- und Lenkverhaltens in Abhängigkeit von der Art der Befestigung der Verkleidung am Lenker oder am Rahmen durch**
  - Zunahme der Anfälligkeit zum Pendeln und Flattern im Hochgeschwindigkeitsbereich
  - stärkere Tendenz zum Lenkerflattern im unteren und mittleren Geschwindigkeitsbereich (Shimmy-Effekt)
  - größere Neigung zum Lenkerschlagen (z. B. bei starker Beschleunigung oder anderer Fahrwerksanregung; Kick-back-Effekt)
- **Erhöhung der Seitenwindempfindlichkeit**
- **Vergrößerung der Auftriebskräfte an Vorder- oder Hinterachse**
- **Verschlechterung des Bremsverhaltens**
- **Beeinträchtigung der sicheren Bedienbarkeit durch**
  - Einschränkung der Lenkungsfreiheit sowie der Bedienbarkeit der Hand- und Fußhebel sowie weiterer Betätigungseinrichtungen
  - Einschränkung des direkten Sichtfelds des Fahrers durch eine zu hohe Windschutzscheibe nach vorn und über die Rückspiegel nach hinten
  - Verschlechterung der ergonomischen Verhältnisse (Sitzposition, Erreichbarkeit von Betätigungseinrichtungen)

- **Einschränkung der Wirksamkeit oder Sichtbarkeit von lichttechnischen Einrichtungen sowie der Einstellbarkeit der Scheinwerfer**
- **Verschlechterung von Feuersicherheit und Brandverhalten durch Verwendung ungeeigneter Materialien**
- **Unvorschriftsmäßige Umrissgestaltung und Verschlechterung der Aufprallbedingungen bei Unfallstoß (Kanten, Bruch- und Splittersicherheit des verwendeten Materials)**
- **Unvorschriftsmäßige Radabdeckung**
- **Unsachgemäße Montage der Verkleidung selbst aber ggf. auch hinsichtlich anders zu verlegender Kabel, Bowdenzüge und Bremsleitungen**
- **Ungenügende Betriebsfestigkeit**

Vorschriften und Richtlinien

- **Auswahl**
  - StVZO, insbes. §§ 30, 30a, 30c, 35a, 35b, 36a, 38a, 49, 49a ff.
  - FZV
  - VdTÜV-Merkblatt 736 – Verkleidungen für Krafträder
  - Rili äußere FzTeile – VkBl. 1963 S. 478, zuletzt geändert VkBl. 1989 S. 787, KIRSCHBAUM StVZO-Kommentar § 30c, Erl. 1
  - Rili 97/24/EG, Kap. 3 – Vorstehende Außenkanten
  - Rili 97/24/EG, Kap. 4 – Rückspiegel

Abnahme des ordnungsgemäßen Ein- oder Anbaus

a) Identifikation und Prüfung auf Übereinstimmung mit Prüfzeugnissen

- **Fahrzeug**

  Identifizierungsmerkmale siehe Abbildung auf Seite 147

- **Verkleidung**
  - Kennzeichnung
  - Hersteller/Typ
  - Typzeichen
  - Ggf. andere Kennzeichnung lt. Prüfzeugnis
  - Werkstoff
  - Form und Abmessungen
- **Prüfung auf Einhaltung des Verwendungsbereichs (z. B. hinsichtlich FzTyp und Ausführung)**
- **Ggf. Prüfung auf Verwendbarkeit im Zusammenhang mit Mehrfachänderungen (zeitgleich oder zeitlich versetzt)**

b) Prüfung des Ein- oder Anbaus

- **Prüfung auf Einhaltung der zutreffenden Beschränkung, Auflagen und Hinweise aus den Prüfzeugnissen**

- **Weitere Prüfung auf Vorschriftsmäßigkeit**
  - Die Sichtbarkeit der *FIN* und des *Fabrikschilds* muss gewährleistet sein (ggf. Wiederholung an anderer Stelle erforderlich).
  - Die *Sicherungseinrichtung* gegen unbefugte Benutzung muss frei zugänglich sein.
  - Bei Krafträdern mit *Beiwagen* muss die Möglichkeit des einwandfreien Beiwagen-Anbaus auch nach Anbau der Verkleidung gegeben sein.
  - Bei *Vollverkleidungen* muss die Länge der Verkleidungsseiten so begrenzt sein, dass die Füße des Fahrers ohne Behinderung auf die Straße gesetzt werden können.
  - Die *Höhe der Verkleidung* muss grundsätzlich so bemessen sein, dass der Fahrer ungehindert über sie hinwegsehen kann. Andernfalls muss nachgewiesen sein, dass für die in den Sichtbereich des Fahrers hineinragenden Scheibenteile ein Transmissionsgrad (Grad der Lichtdurchlässigkeit) von rund 75 % gewährleistet ist.
  - Die ausreichende Sicht über den/die *Rückspiegel* ist zu prüfen.
  - Die Einschränkung der freien Sicht auf vorgeschriebene *Instrumente* und *Kontrollleuchten* ist nicht zulässig (erforderlichenfalls müssen diese entsprechend verlegt werden).
  - Auf eine ausreichende und dauerhafte Entschärfung gefährlicher *Verkleidungskanten* (Mindestradius 2,5 mm) ist zu achten.
  - Die Sicht- und Nachfüllbarkeit sowie die korrekte Befestigungslage des *Vorratsbehälters* von hydraulischen Bremsanlagen müssen gewährleistet sein. Maximaler Federweg sowie *Lenkereinschlag* dürfen nicht durch die Verkleidung eingeschränkt sein. Als ausreichend wird ein Lenkereinschlag von ca. 30° nach jeder Seite angesehen. Die serienmäßige Einschlagbegrenzung muss ggf. geändert werden.
  - Der *Freiraum* zwischen Lenkerenden, Lenkergriffflächen sowie Betätigungseinrichtungen am Lenker gegenüber feststehenden FzTeilen und Verkleidungen muss bis 20° Einschlagwinkel mindestens 30 mm und über 20° Einschlagwinkel mind. 20 mm betragen. Gegebenenfalls muss eine Einschlagwinkelbegrenzung erfolgen (erforderlichen Mindest-Einschlagwinkel beachten!).
  - Alle *Kabel*, *Bowdenzüge* und *Bremsleitungen* müssen so verlegt sein, dass sie weder eingeklemmt, geknickt, durchgescheuert oder unzulässig beansprucht werden.
  - Die schwingungsfreie Befestigung und Einstellbarkeit des/der *Scheinwerfer* muss gewährleistet sein.
  - Alle *lichttechnischen Einrichtungen* dürfen in ihrer Wirksamkeit und geometrischen Sichtbarkeit nicht unzulässig eingeschränkt sein.

- Der Mindestabstand zwischen wärmeempfindlichen Verkleidungsteilen und der *Auspuffanlage* muss mindestens 10 mm betragen.
- Die Funktion und Bedienbarkeit von *Zentral-* und/oder *Seitenständer* darf durch die Verkleidung nicht beeinträchtigt werden.
- *Fahrversuch/Funktionsprüfung:*
  Das fahrdynamische Verhalten muss unter allen Bedingungen (insbesondere im Bereich der Höchstgeschwindigkeit) unkritisch und stabil sein. Hier sind im Rahmen der Gutachtenerstellung für die Kraftradverkleidung ggf. entsprechende Fahrversuche erforderlich, in deren Ergebnis auch diesbezüglich mögliche Gefährdungserwartungen entkräftet werden. Damit kann bei der Anbauprüfung der Fahrversuch auf eine einfache Prüfung der Funktionalität des Kraftrads auch nach erfolgtem Anbau der Verkleidungsteile beschränkt werden.
- Ggf. Prüfung des Anbaus von Verkleidungen im Zusammenhang mit anderen Änderungen am Fz (*Mehrfachänderungen*) darauf, ob sich die *Einzeländerungen* gegenseitig so beeinflussen, dass eine Gefährdung zu erwarten ist.

c) Bestätigung des ordnungsgemäßen Ein- oder Anbaus

Inhalt und Bedeutung der Bestätigung siehe Seite 89

d) Meldung an die Zulassungsbehörde

Die Berichtigung der FzPapiere bezüglich des Anbaus einer Verkleidung ist grundsätzlich nicht vorgeschrieben, aber möglich.

Die Berichtigung ist jedoch vorgeschrieben und unverzüglich vornehmen zu lassen, wenn sich im Zusammenhang mit dem Verkleidungsanbau die durch die Bauart bestimmte Höchstgeschwindigkeit erhöht.

Beispieleintrag Zulassungsbescheinigung Teil I

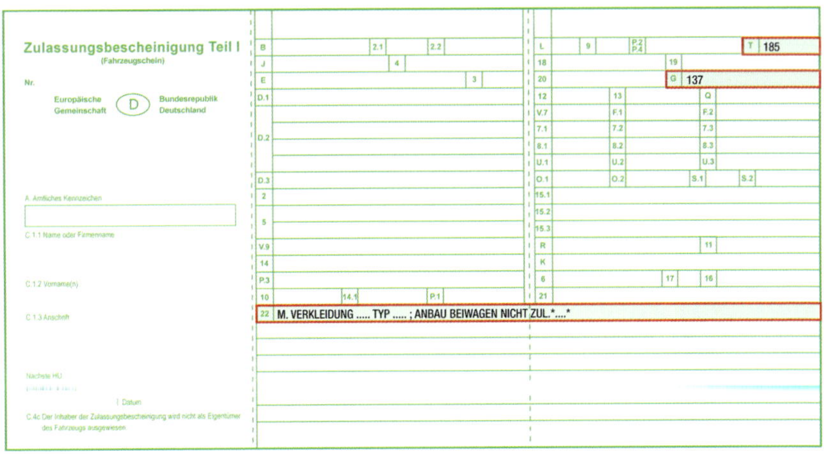

Hinweis für Hauptuntersuchungen und Polizeikontrollen

Teilekennzeichnung

- KBA-Typzeichen (ABE)
  z. B.: KBA 30537
- Hersteller-/Typ-Kennzeichnung (TGA)
  z. B.: VESPA F40

Nachweismöglichkeiten durch den Fahrzeughalter

- Eintrag in den FzPapieren
- Unverzügliche Berichtigung der FzPapiere vorgeschrieben, wenn durch den Anbau die bbH des Fz erhöht wird
- Ansonsten in der Regel Berichtigung der FzPapiere nicht vorgeschrieben, aber möglich
- Allgemeine Betriebserlaubnis für FzTeile gemäß § 22 StVZO
- Änderungsabnahme-Bestätigung

Besonderheiten

Auffälligkeiten, durch die eine Gefährdung von Verkehrsteilnehmern zu erwarten ist und die ggf. zum Erlöschen der Betriebserlaubnis des Fz führen können:

- Ggf. negative gegenseitige Beeinflussung in Verbindung mit Leistungsänderungen
- Soziusfußrasten nicht entfernt, obwohl durch Heckverkleidung Soziussitzplatz entfallen ist (Eintrag in den FzPapieren)
- Auch das Entfernen einer serienmäßig vorhandenen Verkleidung lässt grundsätzlich eine Gefährdung erwarten; wird dieses Entfernen festgestellt, ohne dass ein Nachweis der Zulässigkeit dieser Änderung vorliegt, ist vom Erlöschen der BE des Fahrzeugs auszugehen

Spezifische Mängel

- Verkleidung bzw. Verkleidungsteile sind nicht sicher befestigt
- Befestigungsteile der Verkleidung sind nicht oder nicht ausreichend angepasst (z. B. zu lange Bolzen, die für den Kraftradfahrer gefährlich sind)
- Freiräume für Betätigungseinrichtungen oder Lenkergriffflächen nicht gegeben
- Spiegel fehlen oder sind nicht korrekt befestigt

Weitere Auffälligkeiten

- FzPapiere, Angaben stimmen nicht mit tatsächlichen Verhältnissen überein
- Verschleiß- oder Beschädigungsspuren, die auf unzureichende Befestigung schließen lassen (Vibrationen der Verkleidung und deren Auswirkungen)

- Beschädigungen, die auf unzureichende Freiräume schließen lassen (Anschlagspuren, Kratzspuren)
- Fehlende Verkleidungsteile an Kraftradmodellen, die generell Verkleidung haben (Typenkenntnis)

Die nachträgliche Ausrüstung mit Sondergurten (H-Gurte bzw. Hosenträgergurte) geschieht, um die Art und Ausführung solcher zu verändern.

Zu den hier nicht beschriebenen Sonderfällen zählen die Ausrüstung von Wohnmobilen mit weiteren Sitzen sowie die Anbringung von Rückhaltesystemen für Personen und/oder für Rollstühle in Behindertentransportkraftwagen oder entsprechenden Fahrzeugen.

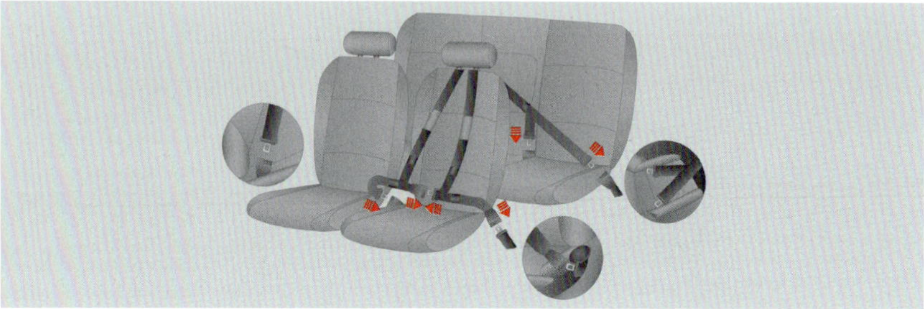

Mögliche Gefährdung

- **Negative Beeinflussung der Rückhaltewirkung sowie der Betriebsfestigkeit von Sitzen, Sicherheitsgurten und Verankerungspunkten durch**
  - unvorschriftsmäßige Montage
  - ungeeignete Rückhaltesysteme oder Befestigungselemente

Vorschriften und Richtlinien

- **Auswahl**
  - StVZO, insbes. §§ 30, 35a
  - FZV
  - Rili 77/541/EWG oder ECE R 16 – Sicherheitsgurte
  - Rili 76/115/EWG oder ECE R 14 – Verankerungen
  - Rili 74/408/EWG oder ECE R 17 – Sitze

Abnahme des ordnungsgemäßen Ein- oder Anbaus

a) Identifikation und Prüfung auf Übereinstimmung mit Prüfzeugnissen

- **Fahrzeug**

  Identifizierungsmerkmale siehe Abbildung auf Seite 152

- **Sicherheitsgurte**

  Kennzeichnung am Gurtband (z. B. Genehmigungszeichen nach EWG/ECE bzw. nationales Prüfzeichen)

- **Verankerungen**

  Nachweis über die Einhaltung der Anforderungen der Rili 76/115/EWG oder der ECE R 14

- **Umrüstteile/Beschläge**

  Kennzeichnungen und Merkmale der Teile und ihre Montage

- **Prüfung auf Einhaltung des Verwendungsbereichs (z. B. hinsichtlich FzTyp und Ausführung), insbesondere Prüfung in Verbindung mit Sondersitzen**

- **Ggf. Prüfung auf Verwendbarkeit im Zusammenhang mit Mehrfachänderungen (zeitgleich oder zeitlich versetzt)**

b) Prüfung des Ein- oder Anbaus

- **Prüfung auf Einhaltung der zutreffenden Beschränkung, Auflagen und Hinweise aus den Prüfzeugnissen**

- **Weitere Prüfung auf Vorschriftsmäßigkeit**
  - *Beschlagteile* müssen gemäß Anbauanleitung gesichert werden.
  - Die Erreichbarkeit der *Gurtschlösser* muss gewährleistet sein.
  - Lage und Verlauf der *Gurtbänder* (insbesondere im Bereich der Kopfstütze) dürfen keine Gefährdung der Fahrzeuginsassen hervorrufen.
  - Bei der Montage von *Hosenträgergurten* ist zu prüfen, ob die Verwendung zu einer Gefährdung (insbesondere der Fondinsassen) führen kann. Erforderlichenfalls sind diese Sitzplätze in den FzPapieren zu streichen und dürfen dann nicht mehr benutzt werden.
  - *Gurtschlösser* müssen stets durch rote Drucktasten zu öffnen sein. Drehverschlüsse sind unzulässig!
  - Zahl der tragenden *Gewindegänge* im Verankerungspunkt bei Doppelbelegung (Serien- und H-Gurt) prüfen!
  - Ggf. ist der *Nachweis* der besonderen Rückenlehnen-Steifigkeit (gemäß KIRSCHBAUM StVZO-Kommentar § 35a, Erl. 27) zu erbringen

Achtung!

Es dürfen keine Sicherheitsgurt-Verankerungspunkte selbst geschaffen werden!

c) Bestätigung des ordnungsgemäßen Ein- oder Anbaus

Inhalt und Bedeutung der Bestätigung siehe Seite 89

d) Meldung an die Zulassungsbehörde

Eine Berichtigung der FzPapiere bezüglich der nachträglichen Ausrüstung mit Sondergurten (H-Gurt) ist nicht vorgeschrieben, aber möglich.

Bei geänderter Anbringung der Sicherheitsgurte, Streichung der Fond-Sitzplätze, ist eine unverzügliche Berichtigung der FzPapiere vorgeschrieben.

Beispieleintrag Zulassungsbescheinigung Teil I

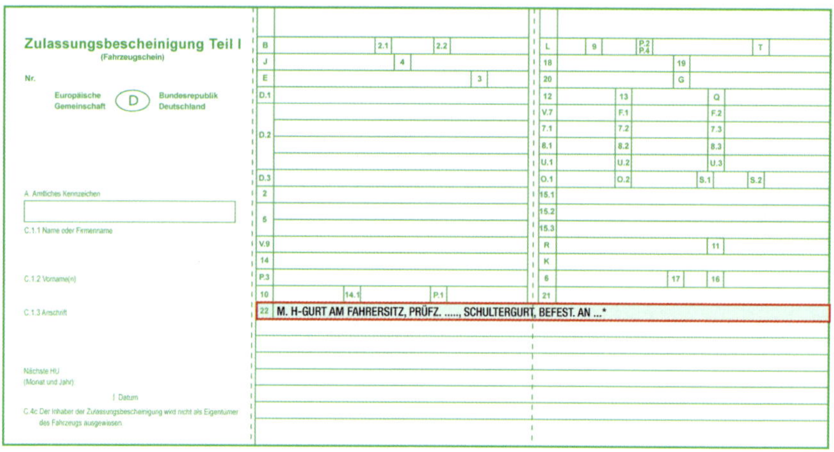
Zulassungsbescheinigung Teil I
(Fahrzeugschein)
Nr.
Europäische Gemeinschaft D Bundesrepublik Deutschland
A. Amtliches Kennzeichen
C.1.1 Name oder Firmenname
C.1.2 Vorname(n)
C.1.3 Anschrift
Nächste HU (Monat und Jahr)
Datum
C.4c Der Inhaber der Zulassungsbescheinigung wird nicht als Eigentümer des Fahrzeugs ausgewiesen.
22 M. H-GURT AM FAHRERSITZ, PRÜFZ. ....., SCHULTERGURT, BEFEST. AN ...*

Hinweis für Hauptuntersuchungen und Polizeikontrollen

Teilekennzeichnung

- EG-Genehmigungszeichen
  z. B.: S*e4*042439
- ECE-Genehmigungszeichen
  z. B.: E1-16R-049530
- Hersteller-/Typ-Kennzeichnung (TGA)
  z. B.: SCHROTH RALLYE 4

Änderung Rückhaltesysteme

Nachweismöglichkeiten durch den Fahrzeughalter

- Eintrag in den FzPapieren
- Berichtigung der FzPapiere nicht vorgeschrieben, aber möglich
- Änderungsabnahme-Bestätigung

Besonderheiten

Unzulässige Mitnahme von Personen auf den Fondsitzen trotz Verwendung von H-Gurten und deshalb reduzierter Sitzplatzzahl

Frontschutzsysteme (Rammschutzeinrichtungen) werden in der Regel an geländegängige Fahrzeuge angebaut und dienen dem Schutz der Karosserie bei leichten Anstößen sowie der Veränderung des optischen Erscheinungsbilds.

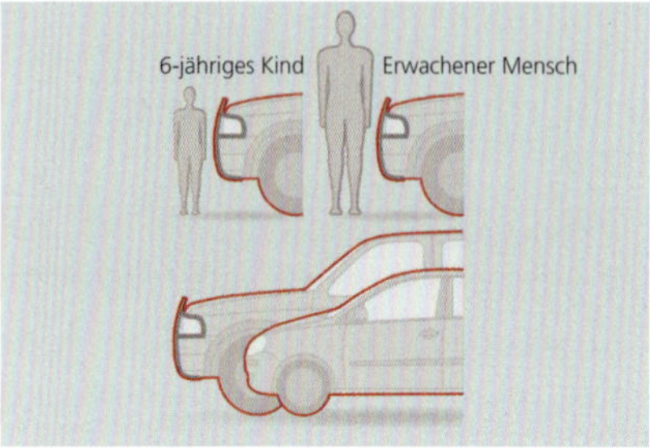

Mögliche Gefährdung

- **Erhöhte Verletzungsgefahr für andere Verkehrsteilnehmer, insbesondere Kinder!**
- **Unzulässige Veränderung der Umrissgestaltung durch vorstehende Außenkanten**
- **Einschränkung der Wirksamkeit und/oder der geometrischen Sichtbarkeit von lichttechnischen Einrichtungen**
- **Negative Beeinflussung der Betriebsfestigkeit durch falsche Montage oder Dimensionierung von Bauteilen, Befestigungs- bzw. Sicherungseinrichtungen**

Vorschriften und Richtlinien

- **Auswahl**
  - StVZO, insbesondere §§ 22a, 30, 30c, 32 Abs. 2, 49a
  - FZV
  - Rili äußere FzTeile – VkBl. 1963 S. 478, zuletzt geändert VkBl. 1989 S. 787, KIRSCHBAUM StVZO-Kommentar § 30c, Erl. 1
  - Rili 74/483/EWG – Äußere Fahrzeugteile
  - Rili 2005/66/EG – Frontschutzsysteme

Abnahme des ordnungsgemäßen Ein- oder Anbaus

a) Identifikation und Prüfung auf Übereinstimmung mit Prüfzeugnissen

- **Fahrzeug**

  Identifizierungsmerkmale siehe Abbildung auf Seite 157

- **Frontschutzsystem**
  - Teilekennzeichnung
  - Hersteller/Typ
  - Typzeichen (ABE-Nr.)
  - EG-Genehmigungszeichen
  - Ggf. andere Kennzeichnung lt. Prüfzeugnis

- **Prüfung auf Einhaltung des Verwendungsbereichs (z. B. hinsichtlich FzTyp und Ausführung)**

  Achtung!

  Bezüglich des Nachweises der Zulässigkeit ist entsprechend der Übergangsvorschriften zu StVZO § 30 c Abs. 4 zu unterscheiden in:

  Anbau/Erstzulassung bis zum 1. Juni 2008

  - Teilegutachten
  - Allgemeine Betriebserlaubnis für FzTeile
  - EG-Typgenehmigung

  Anbau/Erstzulassung ab dem 1. Juni 2008

  - Teilegutachten (zulässig, wenn zGG ≥ 3,5 t)
  - Allgemeine Betriebserlaubnis für FzTeile (zulässig, wenn zGG ≥ 3,5 t)
  - EG-Typgenehmigung

  Auch wenn § 30 c Abs. 4 StVZO Wohnmobile nicht ausdrücklich mit erfasst, so gilt diese Vorschrift sinngemäß auch für diese FzKategorie.

  Die Umsetzung der Vorschrift sollte im Sinne der Verkehrssicherheit äußerst restriktiv erfolgen!

- **Ggf. Prüfung auf Verwendbarkeit im Zusammenhang mit Mehrfachänderungen (zeitgleich oder zeitlich versetzt)**

b) Prüfung des Ein- oder Anbaus

- **Prüfung auf Einhaltung der zutreffenden Beschränkung, Auflagen und Hinweise aus den Prüfzeugnissen**

- **Weitere Prüfung auf Vorschriftsmäßigkeit**
  - Die Befestigung darf nur an den *vorgegebenen* Punkten erfolgen.
  - Es dürfen nur die *zum System gehörenden* (mitgelieferten) Befestigungsteile verwendet werden.
  - Die Zugänglichkeit der *Abschleppöse* muss erhalten bleiben.
  - Am Fz dürfen keine Teile so *hervorragen*, dass sie den Verkehr mehr als unvermeidbar gefährden.
  - Es dürfen keine *Spitzen* und scharfe *Kanten* hervorstehen (zul. Radius > 2,5 mm).
  - Die Enden der Frontschutzsysteme müssen seitlich eng am Fahrzeug anliegen.
  - Körper müssen ungehindert über die Außenkontur des Fahrzeugs gleiten können, es dürfen keine „Schlingen" oder Haken vorhanden sein, in denen sich die Extremitäten eines Körpers einhaken können.
  - *Lichttechnische Einrichtungen* dürfen in ihrer Wirksamkeit und/oder geometrischen Sichtbarkeit nicht unzulässig eingeschränkt sein.
  - Die ggf. geänderten *Fahrzeugabmessungen* müssen neu ermittelt werden.
  - Bei zusätzlich vorhandenen *Schutzgittern* vor lichttechnischen Einrichtungen ist ein separater Nachweis eines Technischen Dienstes erforderlich.
  - Ggf. Prüfung des Anbaus der Frontschutzsysteme im Zusammenhang mit anderen Änderungen am Fz (*Mehrfachänderungen*) darauf, ob sich die *Einzeländerungen* gegenseitig so beeinflussen, dass eine Gefährdung zu erwarten ist.

c) Bestätigung des ordnungsgemäßen Ein- oder Anbaus

Inhalt und Bedeutung der Bestätigung siehe Seite 89

d) Meldung an die Zulassungsbehörde

Eine Berichtigung der FzPapiere bezüglich des Anbaus einer Rammschutzeinrichtung ist nicht vorgeschrieben, aber möglich.

Beispieleintrag Zulassungsbescheinigung Teil I

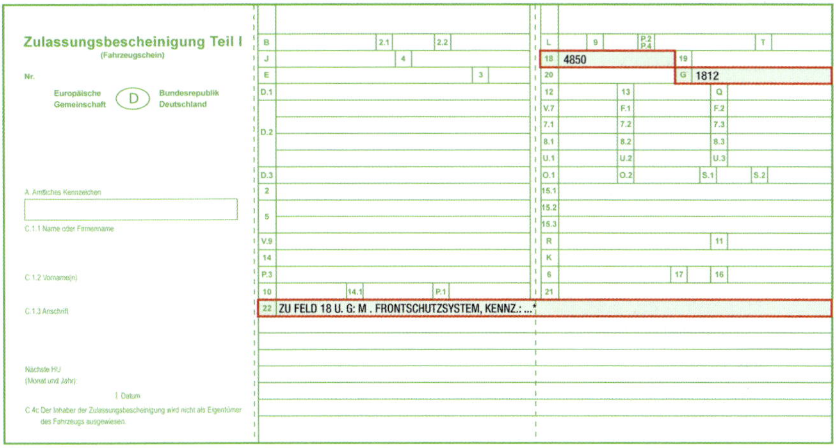
Zulassungsbescheinigung Teil I
(Fahrzeugschein)
Nr.
Europäische Gemeinschaft D Bundesrepublik Deutschland
A. Amtliches Kennzeichen
C.1.1 Name oder Firmenname
C.1.2 Vorname(n)
C.1.3 Anschrift
Nächste HU (Monat und Jahr):
Datum
C.4c Der Inhaber der Zulassungsbescheinigung wird nicht als Eigentümer des Fahrzeugs ausgewiesen.
B 2.1 2.2 · J 4 · E 3 · D.1 · D.2 · D.3 · 2 · 5 · V.9 · 14 · P.3 · 10 14.1 P.1
L 9 P.2 P.4 T
18 4850 · 19
20 · G 1812
12 13 Q · V.7 F.1 F.2 · 7.1 7.2 7.3 · 8.1 8.2 8.3 · U.1 U.2 U.3 · O.1 O.2 S.1 S.2 · 15.1 · 15.2 · 15.3 · R 11 · K · 6 17 16 · 21
22 ZU FELD 18 U. G: M . FRONTSCHUTZSYSTEM, KENNZ.: ...*

Hinweis für Hauptuntersuchungen und Polizeikontrollen

Teilekennzeichnung

- KBA-Typzeichen (ABE)
  z. B.: KBA 30441
- Hersteller-/Typ-Kennzeichnung (TGA)
  z. B.: DIETRICH 3669
- EG-Genehmigungszeichen
  z. B.: e1*2005/66*0064

Nachweismöglichkeiten durch den Fahrzeughalter

- Allgemeine Betriebserlaubnis für FzTeile gemäß § 22 StVZO
- Änderungsabnahme-Bestätigung (wenn durchgeführt)
- Eintrag in den FzPapieren
- Berichtigung der FzPapiere nicht vorgeschrieben, aber möglich

Besonderheiten

Auffälligkeiten, durch die eine Gefährdung von Verkehrsteilnehmern zu erwarten ist und die ggf. zum Erlöschen der Betriebserlaubnis des Fz führen können:

- Scharfkantigkeit
- Verdeckung von lichttechnischen Einrichtungen
- Fehlende Nachweise über die Zulässigkeit
- Verdeckung des vorderen Kennzeichens

Anbau Kupplungskugel mit Halterung

Der nachträgliche Anbau einer Kupplungskugel mit Halterung (KmH) erfolgt zur Schaffung einer mechanischen Verbindungsmöglichkeit zum Mitführen eines Anhängers. Es wird zwischen fest montierten und abnehmbaren Kupplungskugeln unterschieden.

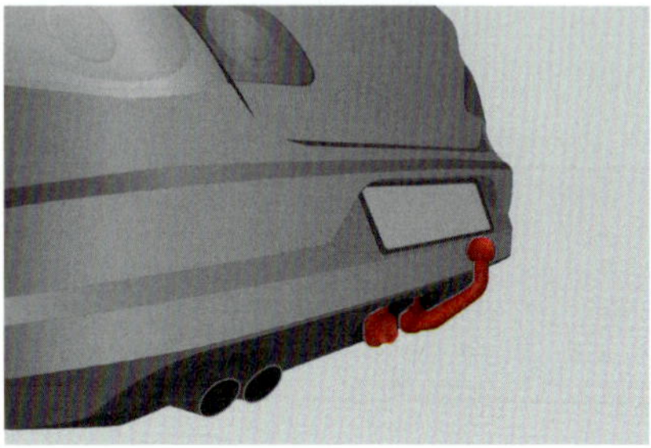

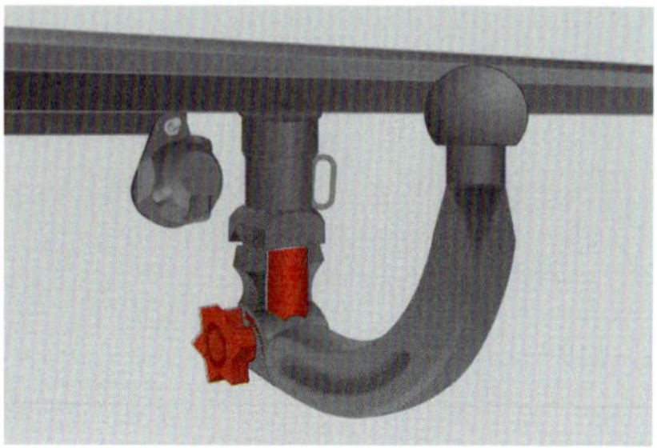

Mögliche Gefährdung

- **Negative Beeinflussung der Betriebsfestigkeit durch**
  - falsche Auswahl der Verbindungseinrichtungen bezogen auf den konkreten Fahrzeugtyp (Verwendungsbereich)
  - Nichteinhaltung der vorgegebenen Kennwerte des Fahrzeugs (vorhandene und zulässige Anhängelast, zulässiges Anhängerzug-Gesamtgewicht, zulässige Achslasten)
  - falsche, nicht den zulässigen Fahrzeuggewichten und Anhängelasten entsprechende Kennwerte der mechanischen Verbindungseinrichtung (Dc-Wert, Stützlast)
  - Verwendung von Teilen ohne Prüfnachweis oder mit unzulässigen Nachbearbeitungen, z. B. Verchromen
  - unvorschriftsmäßige Montage (z. B. Nichtentfernen des Unterbodenschutzes, Verwendung falscher Verbindungselemente, Weglassen von Montageteilen)
- **Einschränkung der sicheren Bedienbarkeit durch**

  Nichteinhaltung der vorgeschriebenen Freiräume für Schwenkbereiche und für Kuppelvorgänge
- **Verschlechterung des Fahrverhaltens durch**

  Nichteinhaltung der erforderlichen Kuppelhöhen zur Gewährleistung der ordnungsgemäßen Kombination von Zugfahrzeug und Anhänger

Vorschriften und Richtlinien

- **Auswahl**
  - StVZO §§ 22a, 30, 43
  - FZV
  - Rili 94/20/EG
  - ECE Regelung Nr. 55
  - FzTV in Verbindung mit TA-Nr. 31 (Verbindungseinrichtungen) – VkBl. 1998 S. 863, KIRSCHBAUM StVZO-Kommentar
  - DIN 74958 – Freiräume

Abnahme des ordnungsgemäßen Ein- oder Anbaus

Achtung!

Bei nachträglichem Anbau von international genehmigten Kupplungskugeln mit Halterung ist nach den dafür anzuwendenden Vorschriften des § 19 Abs. 3 Nr. 2 Buchst. a oder b StVZO keine Änderungsabnahme vorgeschrieben, aber aus Sicherheitsgründen dennoch empfehlenswert.

Bei national bauartgenehmigten Kupplungskugeln mit Halterung gilt die entsprechende Festlegung in der Allgemeinen Bauartgenehmigung des KBA.

Einzeln hergestellte und im Einzelfall bauartgenehmigte Kupplungskugeln mit Halterung ohne definierten Verwendungsbereich bedürfen nach ihrem Anbau der Begutachtung durch einen amtlich anerkannten Sachverständigen für den Kraftfahrzeugverkehr. Ist eine Abnahme vorgeschrieben oder wird sie vom Fahrzeughalter gewünscht, gilt folgender Bearbeitungs-Algorithmus:

a) Identifikation und Prüfung auf Übereinstimmung mit Prüfzeugnissen

- **Fahrzeug**

  Identifizierungsmerkmale siehe Abbildung auf Seite 161

- **KmH**
  - Eingeschlagenes oder geprägtes Prüfzeichen
  - Typschildangaben
    - Hersteller/Typ
    - D-Wert/zul. Anhängelast
    - Ggf. weitere Angaben (Wiederholung Prüfzeichen)

- **Prüfung auf Einhaltung des Verwendungsbereichs (z. B. hinsichtlich FzTyp und Ausführung)**

- **Ggf. Prüfung auf Verwendbarkeit im Zusammenhang mit Mehrfachänderungen (zeitgleich oder zeitlich versetzt)**

b) Prüfung des Ein- oder Anbaus

- **Prüfung auf Einhaltung der zutreffenden Beschränkungen, Auflagen und Hinweise aus den Prüfzeugnissen**

- **Weitere Prüfung auf Vorschriftsmäßigkeit**
  - Die *Befestigung* hat entsprechend der Montageanleitung zu erfolgen.
  - Nur originale *Befestigungspunkte* dürfen verwendet werden.
  - Die *Karosseriefestigkeit* muss ausreichend sein (Korrosion).
  - Der *Unterbodenschutz* bzw. das Dämmmaterial an Befestigungspunkten muss entfernt sein.
  - Die *Schraubverbindungen* sind mit dem vorgeschriebenen Anzugsmoment zu montieren.
  - *Sicherungselemente* an Schraubverbindungen müssen vorhanden sein.
  - Scharfe *Kanten* hervorstehender Teile dürfen nicht vorhanden sein. (zul. Radius > 2,5 mm).
  - Die *Freiräume* nach DIN 74058 sind einzuhalten (Abstandsmaß Mitte Kupplungskugel bis Hinterkante Fahrzeugkontur in Längsmittelebene mindestens 65 mm, Kuppelhöhe bei zGG mindestens 350 mm und maximal 420 mm, gemessen von Standebene bis Mitte Kupplungskugel).
  - Die *elektrische Schaltung* für die Anhängersteckdose muss richtig und wirksam erfolgen.
  - Eine *Funktionskontrolle* (Ausfall) für Fahrtrichtungsanzeiger des Anhängers muss vorhanden sein.
  - Die vorgeschriebenen *Kennzeichnungen* müssen vorhanden sein (Typschild, Prüfzeichen).
  - *D-Wert-Berechnung* und Vergleich mit erforderlichem Wert, ggf. Korrektur einer genehmigten Anhängelast auf einen niedrigeren Wert.

D-Wert: $$D = g \cdot \frac{m_K \cdot m_A}{m_K + m_A} \text{ [kN]}$$

m_K zul. Gesamtgewicht des Kraftfahrzeuges [t]
m_A zul. Gesamtgewicht des Anhängers [t]
g Erdbeschleunigung 9,81 [m/s²]

c) Bestätigung des ordnungsgemäßen Ein- oder Anbaus

Inhalt und Bedeutung der Bestätigung siehe Seite 89

d) Meldung an die Zulassungsbehörde

Grundsätzlich ist eine Berichtigung der Fahrzeugpapiere aufgrund eines dafür nicht vorgesehenen Felds in der Zulassungsbescheinigung nicht mehr vorgeschrieben, aber möglich.

Beispieleintrag Zulassungsbescheinigung Teil I

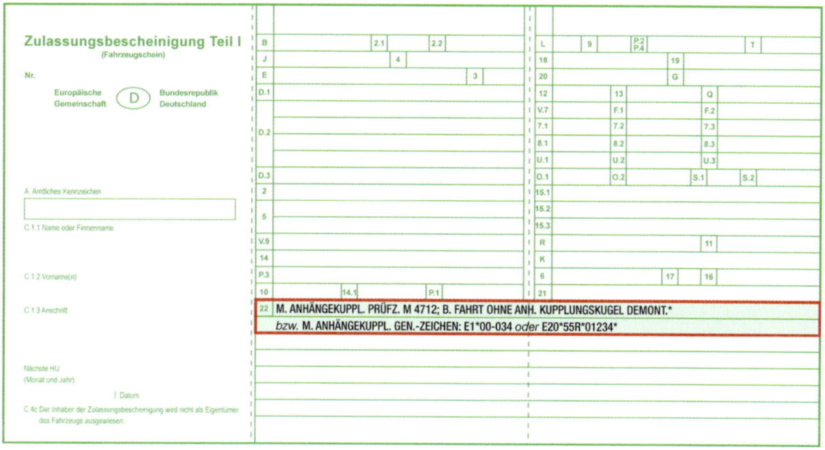
Zulassungsbescheinigung Teil I
(Fahrzeugschein)
Nr.
Europäische Gemeinschaft D Bundesrepublik Deutschland
A Amtliches Kennzeichen
C.1.1 Name oder Firmenname
C.1.2 Vorname(n)
C.1.3 Anschrift
Nächste HU (Monat und Jahr)
Datum
C.4c Der Inhaber der Zulassungsbescheinigung wird nicht als Eigentümer des Fahrzeugs ausgewiesen.

22 M. ANHÄNGEKUPPL. PRÜFZ. M 4712; B. FAHRT OHNE ANH. KUPPLUNGSKUGEL DEMONT.*
bzw. M. ANHÄNGEKUPPL. GEN.-ZEICHEN: E1*00-034 *oder* E20*55R*01234*

Hinweis für Hauptuntersuchungen und Polizeikontrollen

Teilekennzeichnung

- Nationales Prüfzeichen (ABG)
  z. B.: M 4711
- TP-Prüfzeichen (BG)
  z. B.: TP 28 123456
- EG-Genehmigungszeichen
  z. B.: e1*00-0456*
- ECE-Genehmigungszeichen
  z. B.: E20-55R-01234

Nachweismöglichkeiten durch den Fahrzeughalter

- Abschrift der Bauartgenehmigung + Montageanleitung
- Abschrift der internationalen Genehmigung + Montageanleitung
- Änderungsabnahme-Bestätigung (wenn durchgeführt)
- Eintrag in den FzPapieren

Anbau Kupplungskugel mit Halterung

Besonderheiten

Auffälligkeiten, durch die eine Gefährdung von Verkehrsteilnehmern zu erwarten ist und die ggf. zum Erlöschen der Betriebserlaubnis des Fz führen können:

- Fehlendes Prüf-/Genehmigungszeichen am Teil
- Fehlender Nachweis der Zulässigkeit
- Ggf. negative gegenseitige Beeinflussung in Verbindung mit Änderung der Auspuffanlage und/oder Leistungsänderung (Anhängelast) und/oder Fahrzeugtieferlegung (Kuppelhöhe)

Auffälligkeiten, die auf eine Unvorschriftsmäßigkeit hinweisen können:

- Falsche elektrische Schaltung
- Eingeschränkte Sichtbarkeit des hinteren Kennzeichens (KmH darf Kennzeichen nicht verdecken, ansonsten muss diese bei FzSolobetrieb abnehmbar sein – Achtung: Gilt auch für international genehmigte KmH!).

Spezifische Mängel

- Anhängekupplung in der Funktion beeinträchtigt
- Verschleißgrenze überschritten
- Teile schadhaft
- Befestigung unzureichend
- Nicht genehmigte Ausführung
- Typschild fehlt

Weitere Auffälligkeiten

- Falsche elektrische Schaltung
- Eingeschränkte Sichtbarkeit des hinteren Kennzeichens
- D-Wert unzureichend
- Freiräume nicht eingehalten

Anbau Sattelkupplung

Die Sattelkupplung stellt die bewegliche Verbindung zwischen Sattelzugmaschine und Sattelanhänger her und ist, bedingt durch die fast punktförmige Krafteinleitung, in der Regel auf einen Hilfsrahmen bzw. einer Montageplatte befestigt. Diese Montageplatte kann in Längsrichtung verstellbar sein.

Die Ausrüstung mit einer Sattelkupplung ist unabdingbare Voraussetzung der Klassifizierung eines Fz als Sattelzugmaschine. Die Sattelkupplung ist demzufolge untrennbarer Bestandteil der FzBeschreibung, auch wenn diese nicht (mehr) in den FzPapieren explizit ausgewiesen ist. Die Erstausrüstung bedarf einer Begutachtung des Fz.

Der Austausch einer in der Betriebserlaubnis des Fz beschriebenen Sattelkupplung, die der DIN 74081 entspricht, gleiche Form und Größe hat und bauartgenehmigt ist, kann ohne Abnahme des Anbaus (Änderungsabnahme) und Berichtigung der FzPapiere erfolgen. Das gleiche gilt für den Austausch genormter Sattelkupplungen nach der Rili 94/20/EG bzw. nach der ECE Regelung Nr. 55, wenn sie der gleichen Klasse entsprechen und eine EG-Typgenehmigung bzw. ECE-Genehmigung vorliegt.

Eine Abnahme des Anbaus (Änderungsabnahme) und eine Berichtigung der FzPapiere ist immer dann erforderlich, wenn nichtgenormte Kupplungen verwendet werden, wenn sich bei genormten Kupplungen Form, Größe bzw. die Klasse ändert oder wenn „DIN-genormte" mit „EG-genormten" Kupplungen getauscht werden.

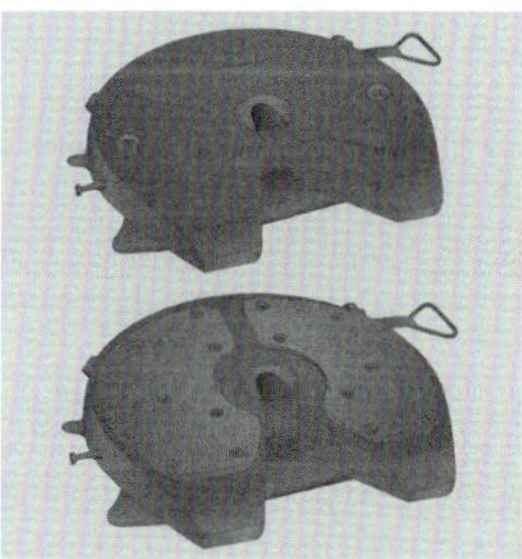

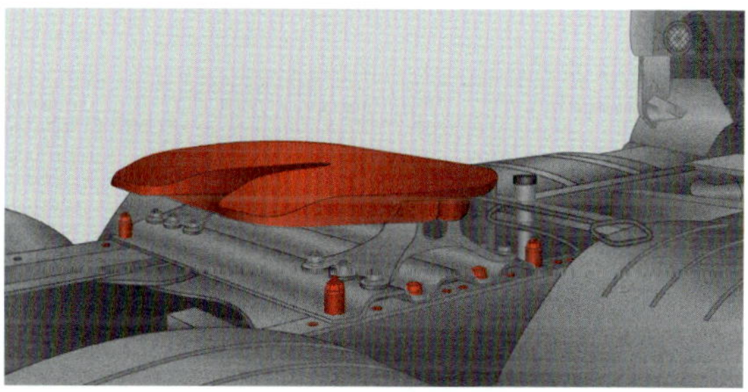

Mögliche Gefährdung

- **Negative Beeinflussung der Betriebsfestigkeit durch**
  - Unterdimensionierung der Sattelkupplung bzw. der Montageplatte
  - unterdimensionierte, falsch ausgeführte Schraub-, Niet-, Schweißverbindungen
  - zu geringes oder fehlendes Spiel um die Querachse der Sattelkupplung
- **Unzureichende Sicherung der Sattelplatte durch fehlende oder defekte Schubsicherungen bei verstellbaren Montageböcken**

Vorschriften und Richtlinien

- **Auswahl**
  - StVZO, insbes. §§ 22a, 30, 42, 43
  - FZV
  - Richtlinie 94/20/EG
  - ECE-Regelung Nr. 55
  - DIN 74081 – Mechanische Verbindungen für Sattelkraftfahrzeuge; Sattelkupplung 50 mm; Maße, Anforderungen
  - FzTV (FzTeileVO) in Verbindung mit TA-Nr. 31 (Verbindungseinrichtungen) – VkBl. 1998 S. 863, KIRSCHBAUM StVZO-Kommentar

Abnahme des ordnungsgemäßen Ein- oder Anbaus

a) Identifikation und Prüfung auf Übereinstimmung mit Prüfzeugnissen

- **Fahrzeug**
  - Identifizierungsmerkmale siehe Abbildung auf Seite 165
  - Aufbaurichtlinie des FzHerstellers
- **Sattelkupplung**
  - Dauerhaft angebrachtes Prüf- bzw. Genehmigungszeichen
  - Weitere Angaben (nur DIN)
  - Name oder Zeichen des Herstellers
  - Bezeichnung nach DIN
  - Typ
  - Zulässige Sattellast
  - D-Wert
- **Prüfung auf Einhaltung des Verwendungsbereichs**
- **Ggf. Prüfung auf Verwendbarkeit im Zusammenhang mit Mehrfachänderungen (zeitgleich oder zeitlich versetzt)**

b) Prüfung des Ein- oder Anbaus

- *Ausreichende Dimensionierung* der Kupplung ist zu prüfen (D-Wert).
- Die zulässige *Sattellast* bei Einhaltung der zulässigen Achslasten und des zulässigen Gesamtgewichts des Fz ist zu errechnen (bei in Längsrichtung verstellbarer Montageplatte ist jede mögliche Lage zu beachten).
- Ermittlung des neuen *Leergewichts*.
- Die Einhaltung der *Aufbaurichtlinien* des FzHerstellers ist zu überprüfen (Schraub-, Niet-, Schweißverbindungen, Ort der Befestigung, Sicherungen).

- Rahmen, Hilfsrahmen und Montageplatte müssen auf *Anrisse* (insbesondere in der Nähe von Bohrungen) untersucht werden.
- *Beschädigte, gerichtete* oder *geschweißte* Sattelkupplungen dürfen nicht angebaut werden.
- Die Sattelkupplung muss symmetrisch zur *FzLängsachse* montiert sein.
- Der *Neigungswinkel* (die Beweglichkeit) der Sattelkupplung muss nach vorn und hinten mindestens 12°, und darf seitlich maximal 3° betragen (ECE R 55).
- Im *unbelasteten Zustand* muss die Sattelkupplung hinten tiefer liegen als vorn.
- Die Sattelkupplung darf bei keiner *Beanspruchung* weder Montageplatte noch Teile des Rahmens oder Hilfsrahmens berühren.
- Der *Handhebel* muss gefahrlos bedient werden können.
- Bei in Längsrichtung verstellbarer Montageplatte ist das Vorhandensein und die Funktion der *Schubsicherungen* zu überprüfen.

c) Bestätigung des ordnungsgemäßen Ein- oder Anbaus

Inhalt und Bedeutung der Bestätigung siehe Seite 89

d) Meldung an die Zulassungsbehörde

Eine unverzügliche Berichtigung der FzPapiere ist nur erforderlich, wenn im Zusammenhang mit dem Anbau einer anderen Sattelkupplung die zulässigen Werte für das Gesamtgewicht, die Achslasten oder die Sattellast verändert werden oder eine nicht genormte Sattelkupplung verwendet wird.

Andernfalls ist eine Berichtigung der FzPapiere nicht mehr vorgeschrieben, aber möglich.

Beispieleintrag Zulassungsbescheinigung Teil I

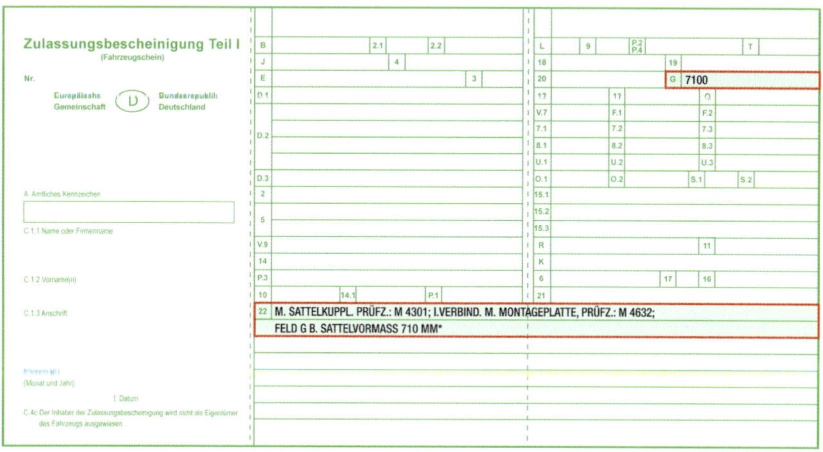
Zulassungsbescheinigung Teil I
(Fahrzeugschein)
Nr.
Europäische Gemeinschaft D Bundesrepublik Deutschland
A Amtliches Kennzeichen
C.1.1 Name oder Firmenname
C.1.2 Vorname(n)
C.1.3 Anschrift
C.4c Der Inhaber der Zulassungsbescheinigung wird nicht als Eigentümer des Fahrzeugs ausgewiesen.
G 7100
22 M. SATTELKUPPL. PRÜFZ.: M 4301; I.VERBIND. M. MONTAGEPLATTE, PRÜFZ.: M 4632;
FELD G B. SATTELVORMASS 710 MM*

Hinweis für Hauptuntersuchungen und Polizeikontrollen

Teilekennzeichnung

- Nationales Prüfzeichen (ABG)
  z. B. M 4301
- TP-Prüfzeichen (BG)
  z. B. TP 45678910
- EG-Genehmigungszeichen
  z. B. e1*00-0789*
- ECE-Genehmigungszeichen
  z. B. E7*55R-00221

Nachweismöglichkeiten durch den FzHalter

- Abschrift der Bauartgenehmigung + Montageanleitung
- Abschrift der internationalen Genehmigung + Montageanleitung
- Änderungsabnahme-Bestätigung (wenn durchgeführt)
- Eintrag in den FzPapieren (FzSchein Ziff. 26, Zulassungsbescheinigung Feld 22)

Besonderheiten

Auffälligkeiten, durch die eine Gefährdung von Verkehrsteilnehmern zu erwarten ist und die ggf. zum Erlöschen der Betriebserlaubnis des Fz führen können:

- Fehlendes Prüf-/Genehmigungszeichen am Teil
- Fehlender Nachweis der Zulässigkeit

Spezifische Mängel

- Sattelkupplung in der Funktion beeinträchtigt
- Verschleißgrenze überschritten
- Teile schadhaft
- Befestigung unzureichend
- Nicht genehmigte Ausführung
- Typschild fehlt

Weitere Auffälligkeiten

- D-Wert unzureichend
- Bedienbarkeit eingeschränkt

Austausch Bolzenkupplung

Die selbsttätige Anhängekupplung stellt die bewegliche Verbindung zwischen Zugfahrzeug und Anhänger her und kann auf Grund der auftretenden Belastungen nur an eine für den jeweiligen Kupplungstyp geeignete Schlusstraverse angebaut werden.

Der Anbau einer Anhängekupplung ermöglicht den Anhängerbetrieb unter der Voraussetzung einer für das konkrete Fz genehmigten Anhängelast. Der Anbau muss nach den Vorschriften des FzHerstellers unter Beachtung der Montageanleitung des Teileherstellers und der erforderlichen technischen Kennwerte erfolgen.

Der Austausch einer in der Betriebserlaubnis des Fz beschriebenen Anhängekupplung, die der DIN 74051 oder 74052 entspricht, gleiche Form und Größe hat und bauartgenehmigt ist, kann ohne Abnahme des Anbaus (Änderungsabnahme) und Berichtigung der FzPapiere erfolgen. Das gleiche gilt für den Austausch genormter Bolzenkupplungen nach der Rili 94/20/EG bzw. ECE-Regelung Nr. 55, wenn sie der gleichen Klasse entsprechen und eine EG-Typgenehmigung bzw. ECE-Genehmigung vorliegt.

Eine Abnahme des Anbaus (Änderungsabnahme) und eine Berichtigung der FzPapiere ist immer dann erforderlich, wenn nichtgenormte Kupplungen verwendet werden, wenn sich bei genormten Kupplungen Form, Größe bzw. die Klasse ändert oder wenn „DIN-genormte" mit „EG-genormten" bzw. „ECE-genormten" Kupplungen getauscht werden.

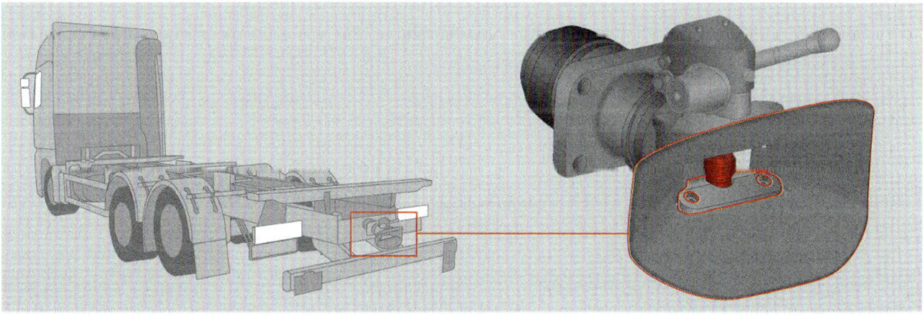

Mögliche Gefährdung

- **Negative Beeinflussung der Betriebsfestigkeit durch**
  - Überschreitung der zulässigen Belastungswerte
  - Unterdimensionierung der Anhängekupplung, Schlusstraverse und/oder von Schraub- bzw. Nietverbindungen
  - verschlissene Anhängekupplungsbauteile
  - falsche Montage
- **Schlechte Zugänglichkeit der Bedienungseinrichtung der Anhängekupplung durch zu geringe Freiräume**

Vorschriften und Richtlinien

- **Auswahl**
  - StVZO, insbesondere §§ 22a, 30, 42, 43
  - FZV
  - Rili 94/20/EG
  - ECE-Regelung Nr. 55
  - DIN 74051/74052/74958 – Anhängekupplung 40 mm/50 mm/Freiräume
  - FzTV in Verbindung mit TA-Nr. 31 (Verbindungseinrichtungen) – VkBl. 1998 S. 863, KIRSCHBAUM StVZO-Kommentar
  - Merkblatt des KBA – Anbau von selbsttätigen Anhängekupplungen
  - BGV D 29 = Berufsgenossenschaftliche Vorschriften (Unfallverhütungsvorschriften „Fz")
  - BGI 599 = BG-Information „Sicheres Kuppeln von Fz"

Abnahme des ordnungsgemäßen Ein- oder Anbaus

a) Identifikation und Prüfung auf Übereinstimmung mit Prüfzeugnissen

- **Fahrzeug**

  Identifizierungsmerkmale siehe Abbildung auf Seite 170

- **Anhängekupplung**
  - Dauerhaft angebrachtes Prüf- bzw. Genehmigungszeichen
  - Weitere Angaben (nur DIN)
    - Name oder Zeichen des Herstellers
    - Bezeichnung nach DIN
    - Typ

- **Prüfung auf Einhaltung des Verwendungsbereichs**
- **Ggf. Prüfung auf Verwendbarkeit im Zusammenhang mit Mehrfachänderungen (zeitgleich oder zeitlich versetzt)**

b) Prüfung des Ein- oder Anbaus

- Ausreichende *Dimensionierung* der Kupplung prüfen.
- Die Einhaltung der *Aufbaurichtlinien* des FzHerstellers ist zu überprüfen (Schraub- und Nietverbindungen, Ort der Befestigung, Sicherungen).
- Rahmen, Hilfsrahmen und Montageplatte sind auf *Anrisse* (insbesondere in der Nähe von Bohrungen) zu untersuchen.
- *Beschädigte, gerichtete* oder *geschweißte* Anhängekupplungen dürfen nicht angebaut werden.
- Die Anhängekupplung muss symmetrisch zur *FzLängsachse* montiert sein.
- Der *Mindestfreiraum* um den Handhebel von 60 mm bzw. 100 mm ist in jeder Handhebelstellung zu gewährleisten.
- Gefahrloses Bedienen des *Handhebels* muss gewährleistet sein. Abstand von Mitte Kupplungsbolzen zur Hinterkante des FzAufbaus darf 420 mm nicht überschreiten, außer bei Vorhandensein einer geeigneten Fernbetätigungseinrichtung bei Fz mit kippbarem Aufbau oder Heckanbaugeräten, bis 650 mm bei lichter Höhe von 1150 mm bis 1320 mm.
- *Handhebel* müssen im geschlossenen Zustand aufwärts gerichtet sein, außer an Heckkippern oder Kfz mit Hecktüren oder Hubladebühnen, sofern dies erforderlich ist.

c) Bestätigung des ordnungsgemäßen Ein- oder Anbaus

Inhalt und Bedeutung der Bestätigung siehe Seite 89

d) Meldung an die Zulassungsbehörde

Beim Austausch der Bolzenkupplung ist die Berichtigung der FzPapiere grundsätzlich nur dann erforderlich, wenn sich bei genormten Kupplungen Form und Größe (DIN) bzw. die Klasse (EG, ECE) ändern oder wenn nicht genormte Kupplungen verwendet werden.

Die Berichtigung braucht nicht unverzüglich, sondern erst bei der nächsten Befassung der Zulassungsbehörde mit den FzPapieren zu erfolgen.

Eine unverzügliche Berichtigung ist jedoch erforderlich, wenn im Zusammenhang mit dem Austausch der Bolzenkupplung die zulässigen Werte für das Gesamtgewicht, die Achslasten oder die Anhängelast verändert werden.

Beispieleintrag Zulassungsbescheinigung Teil I

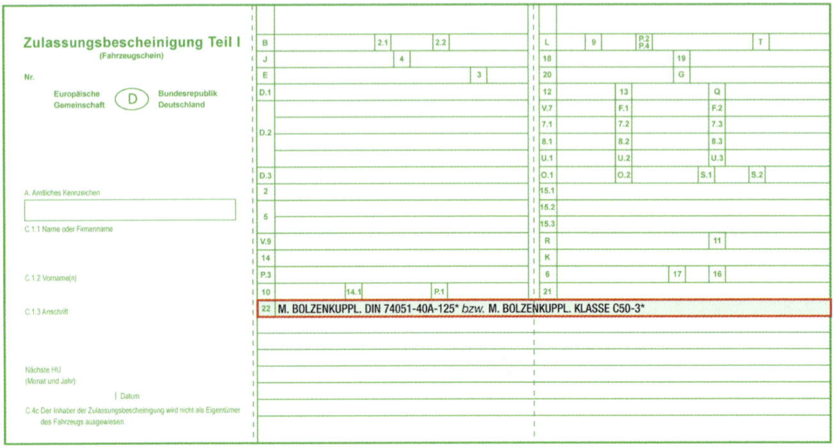

Zulassungsbescheinigung Teil I
(Fahrzeugschein)

Europäische Gemeinschaft (D) Bundesrepublik Deutschland

22 M. BOLZENKUPPL. DIN 74051-40A-125* *bzw.* M. BOLZENKUPPL. KLASSE C50-3*

Hinweis für Hauptuntersuchungen und Polizeikontrollen

Teilekennzeichnung

- Nationales Prüfzeichen (ABG) + Form und Größe nach DIN 740 …
  z. B.: M 4301 + 51-40A-125
- EG-Genehmigungszeichen
  z. B.: 12/18t-e1*00-0789*
- ECE-Genehmigungszeichen
  z. B.: C50-2-E4-55R-0207

Nachweismöglichkeiten durch den FzHalter

- Abschrift der Bauartgenehmigung + Montageanleitung
- Abschrift der internationalen Genehmigung + Montageanleitung
- Änderungsabnahme-Bestätigung (wenn durchgeführt)
- Eintrag in den FzPapieren

Besonderheiten

Auffälligkeiten, durch die eine Gefährdung von Verkehrsteilnehmern zu erwarten ist und die ggf. zum Erlöschen der Betriebserlaubnis des Fz führen können:

- Fehlendes Prüf-/Genehmigungszeichen am Teil
- Der Austausch von so genannten genormten Bolzenkupplungen bedarf keiner Begutachtung/Änderungsabnahme. Diese sind national bei gleicher Form und Größe und international innerhalb ihrer Klasse, unabhängig von Typ und Hersteller, austauschbar
- Eine Berichtigung der FzPapiere ist dann nicht erforderlich, aber möglich

Austausch Bolzenkupplung

Spezifische Mängel

- Bolzenkupplung in der Funktion beeinträchtigt
- Verschleißgrenze überschritten
- Teile schadhaft
- Befestigung unzureichend
- Nicht genehmigte Ausführung
- Typschild fehlt

Weitere Auffälligkeiten

- D-Wert unzureichend
- Bedienbarkeit eingeschränkt

15

Nachrüstung von Partikel-Minderungssystemen an schweren Nfz (Lkw, KOM)

Mit der Nachrüstung von Partikel-Minderungssystemen (PMS) soll die Menge der bei Dieselmotoren entstehenden, besonders gesundheitsschädigenden Rußpartikel vermindert und damit ein wirkungsvoller Beitrag zum Umweltschutz geleistet werden. Darüber hinaus können mit einer Nachrüstung von Partikel-Minderungssystemen weitere Vorteile sowie Vergünstigungen in Anspruch genommen werden:

- *höherwertigere Umweltplakette*
- *ggf. unter bestimmten Bedingungen verminderte Mautgebühr Verordnung zur Änderung autobahnmautrechtlicher Vorschriften vom 20.11.2008.*

Mögliche Gefährdung

- **Eine Gefährdung von Verkehrsteilnehmern kann durch unsachgemäßen Einbau der PMS entstehen (Brandgefahr!)**

Mögliche Verschlechterung des Abgas- oder Geräuschverhaltens

- **Die Nachrüstung von PMS hat zum Ziel, das Emissionsverhalten (Partikelemission) des Kraftfahrzeugs zu verbessern**

Hinweis

Für das verwendete System ist eine Teilegenehmigung (ABE) erforderlich. Diese fordert jedoch entweder eine Änderungsabnahme oder lediglich eine entsprechende Bestätigung einer autorisierten Fachwerkstatt.

Nachrüstung von Partikel-Minderungssystemen an schweren Nfz (Lkw, KOM)

Vorschriften und Richtlinien

- **Auswahl**
  - Anlage XXVII zu § 48 StVZO

Abnahme des ordnungsgemäßen Ein- oder Anbaus

a) Identifikation und Prüfung auf Übereinstimmung mit Prüfzeugnissen

- **Fahrzeug**

  Identifizierungsmerkmale siehe Abbildung auf Seite 174

- **PMS**
  - Typzeichen (ABE-Nr.)
  - Hersteller/Typ

- **Prüfung auf Einhaltung des Verwendungsbereichs**

- **Ggf. Prüfung auf Verwendbarkeit im Zusammenhang mit Mehrfachänderungen (zeitgleich oder zeitlich versetzt)**

b) Prüfung des Ein- oder Anbaus

- **Prüfung auf Einhaltung der zutreffenden Beschränkung, Auflagen und Hinweise aus den Prüfzeugnissen**

- **Weitere Prüfung auf Vorschriftsmäßigkeit**

c) Bestätigung des ordnungsgemäßen Ein- oder Anbaus

- Die Bestätigung erfolgt im Regelfall in Form einer Einbaubestätigung durch eine autorisierte Fachwerkstatt.
- Sie kann aber ebenso in Form einer Änderungsabnahme gemäß § 19 Abs. 3 StVZO erfolgen.

- **Dokumentation und Berichtigung der FzPapiere**
  - Die Einbaubestätigung der Fachwerkstatt bzw. die Änderungsabnahmebestätigung gemäß § 19 Abs. 4 StVZO sind der zuständigen Zulassungsbehörde zur Berichtigung der FzPapiere vorzulegen.
  - Durch diese wird die festgestellte Ausrüstung im Feld 22 erfasst.

d) Meldung an die Zulassungsbehörde

Die mit Partikel-Minderungssystemen nachgerüsteten Kraftfahrzeuge sollen bei entsprechendem Nachweis durch einen Eintrag im Feld 22 (Bemerkungen) der FzPapiere gekennzeichnet werden, um die erforderliche Nachweisführung zu gewährleisten.

15 Nachrüstung von Partikel-Minderungssystemen an schweren Nfz (Lkw, KOM)

Beispieleintrag Zulassungsbescheinigung Teil I

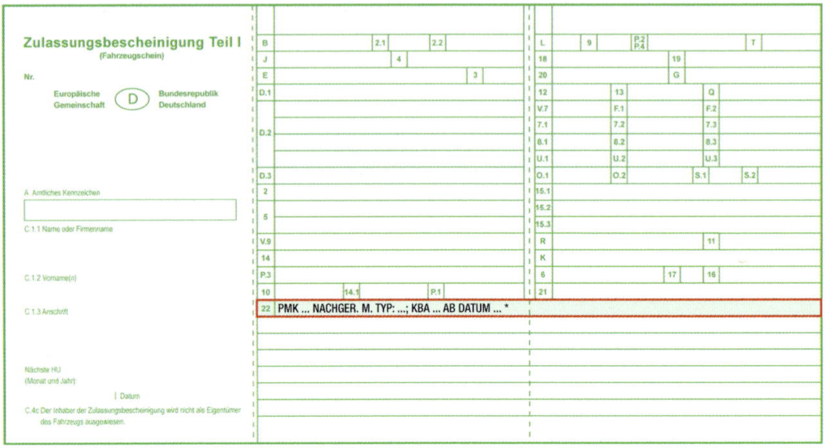
Zulassungsbescheinigung Teil I
(Fahrzeugschein)
Nr.
Europäische Gemeinschaft (D) Bundesrepublik Deutschland
A Amtliches Kennzeichen
C.1.1 Name oder Firmenname
C.1.2 Vorname(n)
C.1.3 Anschrift
Nächste HU (Monat und Jahr)
Datum
C.4c Der Inhaber der Zulassungsbescheinigung wird nicht als Eigentümer des Fahrzeugs ausgewiesen.

B 2.1 2.2 | J 4 | E 3 | D.1 | D.2 | D.3 | 2 | 5 | V.9 | 14 | P.3 | 10 14.1 P.1
L 9 P.2 P.4 T | 18 19 | 20 G | 12 13 Q | V.7 F.1 F.2 | 7.1 7.2 7.3 | 8.1 8.2 8.3 | U.1 U.2 U.3 | O.1 O.2 S.1 S.2 | 15.1 | 15.2 | 15.3 | R 11 | K | 6 17 16 | 21

22 PMK ... NACHGER. M. TYP: ...; KBA ... AB DATUM ... *

Hinweis für Hauptuntersuchungen und Polizeikontrollen

- **Teilekennzeichnung**
  - KBA-Typzeichen
    z. B.: KBA 12345
- **Nachweismöglichkeiten durch den Fahrzeughalter**
  - Nachweis über die erfolgte Einbauprüfung einer autorisierten Fachwerkstatt
  - Änderungsabnahmebestätigung gemäß § 19 Abs. 4 StVZO
  - Eintrag in den FzPapieren

Leistungssteigerung Pkw

Moderne Fahrzeugmotoren werden elektronisch geregelt. Dabei wird ein Kompromiss der verschiedenen Charakteristiken wie Leistung, Drehmoment, Leerlauf, Verbrauch oder Emission durch ein vorgegebenes Kennfeld erzielt. Durch Austausch oder Einbau eines Chips in das elektronische Steuergerät werden diese Charakteristiken gezielt verändert, meist mit dem Ziel, die maximale Leistung zu erhöhen.

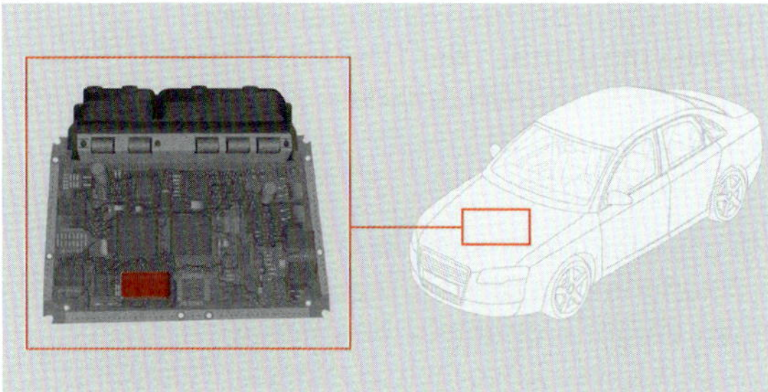

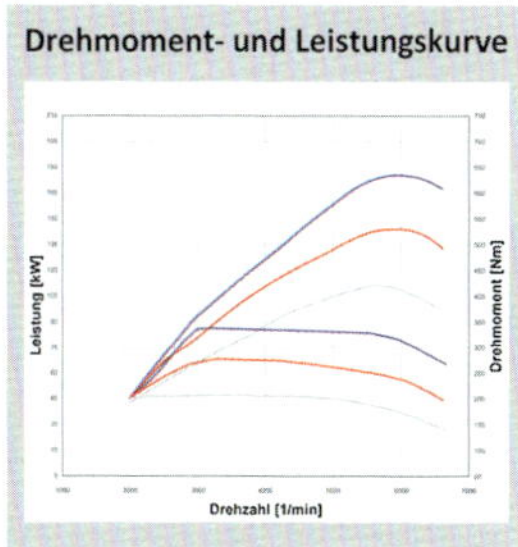

Mögliche Gefährdung

- **Kritischeres Fahrverhalten im Bereich der erhöhten Endgeschwindigkeit (v_{max})**
- **Verschlechterung des Bremsverhaltens**

  Bremswirkung entsprechend neuer Höchstgeschwindigkeit nicht mehr ausreichend (Geschwindigkeitsfading)
- **Negative Beeinflussung der Betriebsfestigkeit**
  - Überbeanspruchung von Fahrwerks- und Karosserieteilen
  - Reifen entsprechend neuer Höchstgeschwindigkeit nicht ausreichend
- **Verschlechterung der Feuersicherheit durch unsachgemäße Ausführung von ggf. erforderlichen Änderungen an der Kraftstoff- und/oder Auspuffanlage**

Mögliche Verschlechterung des Abgas- oder Geräuschverhaltens

- **Grundsätzlich ist bei jeder Leistungssteigerung von einer Verschlechterung des Abgas- und Geräuschverhaltens auszugehen**
- **Eine unzulässige Verschlechterung des Abgas- oder Geräuschverhaltens liegt vor, wenn die bisher (d. h. unmittelbar vor der vorgenommenen Leistungssteigerung) vom Fz eingehaltene Vorschrift (ggf. Stufen davon) hinsichtlich der Grenzwerte und ggf. weiterer Anforderungen (z. B. Dauerhaltbarkeit der Abgasreinigungssysteme, Begrenzung der Verdunstungsemission) nicht mehr erfüllt wird**
- **Bei Änderungen an der Motorelektronik muss deshalb grundsätzlich der Nachweis darüber vorhanden sein (bzw. erbracht werden), dass das Fz nach derartigen Veränderungen insbesondere hinsichtlich seines Abgas- und Geräuschverhaltens vorschriftsmäßig ist und die zum Zeitpunkt des erstmaligen In-Verkehr-Bringens geltenden Mindestanforderungen erfüllt werden**

Vorschriften und Richtlinien

- **Auswahl**
  - StVZO, insbes. §§ 30, 30a, 36, 41, 47, 49, 55a, 57
  - FZV
  - VdTÜV-Merkblatt 751 Anh. IV – Motortuning-Maßnahmen (Stand: 6.2006)
  - Rili 72/245/EWG oder ECE R 10 – Elektromagnetische Verträglichkeit
  - Rili 70/220/EWG oder ECE R 83 – Abgasemission von Verbrennungsmotoren
  - VO(EG) Nr. 715/2007 – Emissionen leichte Pkw und Nfz
  - Rili 72/306/EWG oder ECE R 24, Rili 88/77/EWG oder ECE R 49, Rili 2005/55/EG – Abgasemissionen von Dieselmotoren
  - Rili Geräuschmessung – VkBl. 1966, S. 531, 1980 S. 828, KIRSCHBAUM StVZO-Kommentar § 49, Erl. 3
  - Rili 70/157/EWG oder ECE R 51 – Geräuschpegel

Abnahme des ordnungsgemäßen Ein- oder Anbaus

a) Identifikation und Prüfung auf Übereinstimmung mit Prüfzeugnissen

- **Fahrzeug**

Identifizierungsmerkmale siehe Abbildung auf Seite 178

- **Antriebsmaschine**
  - Kennzeichnung
  - Motortypschild
  - Motor-Nr.
  - Motorcode

- **Umrüstsatz**

  Kennzeichnungen/Merkmale der für die Leistungssteigerung erforderlichen Elemente

- **Prüfung auf Einhaltung des Verwendungsbereichs (z. B. hinsichtlich FzTyp und Ausführung)**

- **Ggf. Prüfung auf Verwendbarkeit im Zusammenhang mit Mehrfachänderungen (zeitgleich oder zeitlich versetzt)**

b) Prüfung des Ein- oder Anbaus

- **Prüfung auf Einhaltung der zutreffenden Beschränkung, Auflagen und Hinweise aus den Prüfzeugnissen**

- **Weitere Prüfung auf Vorschriftsmäßigkeit**
  - Die für die Umrüstung erforderlichen *Teile* müssen vollständig sein.
  - Für die Abgasuntersuchung sind entsprechende *Einstellwerte* vorzulegen.
  - Die Anpassung der *Bremsanlage* muss entsprechend der neuen Höchstgeschwindigkeit, ggf. auf der Grundlage eines separaten „Bremsengutachtens", erfolgt sein.
  - Bei Steigerung der Motorleistung um mehr als 20 % ist ein *Betriebsfestigkeitsnachweis* für das umgerüstete Fahrzeug erforderlich; alternativ gilt eine entsprechende Freigabe des FzHerstellers.
  - Die vorgesehenen *Reifen* müssen hinsichtlich der Tragfähigkeit, der zulässigen Geschwindigkeit und des Reifeninnendrucks unter Beachtung des vorhandenen Radsturzwinkels geeignet sein.
  - Der Anzeigebereich und die Anzeigegenauigkeit des *Geschwindigkeitsmessers* müssen der neuen durch die Bauart bestimmten Höchstgeschwindigkeit entsprechen.
  - Bezüglich der Einhaltung der Vorschriften über *EMV, Abgas-* und *Geräuschverhalten* sind entsprechende Nachweise vorzulegen.
    - Diese müssen u. a. klare Aussagen darüber enthalten, dass sich *Abgas-* und *Geräuschverhalten* im Zug des Umbaus nicht unzulässig verschlechtern.
    - Kann das nicht zweifelsfrei nachvollzogen werden, muss nach § 19 Abs. 2 Nr. 3 StVZO vom *Erlöschen* der Betriebserlaubnis ausgegangen werden.
    - Erst über ein Gutachten eines aaS gem. § 21 StVZO, in dem die Vorschriftsmäßigkeit des Fz bzgl. seines Abgas- und Geräuschverhaltens nach erfolgter

Leistungssteigerung bescheinigt wird, wäre in diesen Fällen die *Wiedererteilung* der Betriebserlaubnis möglich.

- Der Nachweis über die Vorschriftsmäßigkeit des Fz bzgl. seines Geräuschverhaltens nach erfolgter Leistungssteigerung kann ggf. auch über eine praktisch durchgeführte *Geräuschmessung* (unter Beachtung von zulässigen Messtoleranzen) im Rahmen der Abnahme der Änderung erbracht werden.
- Ggf. Prüfung der Maßnahmen zur Leistungssteigerung im Zusammenhang mit anderen Änderungen am Fz (*Mehrfachänderungen*) darauf, ob sich die *Einzeländerungen* gegenseitig so beeinflussen, dass eine Gefährdung zu erwarten ist.

c) Bestätigung des ordnungsgemäßen Ein- oder Anbaus

Inhalt und Bedeutung der Bestätigung siehe Seite 89

d) Meldung an die Zulassungsbehörde

Bezüglich einer Leistungssteigerung ist eine unverzügliche Berichtigung der FzPapiere vorgeschrieben.

Beispieleintrag Zulassungsbescheinigung Teil I

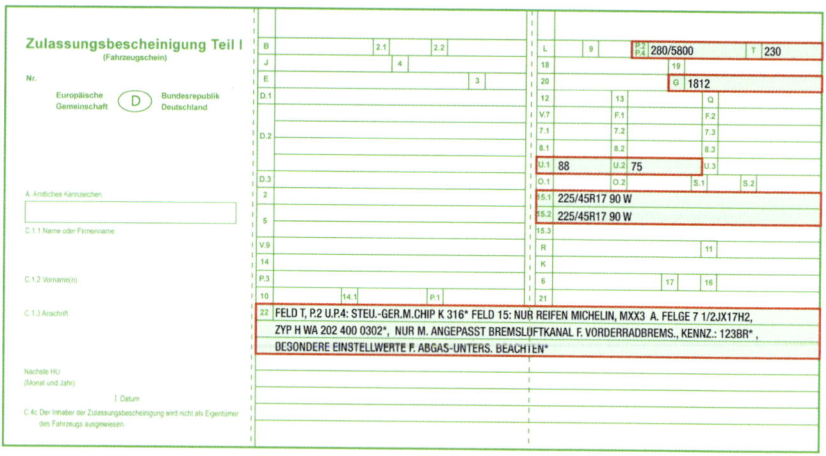

Hinweis für Hauptuntersuchungen und Polizeikontrollen

■ Teilekennzeichnung

- Hersteller-/Typ-Kennzeichnung am Steuergerät
  z. B.: Chip K 316

Nachweismöglichkeiten durch den Fahrzeughalter

- Allgemeine Betriebserlaubnis für FzTeile gemäß § 22 StVZO
- Änderungsabnahme-Bestätigung
- Eintrag in den FzPapieren
- Berichtigung der FzPapiere unverzüglich vorgeschrieben

Besonderheiten

Auffälligkeiten, durch die eine Gefährdung von Verkehrsteilnehmern zu erwarten ist und die ggf. zum Erlöschen der Betriebserlaubnis des Fz führen können:

- Geschwindigkeit
- Nichteinhaltung der zusätzlichen Auflagen
- Nichteinhaltung der Abgas- und Geräuschwerte
- Ggf. negative gegenseitige Beeinflussung in Verbindung mit Änderung der Auspuffanlage sowie durch Verschlechterung des Abgas- oder Geräuschverhaltens

Spezifische Mängel

- Geräuschentwicklung, Stand- und/oder Fahrgeräusch über dem zulässigen Wert
- Motormanagement-/Abgasreinigungssystem fehlerhaft
- Abgasverhalten unzulässig

Weitere Auffälligkeiten

FzPapiere, Angaben stimmen nicht mit tatsächlichen Verhältnissen überein

Eine Leistungsreduzierung am Kraftrad geschieht im Allgemeinen mit dem Ziel, durch Beschränkung der Motorleistung in eine günstigere Bewertungsklasse im Bereich des Fahrerlaubnis- und/oder des Versicherungsrechts zu gelangen (z. B. 80-km/h-Reduzierungen von Leichtkrafträdern, 25-kW-Reduzierungen von Krafträdern).

Die Leistungsreduzierung erfolgt z. B. durch Verkleinerung des Ansaug- oder Auspuffquerschnitts oder durch Änderung an der Gemischaufbereitungsanlage.

In vielen Fällen stellt sich die Nachvollziehbarkeit einer vorgenommenen Leistungsreduzierung problematisch dar. So sind die einzelnen Bestandteile des „Drosselkits" von außen oft nicht zu erkennen (z. B. Gasschieberanschläge oder eingeschweißte Reduzierscheiben).

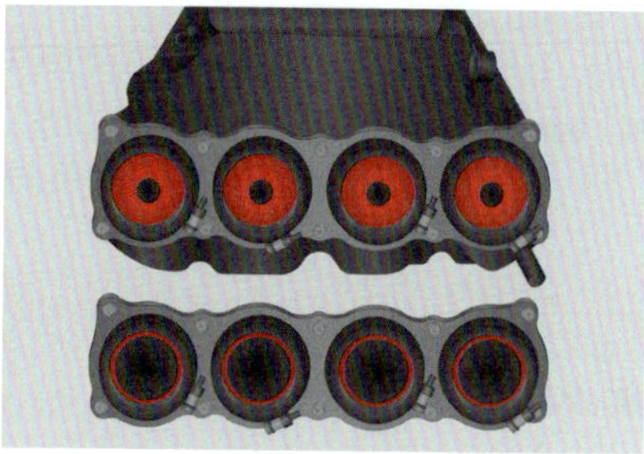

Mögliche Gefährdung

- **Anders als bei einer Leistungssteigerung, bei der eine ganze Reihe von möglichen Gefährdungsmomenten zu beachten sind, erstreckt sich die Leistungsreduzierung im Wesentlichen auf den rein administrativen Bereich im Zusammenhang mit dieser Änderung (andere Fahrerlaubnis- und/oder Versicherungsklassen)**

Mögliche Verschlechterung des Abgas- oder Geräuschverhaltens

- **Grundsätzlich ist bei jeder Leistungsreduzierung von einer Verschlechterung des Abgas- und Geräuschverhaltens auszugehen**

Leistungsreduzierung Krad

- **Eine Verschlechterung des Abgas- oder Geräuschverhaltens liegt vor, wenn die bisher vom Fz eingehaltenen Vorschriften nicht mehr erfüllt werden**

- **Bei Änderungen am Motor oder dessen Ansaug- oder Abgassystem muss deshalb grundsätzlich der Nachweis darüber vorhanden sein, dass das Fz nach derartigen Veränderungen insbesondere hinsichtlich seines Abgas- und Geräuschverhaltens vorschriftsmäßig ist und die zum Zeitpunkt der des erstmaligen In-Verkehr-Bringens geltenden Mindestanforderungen erfüllt werden**

Vorschriften und Richtlinien

- **Auswahl**
  - StVZO, insbes. §§ 30, 30a, 35, 47, 49
  - FZV
  - Motorleistung (DIN 70020 T.6) – KIRSCHBAUM StVZO-Kommentar § 35, Erl.12
  - Rili 95/1/EG – Höchstgeschwindigkeit, max. Drehmoment, max. Nutzleistung des Motors von Krafträdern
  - Rili 97/24/EG, Kapitel 5 – Abgasemission; Kapitel 9 – Geräuschemission

Abnahme des ordnungsgemäßen Ein- oder Anbaus

a) Identifikation und Prüfung auf Übereinstimmung mit Prüfzeugnissen

- **Fahrzeug**

  Identifizierungsmerkmale siehe Abbildung auf Seite 182

- **„Drosselkit"**
  - Kennzeichnung oder sonstige Beschreibung z. B. von Ansaugrohr bzw. -stutzen
  - Reduzierscheiben oder -buchsen
  - Vergaser und entsprechende Düsenbestückung oder
  - Einstellung (Nadelposition, Regulierschrauben, Schieberanschläge)
  - Kettenrad oder -ritzel

- **Prüfung auf Einhaltung des Verwendungsbereichs (z. B. hinsichtlich FzTyp und Ausführung)**

- **Ggf. Prüfung auf Verwendbarkeit im Zusammenhang mit Mehrfachänderungen (zeitgleich oder zeitlich versetzt)**

b) Prüfung des Ein- oder Anbaus

- **Prüfung auf Einhaltung der zutreffenden Beschränkungen, Auflagen und Hinweise aus den Prüfzeugnissen**
- **Weitere Prüfung auf Vorschriftsmäßigkeit**
  - Bezüglich der Einhaltung der Vorschriften über das *Abgas-* und *Geräuschverhalten* sind entsprechende Nachweise vorzulegen.
  - Ggf. Prüfung der Leistungsreduzierung im Zusammenhang mit anderen Änderungen am Fz (*Mehrfachänderungen*) darauf, ob sich die *Einzeländerungen* gegenseitig so beeinflussen, dass eine Gefährdung zu erwarten ist.

c) Bestätigung des ordnungsgemäßen Ein- oder Anbaus

Inhalt und Bedeutung der Bestätigung siehe Seite 89

d) Meldung an die Zulassungsbehörde

Eine unverzügliche Berichtigung der FzPapiere ist aufgrund der Änderung von Motorleistung oder Höchstgeschwindigkeit mit Auswirkung auf Fahrerlaubnisklasse erforderlich.

Beispieleintrag Zulassungsbescheinigung Teil I

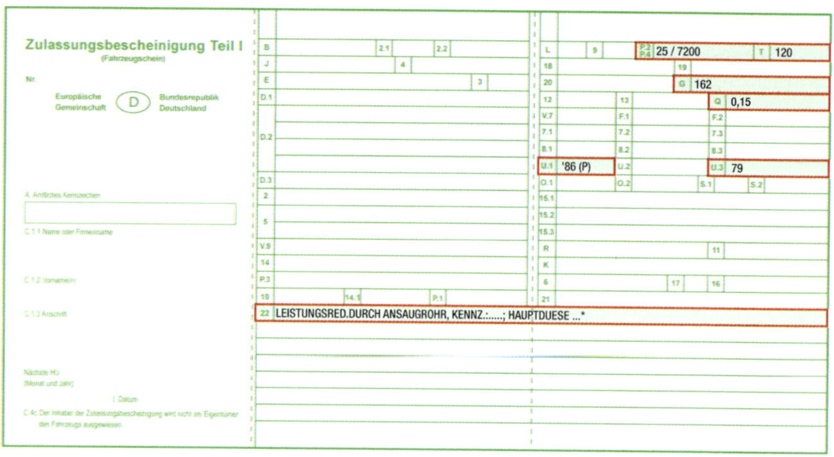
Zulassungsbescheinigung Teil I
(Fahrzeugschein)
Europäische Gemeinschaft D Bundesrepublik Deutschland
P.2 P.4 25 / 7200
T 120
G 162
Q 0,15
U.1 '86 (P)
U.3 79
22 LEISTUNGSRED.DURCH ANSAUGROHR, KENNZ.:.....; HAUPTDUESE ...*

Hinweis für Hauptuntersuchungen und Polizeikontrollen

- **Teilekennzeichnung**
  - Hersteller-/Typ-Kennzeichnung (TGA)
    z.B.: Bauteilbeschreibung und entsprechende Maße
    (z.B. Gasschieberanschlag mit Höhe, Reduzierscheibe mit Durchmesser)

Leistungsreduzierung Krad

Nachweismöglichkeiten durch den FzHalter

- Eintrag in den FzPapieren
- Änderungsabnahme-Bestätigung
- Allgemeine Betriebserlaubnis für FzTeile gemäß § 22 StVZO
- Berichtigung der FzPapiere unverzüglich vorgeschrieben

Besonderheiten

Auffälligkeiten, durch die eine Gefährdung von Verkehrsteilnehmern zu erwarten ist und die ggf. zum Erlöschen der Betriebserlaubnis des Fz führen können:

- Geschwindigkeit
- Nichteinhaltung der zusätzlichen Auflagen
- Nichteinhaltung der Abgas- und Geräuschwerte

Spezifische Mängel

- Kennzeichnung der betreffenden Bauteile stimmt nicht mit der Beschreibung in den FzPapieren überein
- Leistungs- oder geschwindigkeitsbestimmende Bauteile sind nicht vorhanden (Gasschieberanschlag, Drosselblenden, elektronische Bauteile)
- Elektrischer Anschluss von Steuer- oder Zusatzgeräten ist nicht korrekt ausgeführt oder ist manipuliert

Weitere Auffälligkeiten

FzPapiere, Angaben stimmen nicht mit tatsächlichen Verhältnissen überein

Änderung Schalldämpferanlage Pkw

Unter Änderung der Schalldämpfer-/Auspuffanlage am Pkw versteht man Detailänderungen an einer vorhandenen Anlage, Einbau von Teilen einer anderen oder den Tausch gegen eine komplett andere Anlage. Die Änderung erfolgt z. B. zur Anpassung infolge anderer Veränderungen am Fz, als Teiländerung einer Leistungssteigerung oder zur Erzielung optischer bzw. akustischer Wirkungen.

Üblicher ist jedoch der Einbau von Austauschschalldämpfern bzw. Austauschauspuffanlagen, die im Rahmen des Genehmigungsverfahrens als unabhängige (selbstständige) technische Einheit behandelt werden. Diese Einrichtungen dürfen hinsichtlich der Geräuschwerte (Fahrgeräusch und Standgeräusch) nicht von den bei der Fz-Homologation erreichten Prüfwerten abweichen.

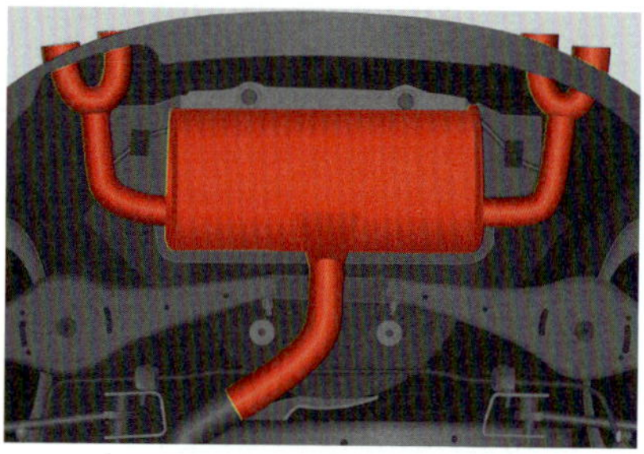

Mögliche Gefährdung

- **Kritischeres Fahrverhalten im Bereich der erhöhten Endgeschwindigkeit (v_{max}) infolge ggf. erreichter Leistungssteigerung**
- **Verschlechterung der Feuersicherheit durch unsachgemäße Anordnung und Befestigung im Bereich der Kraftstoffleitungen**
- **Versagen oder Verlieren von Teilen durch unvorschriftsmäßige Ausführung und/oder Montage**

Mögliche Verschlechterung des Abgas- oder Geräuschverhaltens

- **Grundsätzlich ist bei jeder Änderung der Schalldämpfer-/Auspuffanlage von einer Verschlechterung des Abgas- und Geräuschverhaltens auszugehen**

Änderung Schalldämpferanlage Pkw

- **Eine unzulässige Verschlechterung des Abgas- oder Geräuschverhaltens liegt vor, wenn die bisher vom Fz eingehaltenen Vorschriften nicht mehr erfüllt werden**
- **Bei Änderungen am Motor oder dessen Ansaug- oder Abgassystem muss deshalb grundsätzlich der Nachweis darüber vorhanden sein (bzw. erbracht werden), dass das Fz nach derartigen Veränderungen insbesondere hinsichtlich seines Abgas- und Geräuschverhaltens vorschriftsmäßig ist**

Vorschriften und Richtlinien

- **Auswahl**
  - StVZO, insbes. §§ 30, 30a, 36, 41, 47, 49, 55a, 57
  - FZV
  - VdTÜV-Merkblatt 751 Anh. IV – Motortuning-Maßnahmen (Stand: 6.2006)
  - Rili 72/245/EWG oder ECE R 10 – Elektromagnetische Verträglichkeit
  - Rili 70/220/EWG oder ECE R 83 – Abgasemission von Verbrennungsmotoren
  - VO(EG) Nr. 715/2007 – Emissionen leichte Pkw und Nfz
  - Rili 72/306/EWG oder ECE R 24, Rili 88/77/EWG oder ECE R 49, Rili 2005/55/EG – Abgasemissionen von Dieselmotoren
  - Rili Geräuschmessung – VkBl. 1966, S. 531, 1980 S. 828, KIRSCHBAUM StVZO-Kommentar § 49, Erl. 3
  - Rili 70/157/EWG oder ECE R 51 – Geräuschpegel

Abnahme des ordnungsgemäßen Ein- oder Anbaus

a) Identifikation und Prüfung auf Übereinstimmung mit Prüfzeugnissen

- **Fahrzeug**
  Identifizierungsmerkmale siehe Abbildung auf Seite 186
- **Schalldämpfer-/Auspuffteile**
  - Kennzeichnung
  - Hersteller/Typ
  - Typzeichen (ABE-Nr.)
  - EWG-/ECE-Genehmigungen
  - Ggf. andere Kennzeichnung lt. Prüfzeugnis
- **Prüfung auf Einhaltung des Verwendungsbereichs (z. B. hinsichtlich FzTyp und Ausführung)**
- **Ggf. Prüfung auf Verwendbarkeit im Zusammenhang mit Mehrfachänderungen (zeitgleich oder zeitlich versetzt)**

b) Prüfung des Ein- oder Anbaus

- **Prüfung auf Einhaltung der zutreffenden Beschränkung, Auflagen und Hinweise aus den Prüfzeugnissen**

- **Weitere Prüfung auf Vorschriftsmäßigkeit**
  - Die gesamte Anlage muss *fest* und *sicher* verlegt sein.
  - *Berührungen* mit Kraftstoff-, Brems- und elektrischen Leitungen sind auszuschließen.
  - Bezüglich der Einhaltung der Vorschriften über das *Abgas-* und *Geräuschverhalten* sind entsprechende Nachweise vorzulegen.
  - Der Nachweis über die Vorschriftsmäßigkeit des Fz bzgl. seines Geräuschverhaltens nach erfolgter Änderung der Schalldämpfer-/Abgasanlage kann ggf. auch über eine praktisch durchgeführte *Geräuschmessung* (unter Beachtung von zulässigen Messtoleranzen) im Rahmen der Abnahme der Änderung erbracht werden.

c) Bestätigung des ordnungsgemäßen Ein- oder Anbaus

Inhalt und Bedeutung der Bestätigung siehe Seite 89

d) Meldung an die Zulassungsbehörde

Grundsätzlich ist die Berichtigung der FzPapiere bezüglich einer geänderten Auspuffanlage nur erforderlich, wenn sich die angegebenen Geräuschwerte ändern. Sind diese geänderten Werte steuerlich relevant oder wirken sich auf evtl. Verkehrsverbote aus, so muss die Berichtigung unverzüglich erfolgen.

Beispieleintrag Zulassungsbescheinigung Teil I

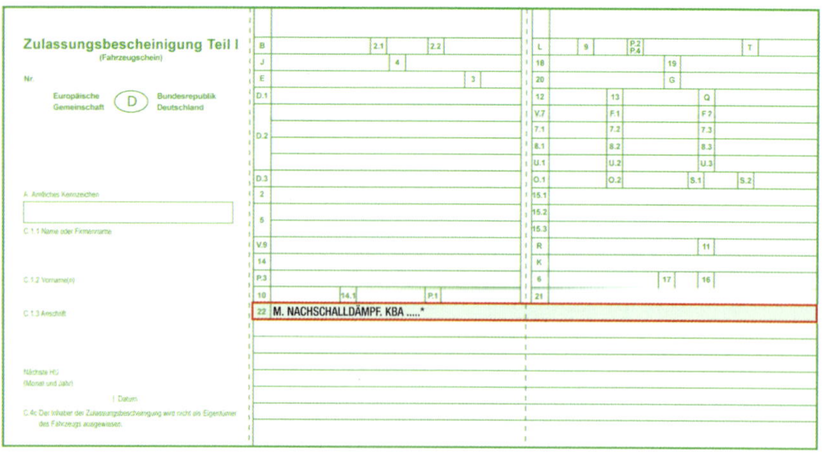
Zulassungsbescheinigung Teil I
(Fahrzeugschein)
Europäische Gemeinschaft D Bundesrepublik Deutschland

22 M. NACHSCHALLDÄMPF. KBA .....*

Änderung Schalldämpferanlage Pkw

Hinweis für Hauptuntersuchungen und Polizeikontrollen

Teilekennzeichnung

- KBA-Typzeichen
  z. B.: KBA 90696
- EG-Genehmigungszeichen
  z. B.: e1*6985*02
- ECE-Genehmigungszeichen
  z. B.: E4*59R 002439
- Hersteller-/Typ-Kennzeichnung (TGA)
  z. B.: REMUS TYP 795

Nachweismöglichkeiten durch den FzHalter

- Allgemeine Betriebserlaubnis für FzTeile gemäß § 22 StVZO
- EG-Typgenehmigung
- ECE-Genehmigung
- Änderungsabnahme-Bestätigung
- Eintrag in den FzPapieren
- Berichtigung der FzPapiere nur bei Änderung der bei Erteilung der Betriebserlaubnis festgelegten Geräuschwerte erforderlich
- Keine Mitführpflicht der Unterlagen

Besonderheiten

Auffälligkeiten, durch die eine unzulässige Verschlechterung des Geräuschverhaltens eintritt und die ggf. zum Erlöschen der Betriebserlaubnis des Fz führen können:

- Überschreitung der zulässigen Geräuschwerte
- Zulässige Abweichungen für in Betrieb befindliche Fz beachten
- § 49 Abs. 4 StVZO beachten!
- Ggf. negative Beeinflussung des Abgasverhaltens

Änderung Schalldämpferanlage Krad

Unter der Änderung der Schalldämpfer-/Auspuffanlage am Kraftrad versteht man Detailänderungen an einer vorhandenen Anlage oder den Tausch gegen eine komplett andere Anlage.

Üblich ist der Einbau von Austauschschalldämpfern, die im Rahmen des Genehmigungsverfahrens als selbstständige technische Einheit behandelt werden.

Die Änderung erfolgt z. B. zur Anpassung infolge anderer Veränderungen am Fz, als Teiländerung einer Leistungssteigerung oder zur Erzielung optischer bzw. akustischer Wirkungen.

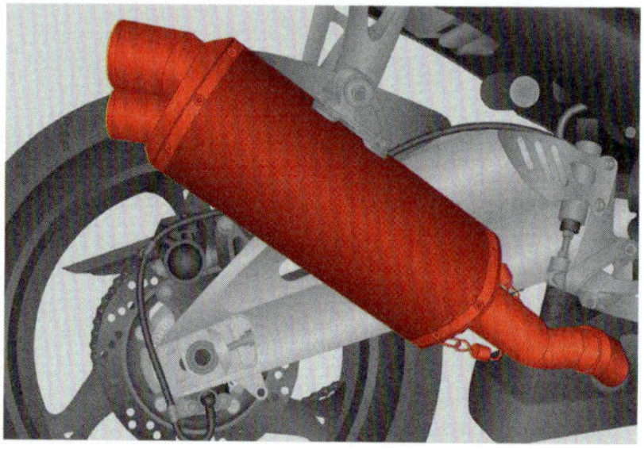

Mögliche Gefährdung

- **Verschlechterung der Feuersicherheit durch unsachgemäße Anordnung und Befestigung z. B. in Bezug auf Kraftstoffleitungen und Verkleidungsteile**
- **Unsachgemäße Anordnung der Auspuffanlage oder durch fehlende Hitzeschilde an Stellen mit möglicher Berührung im normalen Fahrbetrieb**
- **Versagen oder Verlieren von Teilen durch unvorschriftsmäßige Ausführung und/oder Montage**

Mögliche Verschlechterung des Abgas- oder Geräuschverhaltens

- **Grundsätzlich ist bei jeder Änderung der Schalldämpfer-/Auspuffanlage von einer Verschlechterung des Abgas- und Geräuschverhaltens auszugehen**

Änderung Schalldämpferanlage Krad

- **Eine unzulässige Verschlechterung des Abgas- oder Geräuschverhaltens liegt vor, wenn die bisher vom Fz eingehaltenen Vorschriften nicht mehr erfüllt werden**
- **Bei Änderungen am Motor oder dessen Ansaug- oder Abgassystem muss deshalb grundsätzlich der Nachweis darüber vorhanden sein, dass das Fz nach derartigen Veränderungen insbesondere hinsichtlich seines Abgas- und Geräuschverhaltens vorschriftsmäßig ist und die zum Zeitpunkt des erstmaligen Inverkehrbringens geltenden Mindestanforderungen erfüllt werden**

Vorschriften und Richtlinien

- **Auswahl**
  - StVZO, insbes. §§ 30, 35, 47, 47c, 49
  - FZV
  - Austausch-Schalldämpferanlage – KIRSCHBAUM StVZO-Kommentar § 49, Erl. 22
  - Rili 97/24/EG, Kapitel 5 – Abgasemission; Kapitel 9 – Geräuschemission

Abnahme des ordnungsgemäßen Ein- oder Anbaus

a) Identifikation und Prüfung auf Übereinstimmung mit Prüfzeugnissen

- **Fahrzeug**

  Identifizierungsmerkmale siehe Abbildung auf Seite 190
- **Schalldämpfer-/Auspuffteile**
  - Kennzeichnung
  - Hersteller/Typ
  - Typzeichen (ABE-Nr.)
  - EG-/ECE-Genehmigungszeichen
  - Ggf. andere Kennzeichnung lt. Prüfzeugnis
- **Prüfung auf Einhaltung des Verwendungsbereichs (z. B. hinsichtl. FzTyp und Ausführung)**
- **Ggf. Prüfung auf Verwendbarkeit im Zusammenhang mit Mehrfachänderungen (zeitgleich oder zeitlich versetzt)**

b) Prüfung des Ein- oder Anbaus

- **Prüfung auf Einhaltung der zutreffenden Beschränkungen, Auflagen und Hinweise aus den Prüfzeugnissen**

- **Weitere Prüfung auf Vorschriftsmäßigkeit**
  - Die gesamte Anlage muss *fest* und *sicher* verlegt sein.
  - *Berührungen* mit Kraftstoff-, Brems- und elektrischen Leitungen sind auszuschließen.
  - Ein behinderungsfreies *Erreichen* und *Bedienen* der Fußrasten/Bedienhebel muss gewährleistet sein.
  - Bezüglich der Einhaltung der Vorschriften über das *Abgas-* und *Geräuschverhalten* sind entsprechende Nachweise vorzulegen.
  - Der Nachweis über die Vorschriftsmäßigkeit des Fz bezüglich seines Geräuschverhaltens nach erfolgter Änderung der Schalldämpfer-/Abgasanlage kann ggf. auch über eine praktisch durchgeführte *Geräuschmessung* (unter Beachtung von zulässigen Messtoleranzen) im Rahmen der Änderung erbracht werden.

c) Bestätigung des ordnungsgemäßen Ein- oder Anbaus

Inhalt und Bedeutung der Bestätigung siehe Seite 89

d) Meldung an die Zulassungsbehörde

Grundsätzlich ist die Berichtigung der FzPapiere bezüglich einer geänderten Auspuffanlage nur erforderlich, wenn sich die angegebenen Geräuschwerte ändern. Sind diese geänderten Werte steuerlich relevant oder wirken sich auf evtl. Verkehrsverbote aus, so muss die Berichtigung unverzüglich erfolgen.

Beispieleintrag Zulassungsbescheinigung Teil I

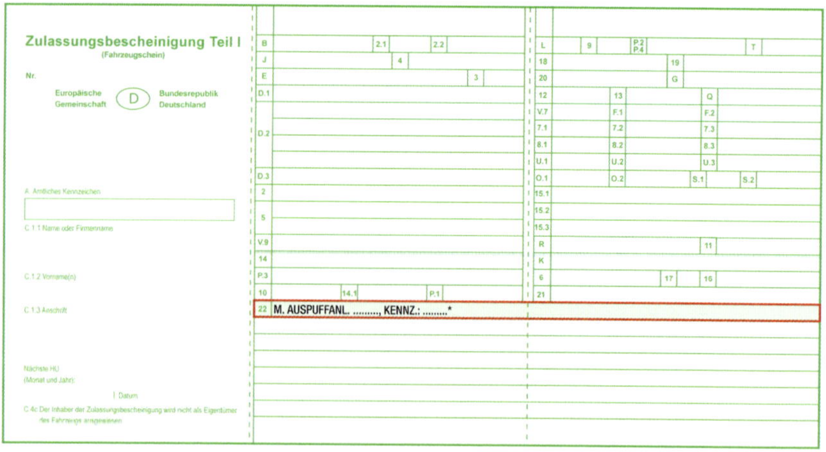

Änderung Schalldämpferanlage Krad

Hinweis für Hauptuntersuchungen und Polizeikontrollen

- **Teilekennzeichnung***
  - KBA-Typzeichen
    z. B.: 29105
  - EG-Genehmigungszeichen
    z. B.: e1*0212
  - ECE-Genehmigungszeichen
    z. B.: E3 41R 010038
  - Hersteller-/Typ-Kennzeichnung
    z. B.: e3 (zul. Kennzeichnung für Serienanlage)
- **Nachweismöglichkeiten durch den FzHalter**
  - Allgemeine Betriebserlaubnis für FzTeile gemäß § 22 StVZO
  - EG-Typgenehmigung
  - ECE-Genehmigung
  - Eintrag in den FzPapieren
  - Berichtigung der FzPapiere nur bei Änderung der bei Erteilung der Betriebserlaubnis festgelegten Geräuschwerte erforderlich
  - Keine Mitführpflicht der Unterlagen

*** Grobübersicht Teilekennzeichnung**
(im Einzelfall anhand der FzBetriebserlaubnis und/oder Teilegenehmigung ggf. exakter nachzuweisen)

Erstzulassung Krad	*Serien-Anlage*	*Austausch-Anlage*
vor 1.4.1994	ohne spezielle Kennzeichnung zulässig	ohne spezielle Kennzeichnung zulässig
ab 1.4.1994	ohne spezielle Kennzeichnung zulässig (47. AVO für §§ 20, 21 StVZO) sonst mit vollständiger oder Minimal-EG-Kennzeichnung	vollständige EG-Kennzeichnung vorgeschrieben
ab 1.10.2000	mit Minimal-EG-Kennzeichnung	vollständige EG-Kennzeichnung vorgeschrieben

(Beispiel für vollständige EG-Kennzeichnung s. Seite 59)

Änderung Schalldämpferanlage Krad

Besonderheiten

Auffälligkeiten, durch die unzulässige Verschlechterung des Geräuschverhaltens eintritt und die ggf. zum Erlöschen der Betriebserlaubnis des Fz führen können:

- Überschreitung der zulässigen Geräuschwerte
- Zulässige Abweichungen für in Betrieb befindliche Fz beachten
- § 49 Abs. 4 StVZO beachten
- Ggf. negative Beeinflussung des Abgasverhaltens

Spezifische Mängel

Schalldämpfer passt augenscheinlich nicht zum Kraftrad (z. B. Befestigungsteile verdecken die Kennzeichnung, modifizierter Halter, Abgasstrom trifft auf Verkleidungsteile und verursacht Beschädigungen)

Änderung FzArt Pkw-Kombi in Lkw

Wenn für die Änderung der FzArt eine Genehmigung oder ein Teilegutachten vorliegt, ist eine Änderungsabnahme nach § 19 Abs. 3 StVZO durchzuführen. Häufig führt die Änderung der FzArt jedoch auf Grund der damit verbundenen aufwändigen Umbaumaßnahmen und entsprechend hohem Prüfungsaufwand zum Erlöschen der Betriebserlaubnis. Für die Wiedererteilung der Betriebserlaubnis nach § 21 StVZO ist dann ein Gutachten eines aaS beizubringen.

Einstufungskriterien

Lkw sind Nutzkraftfahrzeuge, die nach ihrer Bauart und Einrichtung zum Transport von Gütern bestimmt sind. Die Karosserieform des Pkw muss für den Gütertransport geeignet sein, so dass in der Regel nur Pkw mit der Karosserieform „Kastenwagen" oder Pkw mit vergrößertem Heckraum für den Umbau in einen Lkw geeignet sind.

Vorschriften und Richtlinien

- **Auswahl**
  - StVZO, insbes. §§ 30, 35b, 42 Abs. 3, 47, 47a
  - FZV

Abnahme des ordnungsgemäßen Ein- oder Anbaus

a) Identifikation und Prüfung auf Übereinstimmung mit Prüfzeugnissen

- **Fahrzeug**

Identifizierungsmerkmale siehe Abbildung auf Seite 196

- **Umbauteile**
  - Kennzeichnung
  - Hersteller/Typ
  - Ggf. andere Kennzeichnung lt. Prüfzeugnis
  - Werkstoff
  - Abmessungen
- **Prüfung auf Einhaltung des Verwendungsbereichs**
- **Ggf. Prüfung auf Verwendbarkeit im Zusammenhang mit Mehrfachänderungen (zeitgleich oder zeitlich versetzt)**

b) Prüfung des Umbaus

- **Prüfung auf Einhaltung der zutreffenden Beschränkung, Auflagen und Hinweise aus den Prüfzeugnissen bzw. Begutachtung des umgebauten Fz**

Beispiele

- **Festigkeit**
  - Ein Festigkeitsnachweis ist in der Regel *nicht erforderlich* bei geringfügigen Änderungen am FzAufbau, z. B.: Einbau von Dachluken, Änderungen an nichttragenden Verkleidungsteilen.
  - Ein Festigkeitsnachweis ist in der Regel *erforderlich* bei erheblichen Änderungen am FzAufbau bzw. bei Eingriff in die tragende Struktur, z. B. Herausnahme von Trennwänden, Durchtrennen von Holmen, Streben, Knotenblechen, Einbau von Hochdächern oder Türen.
  - Werkstoff der Außenteile: Bei Umbauten vom Pkw-Kombi zum Lkw ändert sich diesbezüglich in der Regel nur der Dachaufbau. Dazu ist ein Gutachten über die Feuer- und Splittersicherheit des verwendeten Werkstoffs beizubringen.
- **Ladefläche**
  - Die Ladefläche muss mehr als 50 % der Gesamtfläche ausfüllen, eine völlig ebene Ladefläche kann nicht gefordert werden.
  - Die Länge der *Gesamtfläche* wird gemessen von der Vorderkante des unbetätigten Gaspedals bis zur Hinterkante der Ladefläche.
  - Die Länge der *Ladefläche* wird gemessen von der Hinterkante des Fahrers bzw. Beifahrersitzes (wobei sich dieser in Mittelstellung der Längsverstellmöglichkeit befinden soll) bis Hinterkante Ladefläche.
- **Sitze und Sicherheitsgurte (Verankerungen)**
  - Ggf. müssen von hinten beginnend soviel Sitze ausgebaut werden, dass die Forderung „Ladefläche > 50 % der Gesamtfläche" ständig erfüllt ist.
  - Dazu sind die entsprechenden Sitz- und Sicherheitsgurt-Befestigungspunkte dauerhaft unbrauchbar zu machen. Das ist durch Ausbohren, Zuschweißen,

Verwendung von Abreißschrauben oder dem Anpunkten von eingedrehten Schrauben zu realisieren.
- „Dauerhaft unbrauchbar" ist nicht das Ausschäumen der Befestigungspunkte oder das Einlegen und Festverschrauben einer Bodenplatte.

Einrichtung zum sicheren Führen des Fz

- Es muss gewährleistet sein, dass das Eindringen von Ladungsteilen in den Bedienungsbereich (auch Fußbereich) des FzFührers nicht möglich ist. Dies ist durch den Einbau von Trennwänden, Schutzgittern o. Ä. zu erreichen.
- Eine Schutzeinrichtung vor den Scheiben des Laderaumes kann nicht gefordert werden.
- Falls eine Trennwand im oberen Bereich verglast ist, muss die verwendete Scheibe bauartgenehmigt sein. Es liegt in der Verantwortlichkeit des FzHalters, eine Beschädigung der Scheibe zu verhindern.

EG-Kontrollgerät

- Das Kriterium zur Ausrüstung eines Fz mit einem EG-Kontrollgerät sind das zulässige Gesamtgewicht bzw. das Zuggesamtgewicht (> 3,5 t), sowie der Verwendungsbereich des Fz/der FzKombination.
- Bei einem tatsächlichen Zuggesamtgewicht über 3,5 t ist ein EG-Kontrollgerät erforderlich, jedoch führt das bloße Vorhandensein einer Anhängekupplung an einem Kfz mit einem zulässigen Gesamtgewicht bis 3,5 t und einem zulässigen Zuggesamtgewicht über 3,5 t nicht zur Ausrüstungspflicht mit einem EG-Kontrollgerät.

  Erst das Anhängen eines Anhängers mit einem daraus resultierenden tatsächlichen Zuggesamtgewicht über 3,5 t und dem Verwendungszweck zum Personen- oder Gütertransport, außer bei den im Regelwerk beschriebenen *Ausnahmen*, verpflichtet den FzHalter zur Ausrüstung des Fz mit einem EG-Kontrollgerät und dessen Benutzung.

Feststellung der geänderten fahrzeugspezifischen Daten

- Das *Leergewicht* des umgebauten Fz muss neu ermittelt werden (einschl. 75 kg für FzFührer und mit vollen Kraftstofftanks).
- Wenn die technischen Voraussetzungen zur Erhöhung der *Anhängelast* vorliegen, kann diese auf das 1,5fache des zulässigen Gesamtgewichts erhöht werden.
- Die *Nutzlast* muss unter Beachtung der zul. Achslasten neu festgelegt werden. Die errechnete Nutzlast muss größer sein als die Summe der verbleibenden eingetragenen Sitzplätze multipliziert mit 75 kg, abzüglich 75 kg für den Führersitz.

  Beispiel

  Drei nach dem Umbau verbliebene Sitzplätze:
  3 x 75 kg – 1 x 75 kg = 150 kg   Nutzlast > 150 kg

c) Bestätigung des ordnungsgemäßen Ein- oder Anbaus

Inhalt und Bedeutung der Bestätigung siehe Seite 89

d) Meldung an die Zulassungsbehörde

Aufgrund der Änderung der FzArt und der damit verbundenen Auswirkungen auf die KfzSteuer ist eine unverzügliche Berichtigung der FzPapiere erforderlich.

Beispieleintrag Zulassungsbescheinigung Teil I

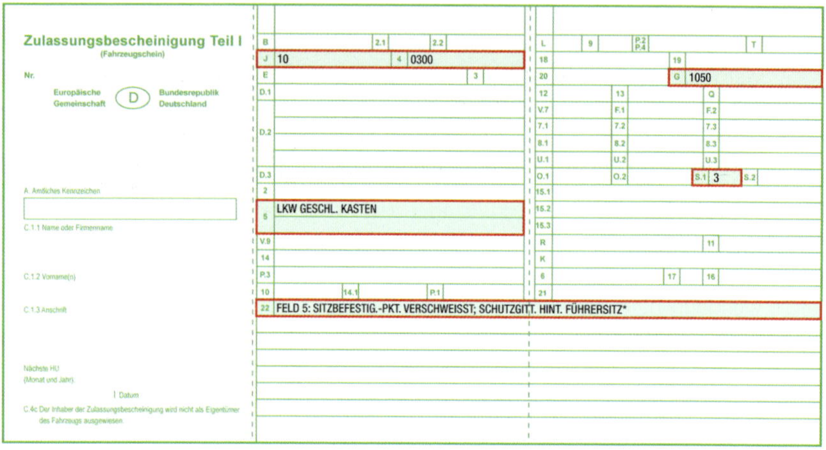

Zulassungsbescheinigung Teil I
(Fahrzeugschein)
Nr.
Europäische Gemeinschaft (D) Bundesrepublik Deutschland
A. Amtliches Kennzeichen
C.1.1 Name oder Firmenname
C.1.2 Vorname(n)
C.1.3 Anschrift
Nächste HU (Monat und Jahr)
Datum
C.4c Der Inhaber der Zulassungsbescheinigung wird nicht als Eigentümer des Fahrzeugs ausgewiesen.

B | 2.1 | 2.2
J 10 | 4 0300
E | 3
D.1
D.2
D.3
2
5 LKW GESCHL. KASTEN
V.9
14
P.3
10 | 14.1 | P.1

L | 9 | P.2 P.4 | T
18 | 19
20 | G 1050
12 | 13 | Q
V.7 | F.1 | F.2
7.1 | 7.2 | 7.3
8.1 | 8.2 | 8.3
U.1 | U.2 | U.3
O.1 | O.2 | S.1 3 | S.2
15.1
15.2
15.3
R | 11
K
6 | 17 | 16
21

22 FELD 5: SITZBEFESTIG.-PKT. VERSCHWEISST; SCHUTZGITT. HINT. FÜHRERSITZ*

Hinweis für Hauptuntersuchungen und Polizeikontrollen

Teilekennzeichnung

- ohne
- Änderungsumfang (TGA)

Nachweismöglichkeiten durch den FzHalter

- Änderungsabnahme-Bestätigung (TGA)
- FzPapiere
- Berichtigung der FzPapiere unverzüglich erforderlich

Besonderheiten

Auffälligkeiten, durch die eine Änderung der FzArt erkannt werden kann und die ggf. zum Erlöschen der Betriebserlaubnis des Fz führen können:

- Vorhandensein weiterer Sitzplätze im Laderaum

Spezifische Mängel

- Ausrüstung entspricht nicht der Vorschrift für FzArt

Änderung FzArt Lkw in Pkw

Liegt für die Änderung der FzArt eine Genehmigung oder ein Teilegutachten vor, ist eine Änderungsabnahme nach § 19 Abs. 3 StVZO durchzuführen. Häufig führt die Änderung der FzArt jedoch auf Grund der damit verbundenen aufwändigen Umbaumaßnahmen und entsprechend hohem Prüfungsaufwand zum Erlöschen der Betriebserlaubnis. Für die Wiedererteilung der Betriebserlaubnis nach § 21 StVZO ist dann ein Gutachten eines aaS beizubringen.

Einstufungskriterien

Ein Pkw-Kombi ist zur *wahlweise* vorwiegenden Beförderung von Personen oder Gütern bestimmt.

Vorschriften und Richtlinien

- **Auswahl**
  - StVZO insbes. §§ 23, 30, 30c, 35a, d, e, 38a, 41, 42, 47, 47a, 49 VkBl-Verlautbahrung 1988 S. 314
  - FZV

Abnahme des ordnungsgemäßen Ein- oder Anbaus

a) Identifikation und Prüfung auf Übereinstimmung mit Prüfzeugnissen

- **Fahrzeug**

Identifizierungsmerkmale siehe Abbildungen auf Seite 201

- **Umbauteile**
  - Kennzeichnung
  - Hersteller/Typ
  - Ggf. andere Kennzeichnung lt. Prüfzeugnis
  - Werkstoff
  - Abmessungen
- **Prüfung auf Einhaltung des Verwendungsbereichs**
- **Ggf. Prüfung auf Verwendbarkeit im Zusammenhang mit Mehrfachänderungen (zeitgleich oder zeitlich versetzt)**

b) Prüfung des Umbaus

- **Prüfung auf Einhaltung der zutreffenden Beschränkung, Auflagen und Hinweise aus den Prüfzeugnissen bzw. Begutachtung des umgebauten Fz**

Beispiele

- **Festigkeit**
  - Ein Festigkeitsnachweis ist in der Regel *nicht erforderlich* bei geringfügigen Änderungen am FzAufbau, z. B.: Einbau von Dachluken, Änderungen an nichttragenden Verkleidungsteilen.
  - Ein Festigkeitsnachweis ist in der Regel *erforderlich* bei erheblichen Änderungen am FzAufbau bzw. Eingriff in die tragende Struktur, z. B.: Herausnahme von Trennwänden; Durchtrennen von Holmen, Streben, Knotenblechen; Türen, Änderungen mit eventuellen Auswirkungen auf die Festigkeit von Gurtverankerungspunkten.
- **Fahrgast-/Laderaum**
  - Bei ausgebauten Sitzen muss mehr als 50 % der *Gesamtlänge* des Innenraums, gemessen zwischen der Innenraumrückwand und der senkrechten Ebene, die das unbelastete Gaspedal berührt, als Laderaum zur Verfügung stehen, bei eingebauten Sitzen müssen die Sitze mehr als 50 % dieser Länge in Anspruch nehmen, wobei 350 mm für den Fußraum vor den hinteren Sitzen zu berücksichtigen sind.
- **Sitze und Sicherheitsgurte (Verankerungen)**
  - Es dürfen maximal 9 Sitzplätze eingebaut sein.
  - Die Sitze müssen etwa dem Komfort von Pkw-Sitzen entsprechen und hinsichtlich ihrer Festigkeit und ihrer Befestigung im Fz Anforderungen in Anlehnung an die ECE-Regelung Nr. 17 erfüllen, was in der Regel nicht zerstörungsfrei geprüft werden kann. Daher ist es ratsam, geprüfte Seriensitze an originalen, bzw. ordnungsgemäß nachgerüsteten Sitzbefestigungspunkten (s. Pkt. Festigkeit) anzubringen.

Sitze aus Kraftomnibussen erfüllen die Anforderungen in Anlehnung an ECE-R 17 nicht in jedem Fall.

- *Sicherheitsgurte* sind für alle nach vorn gerichteten FzSitze in Fz erforderlich, die nach dem 30.4.1979 erstmals in den Verkehr gekommen sind.
- Wenn in Fz ab Erstzulassung 1.1.1992 Sitze nachgerüstet werden, müssen diese mit 2-Punkt-Beckengurten, Außensitze jedoch mit 3-Punkt-Automatikgurten ausgerüstet werden.
- Sind in Fz ab Erstzulassung 1.4.1974 mit ehemaligen Lkw-Aufbauten keine geprüften *Verankerungspunkte* für Sicherheitsgurte vorhanden, so müssen diese mit Originalteilen in gleicher Anordnung nachgerüstet werden, wie sie im vergleichbaren FzTyp als Pkw-Kombi serienmäßig vorhanden sind, oder an Hand einer Genehmigung oder eines Prüfberichts nachgerüstet und begutachtet werden.
- Bei Nachrüstungen in Fz ab Erstzulassung 1.1.1992 müssen die Verankerungspunkte die Anforderungen der Rili 76/115/EWG erfüllen.
  Dies gilt nicht für Klappsitze (Notsitze) und Sitze, die nicht nach vorn gerichtet sind.

Einstiege/Fenster

- Die erforderliche Anzahl von Fenstern ist vom Vorhandensein einer Trennwand zwischen Führerhaus und Fahrgastraum abhängig:

mit Trennwand	je ein Fenster im Fahrgastraum beidseitig *oder* ein Fenster seitlich im Fahrgastraum *und* ein Fenster in der Rückwand
ohne Trennwand	ein Fenster in der Rückwand *oder* ein Fenster seitlich im Fahrgastraum.

- Ist das Führerhaus vom Fahrgastraum durch eine durchgehende Wand abgetrennt, muss gewährleistet werden, dass der Fahrgastraum im ausreichenden Maße *beheizt* und *belüftet* werden kann. Dies ist z. B. durch den Einbau einer Zusatzheizung oder eines Ausstellfensters zu realisieren. Außerdem muss ständig ein direkter *optischer* und *akustischer* Kontakt gegeben sein, was z. B. durch den Einbau, eines von beiden Seiten zu öffnenden Schiebefensters erreicht wird.
- Es müssen mindestens zwei verschiedene *Türen* an verschiedenen FzSeiten vorhanden sein. Wenn der Fahrgastraum vom Führerhaus abgetrennt ist, muss diese Forderung auch im Fahrgastraum realisiert werden. Die Türen müssen *Schlösser* mit Sicherungs- und Vollschließstellung haben, und von innen zu entriegeln sein.
- Die unterste *Trittstufe* soll sich maximal 400 mm über dem Erdboden befinden.

- **Abgas- und Geräuschverhalten**
  - Das Fz muss hinsichtlich seines *Abgas-* und *Geräuschverhaltens* mindestens die Anforderungen erfüllen, die zum Zeitpunkt des ersten Inverkehrbringens des Fz für einen vergleichbaren Pkw mindestens erforderlich waren.
- **Sonstige Anforderungen**
  - Eine Sicherung gegen *unbefugte Benutzung* muss vorhanden sein, was in der Regel durch das Vorhandensein eines Lenkradschlosses gegeben ist.
  - Die *Bremsanlage* muss der Rili 71/320/EWG für die FzKlasse M1 entsprechen oder nach der Richtlinie zum § 41 StVZO geprüft sein.
- **Feststellung der geänderten fahrzeugspezifischen Daten**
  - Da das zulässige Gesamtgewicht für Pkw-Kombi auf maximal 2,8 t begrenzt ist, ist es häufig erforderlich eine *Ablastung* des Fz unter Beachtung des verbleibenden Nutzlastanteils vorzunehmen.
  - Es ist zu beachten, dass die *Anzahl der Sitze*, die während der Fahrt besetzt werden dürfen, multipliziert mit 75 kg, nicht größer sein darf, als die Differenz von zulässigem Gesamtgewicht und Leergewicht.
  - Die *gebremste Anhängelast* darf nicht größer als das zulässige Gesamtgewicht, die ungebremste Anhängelast nicht größer als das um 75 kg erhöhte Leergewicht sein, jedoch nicht mehr als 750 kg betragen.
  - Das *Leergewicht* muss neu festgelegt werden, wobei das Gewicht des Fahrers von 75 kg nicht einbezogen wird.
  - Die Nutzlastangabe entfällt beim Pkw-Kombi.

c) Bestätigung des ordnungsgemäßen Ein- oder Anbaus

Inhalt und Bedeutung der Bestätigung siehe Seite 89

d) Meldung an die Zulassungsbehörde

Aufgrund der Änderung der FzArt und der damit verbundenen Auswirkungen auf die KfzSteuer ist eine unverzügliche Berichtigung der FzPapiere erforderlich.

Änderung FzArt Lkw in Pkw

Beispieleintrag Zulassungsbescheinigung Teil I

– bei FzArt Änderung in Pkw-Kombi bis 31.12.1995:

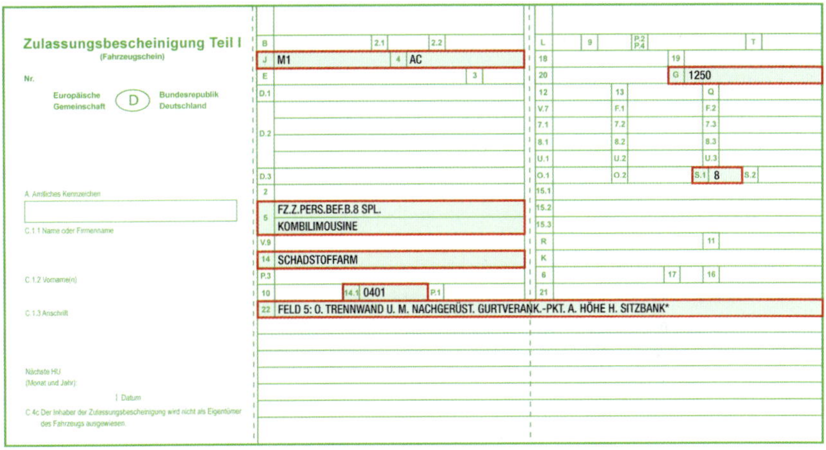

Zulassungsbescheinigung Teil I
(Fahrzeugschein)
Nr.
Europäische Gemeinschaft (D) Bundesrepublik Deutschland
A Amtliches Kennzeichen
C.1.1 Name oder Firmenname
C.1.2 Vorname(n)
C.1.3 Anschrift
Nächste HU (Monat und Jahr):
Datum
C.4c Der Inhaber der Zulassungsbescheinigung wird nicht als Eigentümer des Fahrzeugs ausgewiesen.

J M1 | 4 AC
G 1250
S.1 8
5 FZ.Z.PERS.BEF.B.8 SPL. KOMBILIMOUSINE
14 SCHADSTOFFARM
14.1 0401
22 FELD 5: O. TRENNWAND U. M. NACHGERÜST. GURTVERANK.-PKT. A. HÖHE H. SITZBANK*

– bei FzArt Änderung in Pkw ab 1.1.1996:

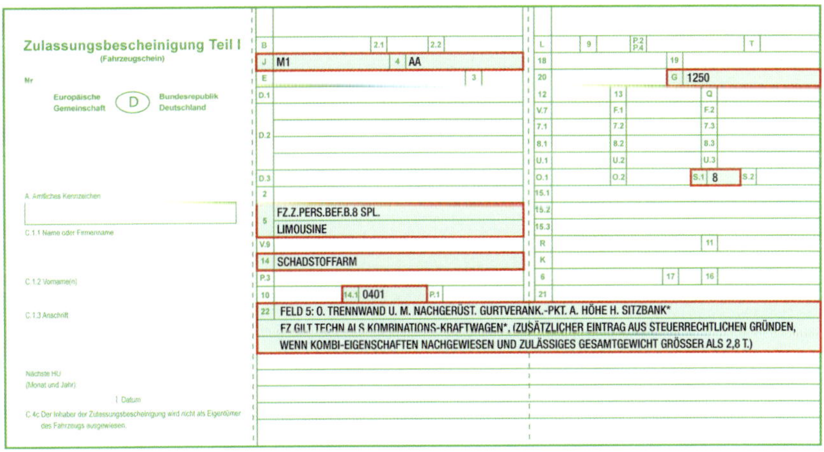

Zulassungsbescheinigung Teil I
(Fahrzeugschein)
Nr.
Europäische Gemeinschaft (D) Bundesrepublik Deutschland
A Amtliches Kennzeichen
C.1.1 Name oder Firmenname
C.1.2 Vorname(n)
C.1.3 Anschrift
Nächste HU (Monat und Jahr):
Datum
C.4c Der Inhaber der Zulassungsbescheinigung wird nicht als Eigentümer des Fahrzeugs ausgewiesen.

J M1 | 4 AA
G 1250
S.1 8
5 FZ.Z.PERS.BEF.B.8 SPL. LIMOUSINE
14 SCHADSTOFFARM
14.1 0401
22 FELD 5: O. TRENNWAND U. M. NACHGERÜST. GURTVERANK.-PKT. A. HÖHE H. SITZBANK*
FZ GILT TECHN ALS KOMBINATIONS-KRAFTWAGEN*, (ZUSÄTZLICHER EINTRAG AUS STEUERRECHTLICHEN GRÜNDEN, WENN KOMBI-EIGENSCHAFTEN NACHGEWIESEN UND ZULÄSSIGES GESAMTGEWICHT GRÖSSER ALS 2,8 T.)

Änderung FzArt Lkw in Pkw

Hinweis für Hauptuntersuchungen und Polizeikontrollen

- **Teilekennzeichnung**
  - ohne
  - Änderungsumfang (TGA)
- **Nachweismöglichkeiten durch den FzHalter**
  - FzPapiere
  - Änderungsabnahme-Bestätigung (TGA)
  - Berichtigung der FzPapiere unverzüglich erforderlich
- **Besonderheiten**

  Auffälligkeiten, durch die eine Änderung der FzArt erkannt werden kann und die ggf. zum Erlöschen der Betriebserlaubnis des Fz führen können:
  - Nicht der FzArt entsprechende Ausrüstung

Änderung FzArt Pkw in Wohnmobil

Liegt für die Änderung der FzArt eine Genehmigung oder ein Teilegutachten vor, ist eine Änderungsabnahme nach § 19 Abs. 3 StVZO durchzuführen. Häufig führt die Änderung der FzArt jedoch auf Grund der damit verbundenen aufwändigen Umbaumaßnahmen und entsprechend hohem Prüfungsaufwand zum Erlöschen der Betriebserlaubnis. Für die Wiedererteilung der Betriebserlaubnis nach § 21 StVZO ist dann ein Gutachten eines aaS beizubringen.

Einstufungskriterien

Um einen Pkw-Kombi nach erfolgtem Umbau als sonstiges Kfz-Wohnmobil einstufen zu können, muss folgende festeingebaute Mindestausstattung im Wohnteil vorhanden sein:

- Sitzgelegenheit mit Tisch
- Schlafplätze (auch Sitze, die zu Schlafplätzen umgewandelt werden können)
- Küche bzw. Kocheinrichtung
- Schrank bzw. Stauraum

Der visuelle Eindruck eines für Wohnzwecke geeigneten und bestimmten Raums muss gegeben sein, wobei eine volle Stehhöhe nicht gefordert werden kann.

Vorschriften und Richtlinien

- **Auswahl**
  - StVZO, insbes. §§ 20, 21, 25, 30, 35a, 42
  - FZV
  - FzTV in Verbindung mit TA-Nr. 27 und 29 (Heizungen/Scheiben) VkBl. 1990 S. 231 bzw. 1988 S. 679, KIRSCHBAUM StVZO-Kommentar
  - VdTÜV-Merkblatt 740 – Wohnmobil
  - DVGW-Arbeitsblatt G 607 – Flüssiggas

Abnahme des ordnungsgemäßen Ein- oder Anbaus

a) Identifikation und Prüfung auf Übereinstimmung mit Prüfzeugnissen

- **Fahrzeug**

  Identifizierungsmerkmale siehe Abbildung auf Seite 207

- **Umbauteile**
  - Kennzeichnung
  - Hersteller/Typ
  - Ggf. andere Kennzeichnung lt. Prüfzeugnis
  - Werkstoff
  - Abmessungen

- **Prüfung auf Einhaltung des Verwendungsbereichs**

- **Ggf. Prüfung auf Verwendbarkeit im Zusammenhang mit Mehrfachänderungen (zeitgleich oder zeitlich versetzt)**

b) Prüfung des Ein- oder Anbaus

- **Prüfung auf Einhaltung der zutreffenden Beschränkung, Auflagen und Hinweise aus den Prüfzeugnissen bzw. Begutachtung des umgebauten Fz**

  Beispiele

- **Festigkeit**
  - Ein Festigkeitsnachweis ist in der Regel *nicht erforderlich* bei geringfügigen Änderungen am FzAufbau, z. B.: Einbau von Dachluken oder Fenstern, Änderungen an nichttragenden Verkleidungsteilen.
  - Ein Festigkeitsnachweis ist in der Regel *erforderlich* bei erheblichen Änderungen am FzAufbau bzw. Eingriff in die tragende Struktur, z. B.: Herausnahme von Trennwänden; Durchtrennen von Holmen, Streben, Knotenblechen; Einbau von Hub- oder Hochdächern; Türen, Änderungen mit evtl. Auswirkungen auf die Festigkeit von Sitz- und Gurtverankerungspunkten.

Werkstoff der Außenteile

- Bei Umbauten vom Pkw-Kombi zum „Sonstiges Kfz-Wohnmobil" ändert sich diesbezüglich in der Regel nur der Dachaufbau. Dazu ist ein Gutachten über die Feuer- und Splittersicherheit des verwendeten Werkstoffs beizubringen.

Ausstattung

- Die *Ausstattung* und *Gestaltung* des Wohnteils muss so beschaffen sein, dass in jeder möglichen Situation (z. B. bei Unfallstoß) die Gefährdung oder das Ausmaß von Verletzungen möglichst gering gehalten wird (Schranksicherungen, scharfe Kanten etc.).
- Der *Fußbodenbelag* sollte rutschsicher ausgeführt sein.
- Eine direkte optische und akustische *Verständigungsmöglichkeit* vom Wohnteil zum FzFührer muss gegeben sein (Wechselsprechanlage), wenn sich im Wohnteil Sitzplätze befinden, die während der Fahrt besetzt werden dürfen. Ein „Sich-bemerkbar-machen" durch Gesten, Klopfen, Klingeln etc. ist nicht ausreichend.
- Eine *Zusatzheizung* ist in der Regel bauartgenehmigungspflichtig und unterliegt in der Regel einer Einbauabnahme entsprechend der Einbauanweisung.
- Eine ausreichende *Belüftung* und *Beheizung* des Wohnteils muss gegeben sein, wenn sich im Wohnteil Sitze befinden, die während der Fahrt besetzt werden dürfen. Eine Wechselwirkung zwischen Be- und Entlüftung und der Auspuffanlage des Fz bzw. der Zusatzheizung muss ausgeschlossen werden.

Einstiege/Notausstiege/Fenster

- *Einstiege* in den Wohnteil sollen auf der rechten FzSeite liegen, wobei die unterste Trittstufe nicht höher als 400 mm über der Standfläche liegen sollte. Dies ist in der Regel beim Umbau eines Pkw-Kombi bereits gegeben.
- Von allen Sitzen müssen mindestens zwei unabhängige *Fluchtwege* (Notausgänge und Notausstiege) zu verschiedenen FzSeiten führen.
- Anforderungen an *Notausgänge* (Türen):
  - Mindestens erforderliche lichte Öffnungsfläche 0,65 m^2
  - Mindestbreite 0,50 m
  - Mindesthöhe 1,00 m
  - müssen sich von innen auch dann öffnen lassen, wenn sie von außen verschlossen sind.
- Anforderungen an *Notausstiege* (Fenster, Luken, Klappen):
  - Mindestens erforderliche lichte Öffnungsfläche 0,25 m^2
  - Mindestbreite und Mindesthöhe 0,40 m
  - müssen sich nach außen öffnen oder horizontal verschieben lassen.
- Die erforderliche Anzahl von *Fenstern* ist vom Vorhandensein einer Trennwand zwischen Führerhaus und Wohnteil abhängig (wenn sich im Wohnteil Sitze befinden, die während der Fahrt besetzt werden dürfen):

mit Trennwand	je ein Fenster seitlich im Wohnbereich *oder* ein Fenster seitlich im Wohnbereich *und* ein Fenster in der Rückwand
ohne Trennwand	ein Fenster in der Rückwand *oder* ein Fenster seitlich im Wohnbereich.

- Alle *Scheiben* aus Sicherheitsglas sind unabhängig vom Verwendungszweck bauartgenehmigungs- und kennzeichnungspflichtig. Kunststoffscheiben sind zulässig, wenn ihre Eignung nach TA Nr. 29 durch eine Allgemeine Bauartgenehmigung bzw. durch einen entsprechenden Prüfbericht eines Technischen Dienstes nachgewiesen ist. Der Einbauort ist in dem Prüfzeugnis beschrieben.

Sitze und Sicherheitsgurte (Verankerungen)

- Alle *Sitze*, die während der Fahrt nicht besetzt werden dürfen, müssen entsprechend gekennzeichnet sein.
- Alle Sitze, die während der Fahrt besetzt werden dürfen, müssen den Vorschriften des § 35a StVZO entsprechen. Sie müssen sicheren Halt bieten und allen im Betrieb auftretenden Beanspruchungen standhalten.
- Freie Höhe über Sitzfläche = 940 mm, Sitzfläche = 400 mm über Fußboden, Sitzbreite = 450 mm, Sitztiefe = 380 mm, Lehnenhöhe = 400 mm, Fußraum = 270 mm.
- Sitzkissen und Rückenlehnenpolster sind gegen Verrutschen zu sichern.
- Fz müssen in Bezug auf *Rückhalteeinrichtungen* (Sicherheitsgurte) und deren Verankerungen folgenden Anforderungen gerecht werden, damit der Sitz während der Fahrt besetzt werden darf:

  Erstzulassung bis 31.12.1991
  - Bauartgenehmigte Sicherheitsgurte an Verankerungspunkten mit ausreichender Festigkeit für Sitze in Fahrtrichtung, vor denen sich keine gepolsterte Abstützmöglichkeit befindet
  - Geeignete Abstützungen für quer zur Fahrtrichtung angeordnete Sitzplätze
  - Kopfstützen für Sitzplätze, die entgegen der Fahrtrichtung angeordnet sind.

  Erstzulassung ab 1.1.1992
  - Geprüfte Verankerungspunkte und bauartgenehmigte Sicherheitsgurte für alle in Fahrtrichtung angeordneten Sitze für alle anderen Sitzplatzanordnungen gelten die vorgenannten Anforderungen.

Flüssiggasanlagen

- Die *Flüssiggasanlage* muss in vollem Umfang dem DVGW-Arbeitsblatt G 607 entsprechen. Die Überprüfung der Installation der Anlage muss durch einen hierzu berechtigten Sachkundigen durchgeführt und auf der Prüfbescheinigung G 607 bescheinigt werden.

Leergewicht/Achslasten

- Das *Leergewicht* muss nach dem Umbau neu ermittelt werden, dazu gehören:
  - Alle festen Einrichtungen und Ausstattungen
  - Alle leeren Frischwasser-, Abwasser- und Flüssiggasbehälter
  - Alle gefüllten fest eingebauten Kraftstoffbehälter.
- Als *Mindestzuladung* sollen pro Sitzplatz, der während der Fahrt benutzt werden darf, mindestens 75 kg verfügbar sein.
- Die *Achslasten* und das zulässige Gesamtgewicht sind vom BasisFz zu übernehmen, eventuelle Achslasterhöhungen bedürfen eines zusätzlichen Prüfzeugnisses (z. B. für geänderte Federn).

c) Bestätigung des ordnungsgemäßen Ein- oder Anbaus

Inhalt und Bedeutung der Bestätigung siehe Seite 89

d) Meldung an die Zulassungsbehörde

Aufgrund der Änderung der FzArt und der damit verbundenen Auswirkungen auf die KfzSteuer ist eine unverzügliche Berichtigung der FzPapiere erforderlich.

Beispieleintrag Zulassungsbescheinigung Teil I

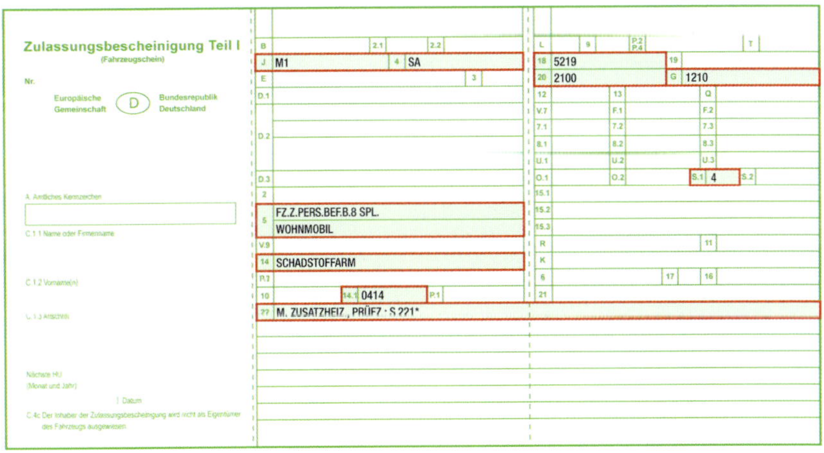

Wird das zulässige Gesamtgewicht erhöht, muss auch diese Änderung in den FzPapieren erfasst werden (zul. Achslasten, zul. Gesamtgewicht).

Fz mit nicht fest installierter Einrichtung, die nur wahlweise als Wohnmobil ausgerüstet werden, behalten ihre ursprüngliche FzArt. Der wahlweise Rüstzustand wird unter Feld 22 der Zulassungsbescheinigung eingetragen.

Hinweis für Hauptuntersuchungen und Polizeikontrollen

- **Teilekennzeichnung**
  - ohne
  - Änderungsumfang (TGA)
- **Nachweismöglichkeiten durch den FzHalter**
  - FzPapiere
  - Änderungsabnahme-Bestätigung (TGA)
  - Berichtigung der FzPapiere unverzüglich erforderlich
- **Besonderheiten**

  Auffälligkeiten, durch die eine Änderung der FzArt erkannt werden kann und die ggf. zum Erlöschen der Betriebserlaubnis des Fz führen können:
  - Nicht der FzArt entsprechende Ausrüstung

Anbau von lichttechnischen Einrichtungen und Nachrüstsystemen

Zur Verbesserung physikalisch-optischer Eigenschaften der Einrichtungen an sich, sowie aus Gründen der Veränderung des Aussehens des Fz und dessen Auffälligkeit werden serienmäßig am Fz montierte lichttechnische Einrichtungen gegen solche anderer Form oder Bauart getauscht oder zusätzliche lichttechnische Einrichtungen (Systeme) am Fz angebaut.

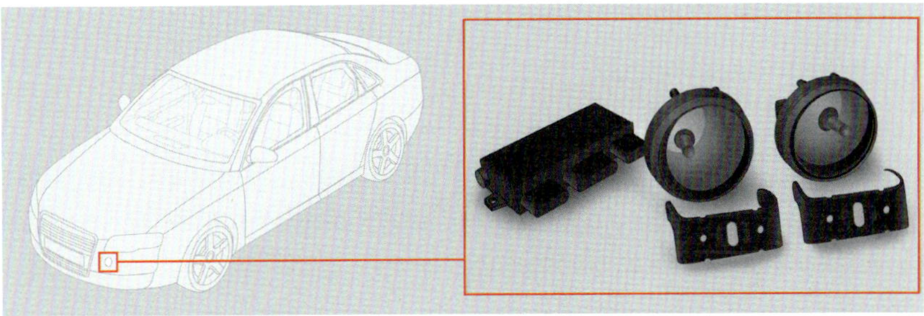

Mögliche Gefährdung

- **Unsachgemäßer Ein- oder Anbau**
- **Negative Beeinflussung des Brandverhaltens und der Feuersicherheit**
- **Negative Beeinflussung der passiven Verkehrssicherheit**
- **Falsche elektrische Schaltung**
- **Manipulationen an bauartgenehmigten lichttechnischen Einrichtungen und/oder Lichtquellen**

Achtung!

Die vorstehend beschriebenen Gefährdungspotenziale derartiger Änderungen führen im Regelfall nicht zum Erlöschen der Betriebserlaubnis. Vielmehr handelt es sich meist um „unzulässige Änderungen", durch die ein so verändertes Fz „unvorschriftsmäßig" wird.

Änderungsbeispiele

Konventionelle lichttechnische Einrichtungen

- Austausch von Leuchten (z.B.: Rückleuchteneinheit mit geänderter Optik, LED-Technik)
- An- oder Einbau zusätzlicher Leuchten (z.B.: Tagfahrleuchten)
- Umrüstung von Scheinwerfern mit Glühlampen auf Scheinwerfer mit Gasentladungs-Lichtquellen
- Unterbodenbeleuchtung
- Einstiegsleuchten

Lichttechnische Nachrüstsysteme

- An- oder Einbau von Abbiegescheinwerfern
- An- oder Einbau von dynamischen Kurvenleuchten
- Rückrüstung von lichttechnischen Systemen

Vorschriften und Richtlinien

Auswahl

- StVZO, insbesondere §§ 19, 22a, 30, 49a bis 54
- § 10 FZV
- Beispielkatalog zum § 19 StVZO
- Rili 76/756/EG, 93/92/EG
- ECE R 48 und jeweils zutreffende ECE-Regelungen zur Bauartgenehmigung

Abnahme des ordnungsgemäßen Ein- oder Anbaus

Eine Abnahme des ordnungsgemäßen Ein- oder Anbaus ist vorgeschrieben, wenn dies aus den für die Durchführung der Änderung vorgelegten Prüfzeugnissen hervorgeht.

Aufgrund der Art der Änderungen von elektronisch geregelten lichttechnischen Einrichtungen werden von den Technischen Diensten Teilegutachten für die Änderungsumfänge erstellt.

Wesentlich ist die für die jeweilige lichttechnische Einrichtung erteilte Bauartgenehmigung einschließlich der dazugehörigen Anbau- und Schaltungsvorschriften.

a) Identifikation und Prüfung auf Übereinstimmung mit Prüfzeugnissen

Fahrzeug

Identifizierungsmerkmale siehe Abbildung auf Seite 214

Lichtechnische Einrichtungen/Nachrüstsystem

siehe jeweilige Erläuterungen

b) Prüfung des Ein- oder Anbaus

Konventionelle lichttechnische Einrichtungen

- **Folgende spezifische Festlegungen sind zu beachten**

- **Austausch von konventionellen bauartgenehmigten lichttechnischen Einrichtungen**

Der Austausch von jeweils bauartgenehmigten lichttechnischen Einrichtungen berührt den Fortbestand der Betriebserlaubnis des Fz in der Regel nicht, da deren Beschaffenheit vorgeschrieben ist oder deren Betrieb eine Gefährdung von Verkehrsteilnehmern nicht erwarten lässt.

Die Wirksamkeit der Bauartgenehmigung einer lichttechnischen Einrichtung ist nicht von einer Abnahme des Anbaus abhängig.

Das Fz ist als vorschriftsmäßig zu betrachten sofern Art, Anzahl und Anbaulage am Fz unverändert sind.

Dies gilt gleichermaßen, wenn durch eine geänderte Anbaulage die entsprechenden Anbau- und Schaltungsvorschriften erfüllt sind.

- **Umrüstung von Scheinwerfern mit Glühlampen auf Scheinwerfer mit Gasentladungs-Lichtquellen**

Der Austausch von Scheinwerfern mit Glühlampen gegen solche mit Gasentladungs-Lichtquellen ist auch unter den vorstehend beschriebenen Bedingungen grundsätzlich möglich. Sowohl der Scheinwerfer als auch die Lichtquelle müssen dafür bauartgenehmigt sein.

Zusätzlich sind folgende Voraussetzungen zu erfüllen (§ 50 Abs. 10 StVZO):

- Automatische Leuchtweiteregelung
- Scheinwerferreinigungsanlage*
- Dauereinschaltung des Abblendlichts auch bei Fernlicht

Insbesondere sind hier die Übergangsvorschriften des § 50 StVZO zu betrachten.

Der Einbau von nicht bauartgenehmigten Einrichtungen, z. B. die Verwendung von Gasentladungslichtquellen auf anderen als dafür vorgesehenen Sockeln (also Lichtquellen ohne Bauartgenehmigung), führt zum Erlöschen der Bauartgenehmigung des Scheinwerfers und hier zum Erlöschen der Betriebserlaubnis des Fz.

- **Unterbodenbeleuchtung**

Am FzBoden angebrachte „Unterbodenbeleuchtungen" sind Leuchten, die zu

---

* *Anmerkung:* Unbedenklichkeitsbescheinigungen über die nicht erforderliche Ausrüstung mit einer Automatischen Leuchtweiteregelung und/oder einer Scheinwerferreinigungsanlage sind durch die Vorschriften des § 50 Abs. 10 StVZO in Verbindung mit den dazu geltenden Übergangsbestimmungen gegenstandslos geworden und somit unzutreffend!

den nicht zulässigen lichttechnischen Einrichtungen zählen. Durch diese Einrichtungen kann die Wirkung der vorgeschriebenen lichttechnischen Einrichtungen beeinträchtigt werden. Darüber hinaus ist die Einrichtung unzulässig, weil andere Verkehrsteilnehmer dadurch abgelenkt werden können. Außerdem ist eine Vermehrung von Lichtzeichen im Verkehr grundsätzlich unerwünscht.

Auch „abschaltbare" Einrichtungen (Nutzung nur im Stand) sind demzufolge unzulässig.

Einstiegsleuchten

Dem Stand der Technik entspricht die serienmäßige Ausstattung von Kfz mit Einstiegsbeleuchtungen, deren Wirkung der bisher alleinigen FzInnenbeleuchtung angelehnt ist. Derartige Beleuchtungen können auch im Rahmen nachträglicher technischer Änderungen geschaffen werden und sind zulässig, wenn sie keine Außenwirkung in den Verkehrsraum haben, somit dezent Licht abstrahlen und während des Fahrbetriebs unwirksam sind.

Lichttechnische Nachrüstsysteme

Bei der Nachrüstung von elektronisch angesteuerten Lichtsystemen ist u. a. auf die ggf. besondere Einbaulage und Ausrichtung der Steuergeräte zu achten.

Durch die mögliche gegenseitige Beeinflussung mit der vorhandenen Fahrzeugelektronik kommt dem ordnungsgemäßen Anschluss bzw. der Verkabelung eine ganz besondere Bedeutung zu.

An- oder Einbau von Abbiegescheinwerfern

Durch den zusätzlichen Anbau eines Abbiegescheinwerfers (ggf. als Kombination mit Nebelscheinwerfer) soll eine Verbesserung der Sichtverhältnisse im Bereich von Kreuzungen und Abbiegungen gewährleistet werden.

Die Aktivierung erfolgt durch Betätigen des Fahrtrichtungsanzeigers oder automatisch bei Kurvenfahrt über den im Steuergerät integrierten Gierratensensor.

Zu beachten ist:

- dass die Abbiegelichtfunktion gem. ECE-R 48 nur bis zu einer Geschwindigkeit von 40 km/h gegeben sein darf,
- dass durch den Verbau des Nachrüstsystems die höchstzulässige Anzahl von Nebelscheinwerfern (zwei) nicht überschritten werden darf,
- dass durch fehlende Aufschaltung des Geschwindigkeitssignals oder durch manipulierte Kalibrierung die Funktion des Abbiegelichts bei jeder gefahrenen Geschwindigkeit gegeben ist.

Anbringung	zulässig für alle mehrspurigen Fz	Einbaumaße
Anzahl	2 Stück	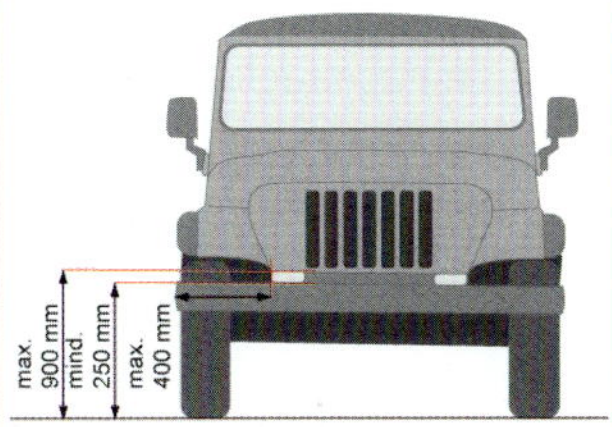
Farbe	weiß	
Anbauhöhe	min. 250 mm, max. 900 mm, jedoch nicht höher als Abblendlicht	
in Längsrichtung	max. 1 000 mm vom vordersten Punkt des Fz entfernt	
Anbaubreite	max. 400 mm vom äußersten Punkt des Fz entfernt	
Geometrischer Sichtwinkel nach vorn	horizontal ± 30°, vertikal 30° bis 60° nach außen	
Einschaltkontrolle	keine	

Die elektrische Schaltung muss so erfolgen, dass die Abbiegeleuchten nur dann eingeschaltet werden können, wenn Fern- und/oder Abblendlicht eingeschaltet sind. Außerdem dürfen sie nur leuchten, wenn die Fahrtrichtungsanzeiger auf derselben Seite des Fz eingeschaltet sind und/oder sich der Lenkeinschlag ausgehend von der Geradeausstellung ändert. Das Ausschalten muss selbsttätig erfolgen, nachdem die Fahrtrichtungsanzeiger erlöschen und/oder die Lenkung in Geradeausstellung zurückkehrt (ggf. zeitversetzt).

– Vorhandene Nebelscheinwerfer sind bei Nachrüstung von Abbiegescheinwerfers, die auch als Nebelscheinwerfer genutzt werden dürfen, auszubauen.

Für die nachträgliche Montage einer Spoilerstoßstange kann es notwendig werden, dass bereits vorhandene Abbiege-/Nebelscheinwerfers ausgebaut werden müssen. In diesem Zusammenhang kann es erforderlich sein, dass das Steuergerät der Abbiege-/Nebelscheinwerfers entsprechend umprogrammiert werden muss, um eventuelle Fehlermeldungen zu vermeiden.

An- oder Einbau von Dynamischen Kurvenleuchten

Je nach System kann in Abhängigkeit von Fahrgeschwindigkeit, Kurvenradius, Gierrate und Lenkeinschlag eine verbesserte Ausleuchtung des Kurvenbereichs durch ein schwenkbares Lichtmodul gewährleistet werden. Dadurch können der Streckenverlauf, Gefahren am Fahrbahnrand oder Hindernisse früher erkannt werden, Fußgänger und Radfahrer sind zeitiger sichtbar. Die Fahrweise kann rechtzeitig dem Streckenverlauf angepasst werden.

Zu beachten ist:

- Wirksamkeit bei jeder gefahrenen Geschwindigkeit
- Funktion des Lichtmoduls wird dabei über die vorhandenen Abblend- und/oder Fernlichtscheinwerfer realisiert.
  Eine eigenständig konfigurierte lichttechnische Einrichtung ist hier somit nicht gegeben. Damit ist die äußerliche Erkennbarkeit und Überprüfung der Funktion außerordentlich erschwert.
- Die nachträgliche Realisierung von Kurvenlicht an vorhandenen Schweinwerfern ist nicht möglich, da dies nur durch Komplettausch der Scheinwerfereinheit zzgl. notwendiger Zusatzkomponenten für die Ansteuerung geschaffen werden kann.
- Eine Manipulation einzelner Bestandteile eines Scheinwerfers (nur Teile des Abblendlichts) ist unzulässig.

c) Bestätigung des ordnungsgemäßen Ein- oder Anbaus

Inhalt und Bedeutung der Bestätigung siehe Seite 89

d) Meldung an die Zulassungsbehörde

Bezüglich der nachträglichen Anbringung bzw. des Austauschs von zulässigen lichttechnischen Einrichtungen bzw. der nachträglichen zulässigen Umrüstung von lichttechnischen Nachrüstsystemen ist keine Berichtigung der FzPapiere vorgeschrieben, aber möglich.

Sie wird aber dennoch empfohlen, um anlässlich von Hauptuntersuchungen oder Polizeikontrollen die Vorschriftsmäßigkeit der durchgeführten Änderungen sicher und schnell an Hand der FzPapiere nachweisen bzw. feststellen zu können.

Beispieleintrag Zulassungsbescheinigung Teil I

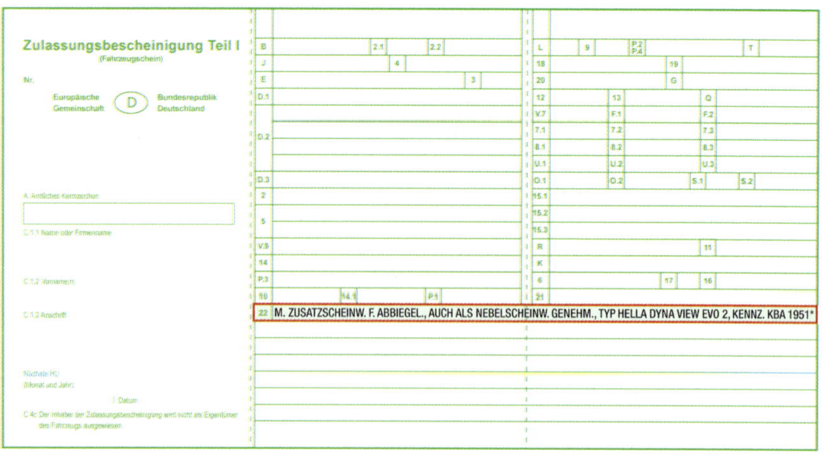
Zulassungsbescheinigung Teil I
(Fahrzeugschein)
Nr.
Europäische Gemeinschaft D Bundesrepublik Deutschland
A Amtliches Kennzeichen
C.1.1 Name oder Firmenname
C.1.2 Vorname(n)
C.1.3 Anschrift
Nächste HU (Monat und Jahr)
Datum
C.4c Der Inhaber der Zulassungsbescheinigung wird nicht als Eigentümer des Fahrzeugs ausgewiesen
22 M. ZUSATZSCHEINW. F. ABBIEGEL., AUCH ALS NEBELSCHEINW. GENEHM., TYP HELLA DYNA VIEW EVO 2, KENNZ. KBA 1951*

Anbau von lichttechnischen Einrichtungen und Nachrüstsystemen

Hinweis für Hauptuntersuchungen und Polizeikontrollen

Für die Montage und den ordnungsgemäßen Betrieb ist zu beachten, dass beim Ein- oder Anbau von lichttechnischen Einrichtungen oder Nachrüstsystemen und insbesondere deren Steuergeräte die Vorschriften der Montageanleitung und die Auflagen der Teilegenehmigungen, insbesondere hinsichtlich Einbaulage und elektrischer Schaltung eingehalten werden.

Teilekennzeichnung

- Nationales Prüfzeichen (ABG)
- EG-Genehmigungszeichen
- ECE-Genehmigungszeichen
- **Abbiegescheinwerfer (Identmerkmal):**
  K = Zulassung Abbiegelicht nach ECE-R 119
  B = Zulassung (auch) als Nebelscheinwerfer nach ECE-R 19
- **Dynamische Kurvenleuchten** (Identifikationsmerkmale des Systems):
  HCR = Zulassung für Scheinwerfer mit Halogen-Fern- und Abblendlicht nach ECE-R 8
  DCR = Zulassung Xenon-Fern- und Abblendlicht nach ECE-R 98

Nachweismöglichkeiten durch den FzHalter

- Ggf. Eintrag in den FzPapieren
- Keine Berichtigung der FzPapiere vorgeschrieben
- Nachweis über Verwendungsbereich ist auf Verlangen vorzuzeigen

Besonderheiten

Auffälligkeiten, durch die eine Gefährdung von Verkehrsteilnehmern zu erwarten ist und die ggf. zum Erlöschen der Betriebserlaubnis des Fz führen können:

- Fehlendes Prüf-/Genehmigungszeichen am Teil
- Fehlender Nachweis der Zulässigkeit
- Veränderung bauartgenehmigter lichttechnischer Einrichtungen oder Verwendung von nicht bauartgenehmigten Lichtquellen

Auffälligkeiten, die auf eine Unvorschriftsmäßigkeit hinweisen:

- Falsche elektrische Schaltung
- Einbaumaße und -bedingungen nicht eingehalten
- Befestigung unzureichend
- Überschreitung der Summe der Referenzzahlen

Veränderung von Scheiben

Veränderungen an bzw. von Scheiben an Fz werden vorgenommen, um insbesondere optische Wirkungen zu erzielen. Durch das Aufbringen von Scheibenfolien kann außerdem das Eindringen in den FzInnenraum erschwert werden (Diebstahlschutz).

Folgende Veränderungen sind üblich:

- *Aufbringen von Aufklebern auf Scheiben*
- *Aufbringen von Scheibenfolien, glasklar oder getönt*
- *Aufbringen von Scheibenlacken*
- *Gravur von Scheiben*

Mögliche Gefährdung

- **Negative Beeinflussung der sicheren Bedienbarkeit**
- **Unvorschriftsmäßige Montage von Scheibenfolien**
- **Verwendung nicht bauartgenehmigter Scheibenfolien**
  - Unterschreitung geforderter Transmissionsgrade von Scheiben die für die Sicht des FzFührers von besonderer Bedeutung sind (Folien, Lacke)
  - Verzerrte Sicht, verfälschte Farberkennung bei Montagen von Tönungsfolien/-lacken an Scheiben, die für die Sicht des FzFührers von besonderer Bedeutung sind

Vorschriften und Richtlinien

- **Auswahl**
  - StVZO §§ 19, 22a, 30, 35b, 40
  - FZV
  - StVO § 23
  - VkBl. 1986 S. 306, KIRSCHBAUM StVZO-Kommentar § 19 Erl. 5

Abnahme des ordnungsgemäßen Ein- oder Anbaus

a) Identifikation und Prüfung auf Übereinstimmung mit Prüfzeugnissen

Eine Abnahme des ordnungsgemäßen Ein- oder Anbaus (im Sinn einer ordnungsgemäß durchgeführten Änderung der Scheiben) ist nur vorgeschrieben, wenn dies aus den für die Durchführung der Änderung vorgelegten Prüfzeugnissen hervorgeht.

Auf Grund der Art der Änderungen ist für die veränderten Scheiben jeweils eine Bauartgenehmigung erforderlich bzw. die Einhaltung einer Beschaffenheitsvorschrift (Scheibenaufkleber) nachzuweisen.

Da sich die Änderungsmaßnahmen im Regelfall unabhängig von einer FzTyp-zuordnung realisieren lassen, ist vor allem die Einhaltung von Anbau- und Verwendungsvorschriften erforderlich.

b) Prüfung des Ein- oder Anbaus

Folgende spezifische Festlegungen sind zu beachten:

- **Aufbringen von Aufklebern auf Scheiben**
  - Bauartgenehmigung und Kennzeichnung für großflächige Aufkleber vorgeschrieben
  - jedoch keine Bauartgenehmigung und Kennzeichnung, wenn
    - die beklebte Fläche < 1000 cm², jedoch nicht mehr als 25 % der Scheibenfläche ausmacht (VkBl. 1986 S. 557, KIRSCHBAUM StVZO-Kommentar zu § 19)
    - die Scheibeneinfassung frei von Aufklebern ist und trotz der Aufkleber das für den FzFührer vorgeschriebene ausreichende Sichtfeld unter allen betriebs- und Witterungsbedingungen gewährleistet ist.

- **Anbringen von Scheibenfolien**
  - Unterscheidung zwischen „Glasklare Folien" und „Getönte Folien"

Glasklare Folien

Folgende Kennzeichnung ist vorgeschrieben:

- Hersteller/Typ der Folie
- Prüfzeichen (ABG-Nr.)

Glasklare Folien sind zulässig an der Innenseite von FzScheiben, jedoch nicht an vorderen Seitenscheiben (innerhalb des 180°-Bereichs = für die Sicht des FzFührers von besonderer Bedeutung), es sei denn der in der ABG ausgewiesene Verwendungsbereich lässt die Anbringung ggf. unter bestimmten Bedingungen auch an diesen Scheiben ausdrücklich zu.

Glasklare Folien sind nicht zulässig an der Windschutzscheibe!

Da auch eine „glasklare" Folie die Lichtdurchlässigkeit einer Scheibe vermindert, sind bestimmte Einschränkungen zu beachten; z.B. ist der Anbau an (werkseitig) getönten vorderen Seitenscheiben nicht möglich!

Auch darf je nach Folie ein bestimmtes Maß der Scheibendicke nicht überschritten sein.

Um die Einhaltung aller Bedingungen sicherzustellen, ist speziell für den Anbaufall „vordere Seitenscheiben" eine Änderungsabnahme vorgeschrieben, da die Wirksamkeit der ABG von dieser abhängig gemacht ist.

Getönte Folien

Folgende Kennzeichnung ist vorgeschrieben:

- Hersteller/Typ der Folie
- Prüfzeichen (ABG-Nr.)

Getönte Folien sind *zulässig* an allen Scheiben, außer Front- und Seitenscheiben, die sich innerhalb des 180°-Bereichs (= für die Sicht des FzFührers von besonderer Bedeutung) befinden.

Getönte Folien sind nicht zulässig an Scheiben, die sich innerhalb des 180°-Bereichs befinden!

Diese Forderung besteht, da insbesondere die Anforderungen bezüglich der Lichtdurchlässigkeit (70 % bei vorderen Seitenscheiben bzw. 75 % bei Frontscheiben) nicht unterschritten werden dürfen und verzerrungsfreie Sicht gewährleistet sein muss.

Als wesentliche Auflage innerhalb der vom KBA erteilten ABG für getönte Folien gilt deshalb:

„Folien (gemeint sind hier ausschließlich getönte Folien), dürfen ausschließlich zum nachträglichen Aufbringen an der Innenseite von FzScheiben, die für die Sicht des FzFührers *nicht von Bedeutung* sind, feilgeboten werden."

Bei eintretenden Sichtfeldeinschränkungen im Bereich der Heckscheibe ist ein zweiter (rechter) Außenspiegel erforderlich.

Der FzFührer hat einen Abdruck der ABG für die Folien mitzuführen.

Diese Mitführpflicht entfällt, wenn eine Änderungsabnahme-Bestätigung gemäß § 19 Abs. 4 StVZO oder ein entsprechender Eintrag in den FzPapieren/Zulassungsbescheinigung vorhanden ist.

Achtung!

Fälschungen von Abdrucken der ABG sind häufig festzustellen und beinhalten dann oft die Aussage zur ausdrücklichen Möglichkeit des nachträglichen Anbringens getönter Folien auch an den Innenseiten der vorderen Seitenscheiben.

Aufbringen von Scheibenlacken

- Eine Kennzeichnung ist vorgeschrieben.
- Scheibenlacke sind zulässig an allen Scheiben, außer Front- und Seitenscheiben, die sich innerhalb des 180°-Bereichs befinden (= für die Sicht des FzFührers von besonderer Bedeutung), wenn geeignete Nachweise der Zulässigkeit vorliegen (z. B. GA eines Technischen Dienstes).

Achtung!

Firmenaufkleber o. Ä. stellen keinen Nachweis für eine im Einzelfall erteilte BG dar!

Gravur von Scheiben

Durch eine Vielzahl von Anbietern werden Kennzeichnungssysteme angeboten, die mittels Eingravieren oder Einätzen von Fahrgestellnummern oder anderen Codierungen auf die Scheiben von Kfz eine Erhöhung des passiven Diebstahlschutzes bieten sollen.

Dabei ist davon auszugehen, dass eine solche Änderung an einem bauartgenehmigten FzTeil zum Erlöschen der für das Fz erteilten Betriebserlaubnis führt. Um diesen Tatbestand zu regeln, ist eine Verlautbarung im Verkehrsblatt mit folgendem Inhalt erschienen (VkBl. 1993 S. 646, §§ 19 Abs. 2, 22a und 40 StVZO; Kennzeichnung von Scheiben als Diebstahlschutz):

„Werden an Scheiben von Fz nachträglich Kennzeichnungen durch Ätzen, Sandstrahlen, Gravieren, mittels Laserstrahlen oder andere Verfahren angebracht, so erlischt nach § 22a StVZO die Bauartgenehmigung der aus Sicherheitsglas bestehenden Scheibe und damit gemäß § 19 Abs. 2 StVZO die für das Fz erteilte Betriebserlaubnis.

Die Betriebserlaubnis erlischt nicht bzw. die Bauartgenehmigung wird nicht unwirksam, wenn die Kennzeichnung (FIN oder Code) bei Windschutzscheiben außerhalb des Wischerbereichs und bei allen anderen Scheiben im unteren sichtbaren Randbereich von nicht mehr als 50 mm Höhe erfolgt und wenn das Kraftfahrt-Bundesamt dem Systemanbieter oder dem KfzHersteller auf Anfrage erklärt hat, dass die nach Art und Größe (maximal 1 000 mm² Schriftfeld) bestimmte Kennzeichnung mit der genannten Bezeichnung unter Einhaltung der beschriebenen Bedingungen keine unzulässige Veränderung der geprüften und genehmigten Eigenschaften des Glases erfolgt.

Der Nachweis der technischen Unbedenklichkeit des Kennzeichnungssystems ist vom Systemanbieter oder dem KfzHersteller gegenüber dem Kraftfahrt-Bundesamt durch ein Gutachten der für die Prüfung von Sicherheitsglas zuständigen Prüfstelle zu führen.

Ein Abdruck der vom Kraftfahrt-Bundesamt abgegebenen Erklärung ist vom Führer des betreffenden Fz mitzuführen und zuständigen Personen auf Verlangen zur Prüfung auszuhändigen; dies gilt nicht, wenn ein entsprechender Eintrag im FzSchein bzw. in der Zulassungsbescheinigung Teil I im Rahmen einer Betriebserlaubnis erfolgt ist."

Unberücksichtigt bei dieser Verkehrsblatt-Verlautbarung bleibt leider, dass eine schwer abschätzbare Zahl von Fz schon so gekennzeichnet wurde, ohne dass in jedem Fall seitens des Systemanbieters die Unbedenklichkeit des Kennzeichnungssystems nachgewiesen wurde und eine entsprechende Erklärung des Kraftfahrt-Bundesamtes vorliegt.

Darüber hinaus wurden vom Kraftfahrt-Bundesamt vor geraumer Zeit Unbedenklichkeitserklärungen für Anbieter abgegeben, ohne dass der Zwang bestand, den FzHalter über die Folgen der vorgenommenen Änderung zu informieren. Dies betrifft mehrere Firmen.

Neue Unbedenklichkeitsbescheinigungen der Anbieter enthalten die Auflage, den FzHaltern die Unbedenklichkeitsbescheinigungen in Kopie mitzugeben. Darauf hinzuweisen ist noch, dass es derzeit keinerlei aus Rechtsvorschriften resultierende *Pflichten zur Kennzeichnung* dieser Art gibt.

c) Bestätigung des ordnungsgemäßen Ein- oder Anbaus

Inhalt und Bedeutung der Bestätigung siehe Seite 89

d) Meldung an die Zulassungsbehörde

Bezüglich der nachträglichen Änderung an und von Scheiben ist keine Berichtigung der FzPapiere vorgeschrieben, aber möglich.

Beispieleintrag Zulassungsbescheinigung Teil I

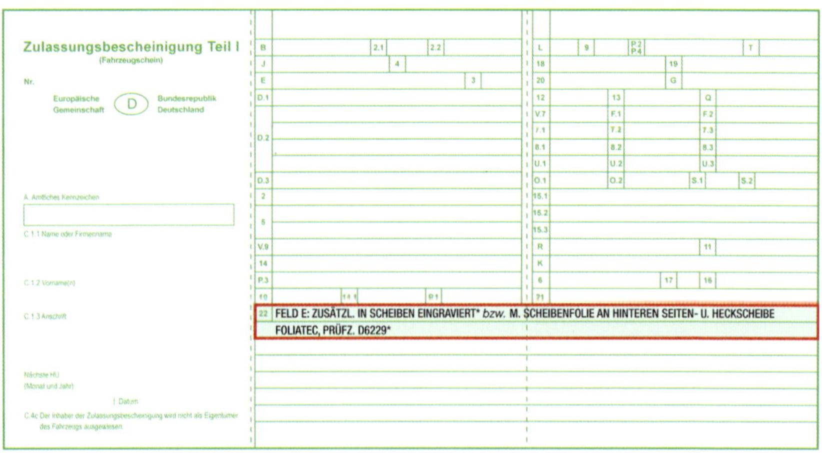
Zulassungsbescheinigung Teil I
(Fahrzeugschein)
Nr.
Europäische Gemeinschaft D Bundesrepublik Deutschland
A. Amtliches Kennzeichen
C.1.1 Name oder Firmenname
C.1.2 Vorname(n)
C.1.3 Anschrift
Nächste HU (Monat und Jahr)
Datum
C.4c Der Inhaber der Zulassungsbescheinigung wird nicht als Eigentümer des Fahrzeugs ausgewiesen

22 FELD E: ZUSÄTZL. IN SCHEIBEN EINGRAVIERT* *bzw.* M. SCHEIBENFOLIE AN HINTEREN SEITEN- U. HECKSCHEIBE FOLIATEC, PRÜFZ. D6229*

Hinweis für Hauptuntersuchungen und Polizeikontrollen

- **Teilekennzeichnung**
  - Nationales Prüfzeichen (ABG)
    z. B.: D 6229
  - Herstellerkennzeichnung
    z. B.: FOLIATEC
- **Nachweismöglichkeiten durch den FzHalter**
  - Teilekennzeichnung
  - Abdruck der Allgemeinen Bauartgenehmigung gemäß § 22a StVZO
  - Ggf. Änderungsabnahme-Bestätigung
  - Ggf. Eintrag in FzPapiere
  - Keine Berichtigung der FzPapiere vorgeschrieben
- **Besonderheiten**

  Auffälligkeiten, durch die eine Gefährdung von Verkehrsteilnehmern erwartet werden kann und die ggf. zum Erlöschen der Betriebserlaubnis des Fz führen können:

  - Ganzflächige Tönungen der Frontscheibe (Folien bzw. Lacke)

  Auffälligkeiten, die auf eine Unvorschriftsmäßigkeit hinweisen können:

  - Tönungen (Folien bzw. Lacke) an den vorderen Seitenscheiben
  - Fehlender Außenspiegel auf der Beifahrerseite bei Tönung der Heckscheibe

Der nachträgliche Anbau eines Ladekrans stellt einen erheblichen Eingriff in das ursprüngliche FzKonzept dar. Auf Grund der Komplexität dieses Eingriffs und des erforderlichen Prüfaufwands ist im Regelfall eine Begutachtung nach § 21 StVZO zur Wiedererteilung der Betriebserlaubnis notwendig. Teilegenehmigungen oder -gutachten sind möglich, sofern der Verwendungsbereich eindeutig benannt werden kann und keine über den üblichen Umfang einer Änderungsabnahme hinausgehenden Prüfungen (z. B. Fahrversuche, Labor- oder Festigkeitsuntersuchungen) erforderlich werden.

Bei einem Ladekran handelt es sich um ein Ladegerät nach dem „Verzeichnis zur Systematisierung von Kfz und ihren Anhängern" – er ist kein Anbaugerät im Sinn von § 53b StVZO. Folgende Hauptanbaulagen werden unterschieden: vorn (hinter Führerhaus), mittig oder hinten.

Mögliche Gefährdung

- **Negative Beeinflussung der Betriebsfestigkeit durch**
  - Nichtbeachtung von Richtlinien, Vorgaben oder Empfehlungen des Fz- oder Ladekranherstellers zur Montage des Ladekrans
  - veränderte Krafteinleitung am Rahmen und/oder Hilfsrahmen
  - mechanische Bearbeitung von tragenden Teilen (z. B. Bohren, Trennen, Schweißen)
  - Verschiebung der Ladefläche gegenüber Originalzustand
- **Verschlechterung des Fahr-, Lenk- und/oder Bremsverhaltens durch veränderte Schwerpunktlage**
- **Unzulässige Veränderung der Umrissgestaltung durch vorstehende Außenkanten**

- **Überschreitung der zulässigen Abmessungen und/oder Gewichte**
- **Unzulässige Einschränkung der geometrischen Sichtbarkeit von lichttechnischen Einrichtungen**
- **Unzulässige Einschränkung der Freiräume zur Bedienung von mechanischen Verbindungseinrichtungen**
- **Möglichkeit einer unbefugten Ingangsetzung des Ladekrans**
- **Möglichkeit einer unbeabsichtigten Lageänderung des Kranauslegers oder anderer Kranteile während der Fahrt (gegenüber der vorgesehenen Transportstellung)**
- **Unzulässige Unterbringung/Befestigung von Reserverad und/oder Unterlegkeile**
- **Unzulässige Einschränkung des (indirekten) Sichtfeldes für den FzFührer**
- **Unzulässige Gestaltung der seitlichen Schutzvorrichtung und/oder des hinteren Unterfahrschutzes**

Vorschriften und Richtlinien

- **Auswahl**
  - StVZO, insbes. §§ 30, 30c, 32, 32b, 32c, 35b, 36a, 38, 41, 42, 43, 49a, 56
  - FZV
  - Rili 70/221/EWG – Unterfahrschutz
  - Rili 70/222/EWG – Anbringung hinteres Kennzeichen
  - Rili 70/311/EWG – Lenkanlagen
  - Rili 71/320/EWG – Bremsanlagen
  - Rili 76/756//EWG – Anbau der Beleuchtungseinrichtungen
  - Rili 89/297/EWG – Seitliche Schutzvorrichtung
  - Rili 94/20/EG – Mechanische Verbindungseinrichtungen sowie ihre Anbringung
  - Rili 97/27/EG – Massen und Abmessungen
  - Merkblatt Sicherung von Kippeinrichtungen sowie von Hub- und sonstigen Arbeitsgeräten an StraßenFz, VkBl. 1999 S. 663 – KIRSCHBAUM StVZO-Kommentar § 30 Erl. 14
  - Rili über die Beschaffenheit u. Anbringung der äußeren FzTeile, VkBl. 1963 S. 478, 1967 S. 14, 1970 S. 654, 1980 S. 10, 1984 S. 538, 1986 S. 482, 1989 S. 787 – KIRSCHBAUM StVZO-Kommentar § 30c Erl. 1
  - Rili für die Sicht aus Kfz, VkBl. 1962 S. 669, 1963 S. 131, 1975 S. 443, 1987 S. 723 – KIRSCHBAUM StVZO-Kommentar § 35b Erl. 1
  - KIRSCHBAUM StVZO-Kommentar § 38 Erl. 6
  - Rili für die Unterbringung von Unterlegkeilen an Kfz und deren Anhängern, VkBl. 1980 S. 775 – KIRSCHBAUM StVZO-Kommentar § 41 Erl. 9

Abnahme des ordnungsgemäßen Ein- oder Anbaus

a) Identifikation und Prüfung auf Übereinstimmung mit Prüfzeugnissen

- **Fahrzeug**
  Identifizierungsmerkmale siehe Abbildung auf Seite 225
- **Ladekran**
  - Hersteller/Typ
  - Ggf. Kennzeichnungen lt. Prüfzeugnis
- **Prüfung auf Einhaltung des Verwendungsbereichs (z. B. hinsichtlich FzTyp und Ausführung)**
- **Ggf. Prüfung auf Verwendbarkeit im Zusammenhang mit Mehrfachänderungen (zeitgleich oder zeitlich versetzt)**

b) Prüfung des Ein- oder Anbaus

- **Prüfung auf Einhaltung der zutreffenden Beschränkungen, Auflagen und Hinweise aus den Prüfzeugnissen**
- **Weitere Prüfung auf Vorschriftsmäßigkeit**
  - Vollständigkeit der für die Umrüstung erforderlichen *Teile*.
  - Die *Verbindung* Ladekran/Hilfsrahmen und Hilfsrahmen/Hauptrahmen hat entsprechend der Montageanleitung zu erfolgen.
  - Ermittlung der *Schwerpunktlage*.
  - Ermittlung des *Leergewichts*; Festlegung der *Nutzlast*.
  - Ermittlung der geänderten *Abmessungen* (L/B/H).
  - Anpassung der *Bremsanlage* entsprechend der neuen Gewichtsverteilung.
  - Anbaumaße und Sichtwinkel der *lichttechnischen Einrichtungen* und des amtlichen *Kennzeichens*.
  - Erschwernisfreie Bedienbarkeit der *Anhängekupplung*.
  - Sicherung des Ladekrans gegen *unbefugte Benutzung* und gegen *unzulässige Lageänderung* in Transportstellung.
  - Sichere Unterbringung des *Reserverads*/der *Unterlegkeile*.
  - Gestaltung der *seitlichen Schutzeinrichtung*/des *Unterfahrschutzes*.
  - Gewährleistung des (indirekten) *Sichtfelds* für den FzFührer.

c) Bestätigung des ordnungsgemäßen Ein- oder Anbaus

Inhalt und Bedeutung der Bestätigung siehe Seite 89

d) Meldung an die Zulassungsbehörde

Aufgrund der Änderung der Aufbauart und der damit verbundenen Auswirkungen auf die zulässigen Massen und Lasten ist eine unverzügliche Berichtigung der FzPapiere erforderlich.

Beispieleintrag Zulassungsbescheinigung Teil I

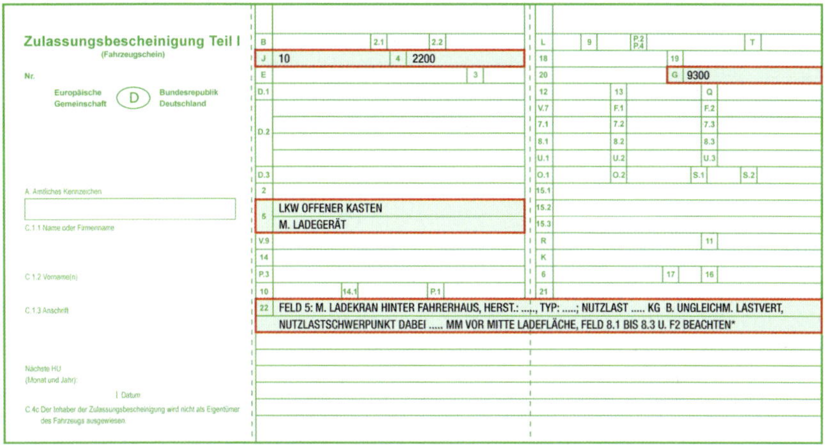

Hinweis für Hauptuntersuchungen und Polizeikontrollen

Teilekennzeichnung

- Herstellerschild

Nachweismöglichkeiten durch den FzHalter

- Eintrag in den FzPapieren
- Berichtigung der FzPapiere unverzüglich erforderlich

Besonderheiten

Auffälligkeiten, durch die eine Gefährdung von Verkehrsteilnehmern erwartet werden kann und die ggf. zum Erlöschen der Betriebserlaubnis des Fz führen können:

- Fehlender Nachweis der Zulässigkeit des FzAufbaus

Änderung der Fahrgastplätze in KOM

In Abhängigkeit der Verkehrsart und der Beförderungsfälle kann es erforderlich sein, dauerhaft oder zeitweise die Art und die Anzahl der Fahrgastplätze in Kraftomnibussen (KOM) zu ändern.

Zu den häufigsten derartigen Änderungen zählen die Schaffung von zusätzlichen Stehplätzen in Reisebussen ohne Änderung der Bestuhlung oder Schaffung von Stehplatzflächen mit bleibender oder wahlweiser Veränderung der Sitzplatzzahl.

Aufgrund einer Vielzahl dabei zu beachtenden Randbedingungen und Vorschriften ist für diese Änderungsart im Regelfall die Begutachtung durch einen amtlich anerkannten Sachverständigen für den KfzVerkehr erforderlich.

Teilegenehmigungen oder -gutachten sind möglich, sofern der Verwendungsbereich eindeutig benannt werden kann und keine über den üblichen Umfang einer Änderungsabnahme hinausgehenden Prüfungen, Messungen und/oder Berechnungen erforderlich werden.

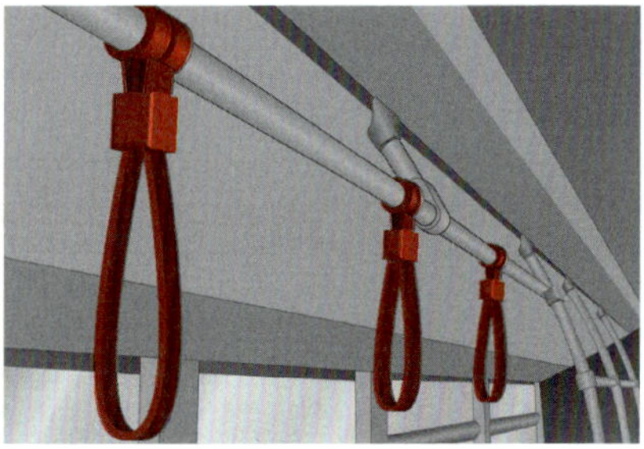

Mögliche Gefährdung

- **Unzureichender Insassenschutz**
- **Überschreitung der zulässigen Gewichte**
- **Verschlechterung des Fahr-, Lenk- und/oder Bremsverhaltens durch veränderte Schwerpunktlage**
- **Negative Beeinflussung der Betriebsfestigkeit durch Nichtbeachtung von Richtlinien, Vorgaben oder Empfehlungen des FzHerstellers**
- **Unzulässige Einschränkung des (indirekten) Sichtfeldes für den FzFührer**

Änderung der Fahrgastplätze in KOM

Vorschriften und Richtlinien

Auswahl

- StVZO, insbes. §§ 34a, 35b, 35f (alt)
- Anlage X zur StVZO (alt)
- Anlage XIII zur StVZO (alt)
- StVZO § 30d (neu)
- FZV
- Rili 2001/85/EG – Besondere Vorschriften für Fz zur Personenbeförderung mit mehr als acht Sitzplätzen außer dem Fahrersitz
- Rili 97/27/EG – Massen und Abmessungen
- Rili zur Beurteilung von Stehplatzflächen in KOM – KIRSCHBAUM StVZO-Kommentar § 34a Erl. 6
- BOKraft §§ 21 und 22
- Anforderungskatalog zur Schülerbeförderung, VkBl. 1996 S. 238 für KOM mit EZ bis 13.2.2005, VkBl. 2005 S. 604 für KOM mit EZ ab 13.2.2005 – KIRSCHBAUM StVZO-Kommentar § 34a Erl. 6

Fahrzeugklassifizierung

Fz mit mehr als 22 Fahrgästen

Klasse I (Stadtlinie)	Fz mit Stehplätzen, die die Beförderung von Fahrgästen auf Strecken mit zahlreichen Haltestellen ermöglichen
Klasse II (Überlandlinie)	Fz, die hauptsächlich zur Beförderung sitzender Fahrgäste gebaut und so ausgelegt sind, dass die Beförderung stehender Fahrgäste im Gang und/oder in einem Bereich, der nicht größer als der Raum von zwei Sitzbänken ist, möglich ist
Klasse III (Reisebus)	Fz, die ausschließlich für die Beförderung sitzender Fahrgäste gebaut sind

Fz mit bis zu 22 Fahrgästen

Klasse A	Fz, die zur Beförderung stehender Fahrgäste ausgelegt sind; ein Fz dieser Klasse verfügt über Sitze, und es müssen Stehplätze vorhanden sein
Klasse B	Fz, die nicht zur Beförderung stehender Fahrgäste ausgelegt sind; in einem Fz dieser Klasse sind keine Stehplätze vorgesehen

Abnahme des ordnungsgemäßen Ein- oder Anbaus

a) Identifikation und Prüfung auf Übereinstimmung mit Prüfzeugnissen

- **Fahrzeug**

  Identifizierungsmerkmale siehe Abbildung auf Seite 233

- **Stehplatz**
  - Anordnung/Ausrüstung
  - Ggf. Kennzeichnungen lt. Prüfzeugnis

- **Prüfung auf Einhaltung des Verwendungsbereichs (z. B. hinsichtlich FzTyp und Ausführung)**

b) Prüfung des Ein- oder Anbaus

- **Prüfung auf Einhaltung der zutreffenden Beschränkungen, Auflagen und Hinweise aus den Prüfzeugnissen bzw. Begutachtung des umgebauten Fz**

- **Weitere Prüfung auf Vorschriftsmäßigkeit**

  Die Änderung der Stehplatzzahl kommt für bestimmte Beförderungsfälle dann in Frage, wenn aufgrund der bisherigen FzKlassifizierung und der dabei festgelegten Anzahl von Sitz- und/oder Stehplätzen der tatsächliche Beförderungsbedarf nicht erfüllt werden kann.

  Wenn eine Erhöhung der Anzahl von Fahrgastplätzen technisch überhaupt möglich ist, dann ist insbesondere auf sich ändernde Vorschriften bei Überschreitung der Grenze von 22 Fahrgastplätzen zu achten.

  Achtung!

  Für Kraftomnibusse mit einer Erstzulassung bis 13. Februar 2005 gelten die Vorschriften der StVZO; bei einer Erstzulassung ab 13. Februar 2005 sind die Vorgaben der Richtlinie 2001/85/EG einzuhalten.

  Folgende wesentliche Kriterien sind dem Prüfzeugnis zu entnehmen bzw. anlässlich der Begutachtung zu bewerten:

- **Stehplatzflächen**

  Stehplatzflächen sind die Flächen, die für stehende Fahrgäste nutzbar gemacht werden können und dürfen.

  Keine Stehplatzflächen

  Welche Flächen keine Stehplatzflächen sind, ergibt sich bei Fz mit einer Erstzulassung bis 13.2.2005 aus den Vorschriften der StVZO und der BOKraft.

Keine zusätzlichen Stehplatzflächen sind bei Fz mit einer Erstzulassung ab 13.2.2005 zulässig bei

- Flächen mit Neigung größer 8 % bei Fz der Klassen I, II und A bzw. größer 12,5 % bei NiederflurFz der Klassen I und II
- Flächen für Rollstuhl-Stellplätze
- allen Flächen, die durch Fahrgäste nicht zugänglich sind, wenn alle Sitzplätze besetzt sind
- Flächen mit Höhe über Fußboden unter 1900 mm

Berechnung der zulässigen Zahl der Plätze

Bei der Berechnung der zulässigen Zahl der Plätze sind unter Berücksichtigung des Leergewichts, des zulässigen Gesamtgewichts und der zulässigen Achslasten des Fz folgende Durchschnittswerte anzusetzen:

	KOM mit EZ bis 13.2.2005, wenn nicht im Gelegenheitsverkehr nach § 46 PBefG eingesetzt	*KOM mit EZ ab 13.2.2005*
Personengewicht	68 kg	68 kg bei Klasse I
	78 kg (einschl. 3 kg Gepäck) bei Reisebussen	71 kg bei Klasse II und III
		250 kg/Rollstuhlfahrer
Spezifischer Belastungswert für Stehplatzflächen	544 kg/m²	
Spezifischer Belastungswert für Gepäckräume	100 kg/m³ Gepäckraum[1)]	
Spezifischer Belastungswert für Dachgepäckflächen	75 kg/m² Dachgepäckfläche[1)]	
Gepäckraumeinschränkung	[1)] Das für die Gepäckbeförderung zu berücksichtigende Gewicht kann sowohl ganz als auch in einem im FzSchein festgelegten Anteil zusätzlich zu der mit Gepäck zulässigen Zahl der Plätze zur Personenbeförderung nutzbar gemacht werden, wenn der entsprechende Gepäckraum beim Betrieb der KOM nicht für die Gepäckbeförderung genutzt wird	

Türen/Sichtfeld/Gangbreite

- Die lichte Höhe der Türen muss betragen:
  - *Bei EZ bis 13.2.2005*
    mind. 1800 mm (gilt für alle Türen)
    (ohne Stehplätze 1650/1500 mm je nach Sitzplatzanzahl).
  - *Bei EZ ab 13.2 2007*
    mind. 1800 bei Kl. I, 1650 mm bei Kl. II, III und A.
- Zur Gewährleistung des vorgeschriebenen Sichtfeldes des FzFührers ist der Fahrerplatz ggf. durch entsprechende bauliche Maßnahmen (Abtrennungen) so zu sichern, dass stehende Personen dies nicht einschränken (nur bis EZ 13.2.2005 gefordert).
  Die Stehplatzhöhe muss in jedem Fall den Vorschriften der Anlage X zur StVZO bzw. Pkt. 7.7.5 der Rili 2001/85/EG entsprechen – mindestens 1900 mm.
- Die Gangbreite muss den Vorschriften der Anlage X zur StVZO bzw. Pkt. 7.7.5 der Rili 2001/85/EG entsprechen, sie muss mindestens 350 mm (anstelle 300 mm nur mit Sitzplätzen) betragen.

Halteeinrichtungen

- Für Stehplätze müssen geeignete Halteeinrichtungen in ausreichender Anzahl vorhanden sein.
- Die Halteeinrichtungen müssen so beschaffen und angeordnet sein, dass sie auch von Kindern benutzt werden können.
- Die Halteeinrichtungen müssen den Vorschriften der StVZO entsprechen und sind entweder als Deckenhaltestangen (Achtung: Stehhöhe!) oder in Verbindung mit den Gepäcknetzen (Herstellerbestätigung betreffs Festigkeit!) und/oder an den Sitzlehnen hinten oder seitlich, (Herstellerbestätigung Sitzhersteller!) auszuführen.
- Für KOM *ab EZ 13.2 2005* nach Rili 2001/85/EG, Anh. I, Pkt. 7.11: Festgelegte Beschaffenheit (Maße, rutschfest, in Kontrastfarbe) und u. a. mind. 1 Haltegriff oder Haltestange pro Stehplatz max. 1500 mm über Fußboden, weitere zulässig bis 1900 mm; bei Stehplatzbereichen direkt an Seiten- oder Rückwänden waagerechte Handläufe parallel zu den Wänden zwischen 800 und 1500 mm über Fußboden.
- Quer angeordnete (waagerechte) Haltestangen sind abzupolstern.

Achtung!

Spezielle Forderungen für KOM zur Erfüllung des Anforderungskatalogs zur Schülerbeförderung: Für Stehplätze müssen geeignete Halteeinrichtungen in ausreichender Anzahl vorhanden sein. Sie müssen so beschaffen und angeordnet sein, dass sie auch von Schülern aller Altersklassen benutzt werden können:

- Höhe der Halteeinrichtungen 800 mm bis 1100 mm über FzBoden
- Mindestgrifflänge für jeden Stehplatz 80 mm.

Besondere Ausrüstungsvorschriften (Auswahl)

In Abhängigkeit von der neuen Gesamtanzahl der Fahrgastplätze sind folgende KOM-spezifische Ausrüstungen zu beachten:

	KOM mit EZ bis 13.2.2005	*KOM mit EZ ab 13.2.2005*
Anzahl der Türen	bis 26 Fahrgastplätze: 1 Fahrgasttür	siehe Tabelle in 2001/85/EG, Anh. I, Pkt. 7.6.1
	> 26 Fahrgastplätze: 2 Fahrgasttüren oder eine Doppeltür	
Mindestanzahl Notausstiege, Notluken, Nottüren	bis 16, bis 22, bis 35, bis 50, bis 80, über 80 Sitzplätze nach Anlage X StVZO	siehe Tabelle in 2001/85/EG, Anh. I, Pkt. 7.6.1
Anzahl der Verbandkästen	bis 26 Fahrgastplätze: 1 Verbandkasten	bis 22 Fahrgastplätze: 1 Verbandkasten
	ab 27 Fahrgastplätze: 2 Verbandkästen	ab 23 Fahrgastplätze: 2 Verbandkästen
Seitliche Verschiebbarkeit von Sitzen		Nur in KOM Klasse III (ohne Stehplätze) zulässig, bei anderen KOM bzw. nachträglicher Zulassung von Stehplätzen Sitze verriegelbar ausführen, Entriegelung nur mittels Werkzeug, Piktogramm reicht nicht (2001/85/EG Pkt. 7.7.5.3)
Kommunikation mit dem Fahrer	KOM mit Stehplätzen deutlich hörbare Verständigungseinrichtungen gem. BOKraft § 21	In Fz der Klassen A, I und II Anzeige des Haltewunsches durch Fahrgäste; vorstehende Knöpfe in Kontrastfarbe, gleichmäßig über Fz verteilt, bei Kl. I und A max. 1200 mm über Fußboden, nach Betätigung Anzeige für Fahrgäste durch eine oder mehrere beleuchtete Anzeigen (z. B. „Bus hält") (2001/85/EG, Pkt. 7.7.9)
Zusätzliche Anforderungen		ab 23 Fahrgastplätze: Abmessungen der Ausstiege, Zugänge zu Betriebstüren und Nottüren, Höhe der Gänge, Nachweis Festigkeit der Aufbaustruktur (Überlebensraum) bei Klassen II und III
Streckenschild im Linienverkehr	Erforderlich bei mehr als 35 Plätzen	
Beschilderung	Angabe der zugelassenen Sitz- und Stehplätze an gut sichtbarer Stelle in gut lesbarer Schrift	

- **Nutzung von Stehplätzen**
  - In Kraftomnibussen dürfen nicht mehr Personen befördert werden, als in den FzPapieren Plätze ausgewiesen sind.
  - Auf Antrag des Verfügungsberechtigten oder aufgrund anderer Vorschriften kann abweichend von der errechneten zulässigen Zahl der Plätze eine auf die Einsatzart der Kraftomnibusse abgestimmte verminderte Platzzahl festgelegt werden.
  - Stehplätze sind nur zulässig, wenn das Fz im Obusverkehr oder im Linienverkehr mit Kraftomnibussen eingesetzt wird.
  - Bei einem Linienverkehr mit Kraftomnibussen, der nicht Orts- oder Nachbarortslinienverkehr ist, kann die Genehmigungsbehörde die Zulässigkeit von Stehplätzen ganz oder teilweise ausschließen.

Achtung!

Spezielle Forderungen für KOM zur Erfüllung des Anforderungskatalogs zur Schülerbeförderung:

- Stehplätze sind in KOM nur in dem Umfang zulässig, wie sie in den FzPapieren ausgewiesen und im Fz angeschrieben sowie vom Schulträger für zulässig erklärt sind (2.8.2.1 des Anforderungskatalogs).
- Nutzung der maximal zulässigen Stehplätze: Ob und in welcher Anzahl die in den FzPapieren ausgewiesenen und im KOM angeschriebenen Stehplätze genutzt werden dürfen, ist vom Einzelfall abhängig und vom Schulträger bzw. Aufgabenträger der Schüler- bzw. Kindergartenkinderbeförderung festzulegen.

  Gründe für eine niedrigere Ausnutzung der nach § 34a StVZO maximal zulässigen Stehplätze können z. B sein:
  - Alter der Schüler
  - Häufigkeit und Dauer der starken Stehplatzbelegung
  - Beförderungsdauer für Schüler
  - Straßen- und Verkehrsverhältnisse auf der Beförderungsstrecke.

c) Bestätigung des ordnungsgemäßen Ein- oder Anbaus

Inhalt und Bedeutung der Bestätigung siehe Seite 89

d) Meldung an die Zulassungsbehörde

Die Eintragungen sind abhängig von den bereits erfolgten sowie von den Betriebsabsichten des FzHalters, insbesondere hinsichtlich einer dauerhaften oder wahlweisen Nutzung der zu beschreibenden Änderung. Aufgrund der Änderung der Sitz- und/oder Stehplatzzahl und der damit verbundenen Auswirkungen auf die zulässigen Massen und Lasten ist eine unverzügliche Berichtigung der FzPapiere erforderlich.

Beispieleintrag Zulassungsbescheinigung Teil I

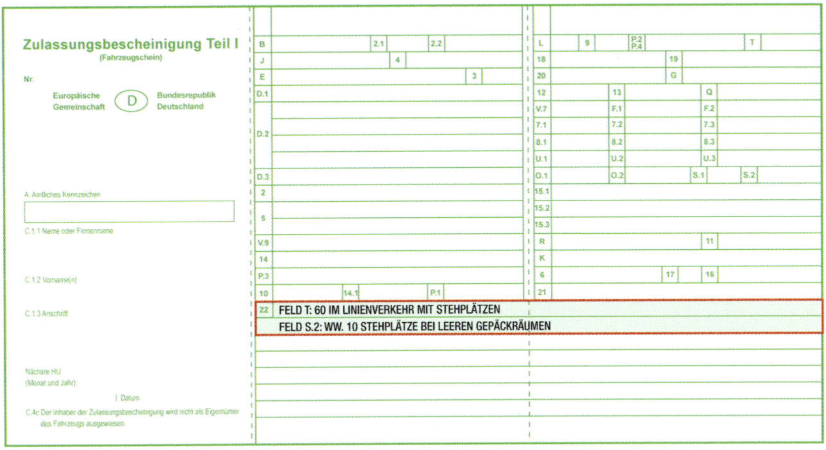
Zulassungsbescheinigung Teil I
(Fahrzeugschein)

FELD T: 60 IM LINIENVERKEHR MIT STEHPLÄTZEN
FELD S.2: WW. 10 STEHPLÄTZE BEI LEEREN GEPÄCKRÄUMEN

Hinweis für Hauptuntersuchungen und Polizeikontrollen

Teilekennzeichnung

- Ggf. Herstellerschild

Nachweismöglichkeiten durch den FzHalter

- Eintrag in den FzPapieren
- Berichtigung der FzPapiere unverzüglich erforderlich

Besonderheiten

Auffälligkeiten, durch die eine Gefährdung von Verkehrsteilnehmern erwartet werden kann und die ggf. zum Erlöschen der Betriebserlaubnis des Fz führen können:

- Fehlender Nachweis der Zulässigkeit der Anzahl der Fahrgastplätze

Spezifische Mängel

- Nothämmer fehlen, Betätigungseinrichtung Notausstiege unwirksam
- Anzahl/Größe der Notausstiege nicht mehr ausreichend, Zugänglichkeit eingeschränkt
- Abschrankung Fahrerplatz fehlt, nicht vorschriftsmäßig (nur bei EZ bis 13.2.2005)
- Angabe der Stehplatzbegrenzung fehlt
- Anzahl der Haltegriffe nicht ausreichend
- Haltegriffe falsch angebracht
- Sitzanordnung nicht vorschriftsmäßig, Gangbreite nicht ausreichend

- Optisches/akustisches Signalsystem fehlt oder ohne Funktion
- Angabe der zulässigen Sitz-/Stehplatzzahl fehlt
- Hinweise auf Verbandkästen und Sitzplätze für Schwerbehinderte fehlen
- Kennzeichnung der Notausstiege fehlt
- Schulbus-Ausrüstung entspricht nicht den Anforderungen (bei Eintrag in FzPapieren)
- Feuerlöscher/Verbandkästen nicht in ausreichender Anzahl vorhanden
- Prüfschild am Feuerlöscher nicht vorhanden oder Prüffrist abgelaufen, Anbringungsort falsch

Nachrüstung von Gasanlagen (Gassystem-Einbauprüfung)

Mit der Nachrüstung von Gasanlagen zum Kfz-Antrieb soll im Allgemeinen der bivalente Antrieb mit dem ursprünglichen und dem Gas-Kraftstoff ermöglicht werden. Die Nachrüstung mit Ziel der monovalenten Nutzung des Gas-Kraftstoffs ist nicht üblich, aber unter bestimmten Voraussetzungen möglich.

Prinzipiell gelten im Zusammenhang mit der Nachrüstung von Gasanlagen zum Kfz-Antrieb andere Verfahren für die Überprüfung gemäß § 41a StVZO. Die hier generell vorgeschriebene sogenannte Gassystem-Einbauprüfung ist ggf. nicht ausreichend, so dass anschließend eine Begutachtung gemäß § 21 StVZO erfolgen muss.

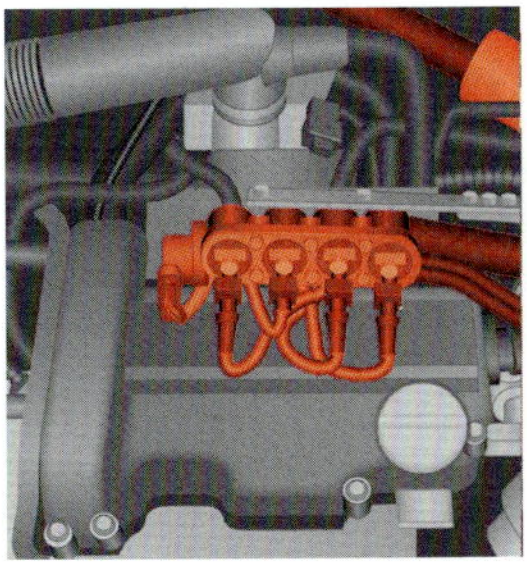

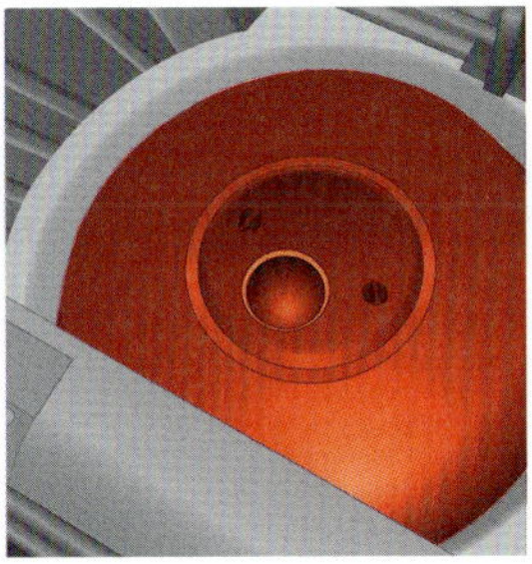

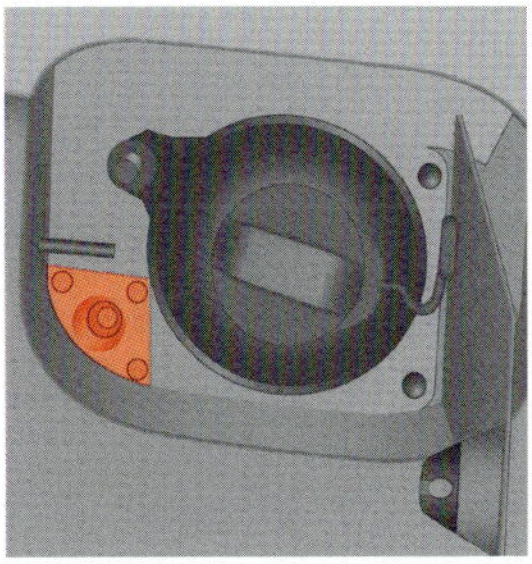

Mögliche Gefährdung

- **Unsachgemäßer Einbau der Gas-Komponenten und daraus folgende Funktionsfehler**
- **Verwendung nicht vorschriftsmäßig genehmigter Gas-Komponenten**
- **Verwendung von zwar genehmigten, aber in ihrer Zusammenstellung ungeeigneten Gas-Komponenten (Stand der Technik des betreffenden Motors nicht beachtet; z. B. Verwendung einer sogenannten Venturi-Gasanlage in Verbindung mit einem Motor, der bereits über zylinderselektive Kraftstoffdosierung verfügt)**
- **Ungenügend geschützter bzw. befestigter Einbau von Gas-Komponenten (insbesondere Tank)**

Nachrüstung von Gasanlagen (Gassystem-Einbauprüfung)

Vorschriften und Richtlinien

Auswahl

- StVZO, insbesondere § 41a, Anlagen XVII u. XVIIa
- FZV
- ECE-R 67 – Genehmigung bezüglich der Anforderungen an Flüssiggas-Bauteile
- ECE-R 110 – Genehmigung bezüglich der Anforderungen an Erdgas-Bauteile
- ECE-R 115 – Genehmigung spezieller Gas-Nachrüstsysteme
- GSP/GAP-Durchführungs-Rili (VkBl. 2006, S. 429), KIRSCHBAUM StVZO-Kommentar § 41a, Erl. 2

Gassystemeinbauprüfung

a) Identifikation und Prüfung auf Übereinstimmung mit Prüfzeugnissen

Fahrzeug

Identifizierungsmerkmale siehe Abbildung auf Seite 237

Gas-Komponenten

- Kennzeichnung
- Einbauschild
- Hersteller/Typ
- ECE-Genehmigungsnummer
- Werkstoff

Ggf. Prüfung auf Einhaltung des Verwendungsbereichs

b) Prüfung des Ein- oder Anbaus

Funktionsprüfung

- Gasabsperrventile
- Kraftstoffwahlschalter
- Steuereinrichtung/Startunterbrechung

Dichtheitsprüfung

- Vorgeschriebener Mindestfüllstand im Gastank
- Kraftstoffwahlschalter auf „Gas"
- Laufender Motor im Gasbetrieb
- Prüfung der Gasdichtheit mit Lecksuchspray oder -gerät
- Ggf. Prüfung bei Motorstillstand nach mindestens zweiminütigem Motorbetrieb

c) Bestätigung des ordnungsgemäßen Ein- oder Anbaus

Dokumentation und Berichtigung der FzPapiere

- Gemäß Muster nach GSP/GAP-Durchführungs-Rili
- Korrektur bzw. Ergänzung der Beschreibung mindestens in den Feldern P.3, 10 und 22 der Zulassungsbescheinigung Teil I
- Beschreibung zum Zweck der Überprüfbarkeit im Rahmen der HU oder anderer Kontrollen bezüglich der hauptsächlichen Gas-Komponenten:
  - Gastank
  - Verdampfer/Druckregler
  - Gasdosiereinrichtung
  - Gassteuergerät
  - Ggf. Genehmigungs-Nummer des Gas-Nachrüstsystems nach ECE-R 115

d) Meldung an die Zulassungsbehörde

Eine Berichtigung der FzPapiere bezüglich einer nachgerüsteten Gasanlage zum Kfz-Antrieb ist unverzüglich vorgeschrieben.

Beispieleintrag Zulassungsbescheinigung Teil I

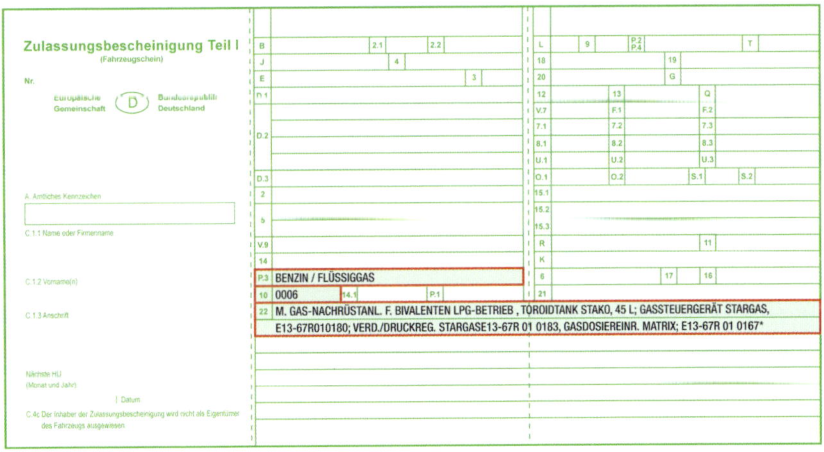
Zulassungsbescheinigung Teil I
(Fahrzeugschein)
Nr.
Europäische Gemeinschaft D Bundesrepublik Deutschland
A Amtliches Kennzeichen
C.1.1 Name oder Firmenname
C.1.2 Vorname(n)
C.1.3 Anschrift
Nächste HU (Monat und Jahr)
Datum
C.4c Der Inhaber der Zulassungsbescheinigung wird nicht als Eigentümer des Fahrzeugs ausgewiesen

P.3 BENZIN / FLÜSSIGGAS
10 0006
22 M. GAS-NACHRÜSTANL. F. BIVALENTEN LPG-BETRIEB , TOROIDTANK STAKO, 45 L; GASSTEUERGERÄT STARGAS, E13-67R010180; VERD./DRUCKREG. STARGASE13-67R 01 0183, GASDOSIEREINR. MATRIX; E13-67R 01 0167*

Betriebserlaubnisgutachten

Generell ist in bestimmter Konstellation eine Begutachtung gemäß § 21 StVZO im Zuge der Nachrüstung einer Gasanlage vorgeschrieben.

Dies ist immer dann der Fall, wenn an Stelle eines speziellen Gas-Nachrüstsystems mit Genehmigung nach ECE R 115 eine Nachrüstanlage verbaut wird, die aus Komponenten besteht, die lediglich jeweils einzeln gemäß ECE-R 67 oder 110 genehmigt sind.

Nachrüstung von Gasanlagen (Gassystem-Einbauprüfung)

Durch die fehlende Genehmigung als Nachrüstsystem und die somit ebenfalls fehlende Zuordnung der Komponenten zu einem fahrzeugtypspezifischen Verwendungsbereich ist diese Begutachtung gemäß § 21 StVZO begründet.

Die im Zuge des Einzelgenehmigungsverfahrens vorgeschriebenen Prüfungen betreffen diejenigen Einzelheiten, die sonst durch die Systemgenehmigung abgedeckt sind.

Hierzu gehören zum Beispiel neben dem FzTyp-Verwendungsbereich:

- Einbau der Komponenten im betreffenden Fz
- Funktion der Gasanlage, insbesondere hinsichtlich der Sicherheit
- Zuordnung der Gasanlage mit ihrem technischen Entwicklungsstand zum betreffenden FzAbgasverhalten des betreffenden Fz in Verbindung mit der Gasanlage

Hinweis für Hauptuntersuchungen und Polizeikontrollen

Teilekennzeichnung

- ECE-Genehmigungszeichen
  z. B. E3 67R 011234
- Bei älteren Gasanlagen (vor April 2006) auch nationales Bauartgenehmigungszeichen nach Druckbehälter-Verordnung

Nachweismöglichkeiten durch den FzHalter

- Nachweis über die erfolgte Gassystem-Einbauprüfung
- Einbau- und Benutzerhandbuch (nicht generell oder durch Mitführpflicht vorgeschrieben, sondern gemäß § 41a Abs. 4 StVZO auf Verlangen den für den Einbau, den Betrieb und die Prüfung verantwortlichen Personen vom Hersteller des Nachrüstsystems oder der Bauteile zur Verfügung zu stellen)
- Eintrag in den FzPapieren

Nachrüstung einer Anhängerstabilisierung für auflaufgebremste Anhänger

Durch die Nachrüstung einer elektronischen Einrichtung an auflaufgebremsten Anhängern wird gezielt in das Anhänger-Bremssystem eingegriffen, um eine Schlingerbewegung des Anhängers zu verhindern und somit eine bessere Fahrstabilität des Anhängerzuges zu gewährleisten.

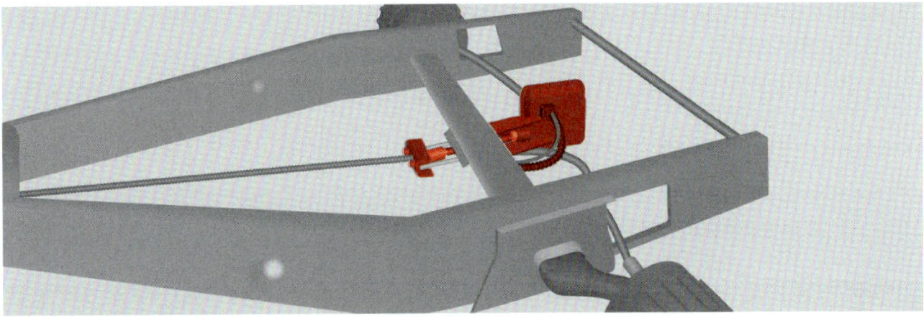

Mögliche Gefährdung

- **Einschränkung der Funktionsfähigkeit**
  - Nichteinhaltung der vorgegebenen Kennwerte des Anhängers (zulässiges Anhänger-Gesamtgewicht, zulässige Achslasten, ...)
  - Verminderte Funktionsfähigkeit durch Nichteinhaltung der Einbaulagevorschriften insbesondere für die Sensoren.
- **Einschränkung der Bodenfreiheit**
  - Verminderte Bodenfreiheit aufgrund Nichteinhaltung der Einbaulagevorschriften; Beschädigungsgefahr!
- **Unvorschriftsmäßige oder fehlerhafte Montage**
  - Verwendung falscher Verbindungselemente, Weglassen von Montageteilen
  - Verwendung von Teilen ohne Prüfnachweis oder mit unzulässigen Nachbearbeitungen
  - Falsche Auswahl oder Anzahl der Seilklemmen bezogen auf den Durchmesser des Bremsseils

Nachrüstung einer Anhängerstabilisierung für auflaufgebremste Anhänger

Vorschriften und Richtlinien

- **Auswahl**
  - StVZO §§ 30, 41, 58
  - FZV
  - Rili 94/20/EG
  - Rili 71/320/EWG; ECE R 13
  - Rili 72/245/EWG (EMV)
  - DIN 13411-5:2003 (DIN Seilklemmen)
  - DIN 72575 (13-polige Steckdose)
  - 9. AusnahmeVO zur StVO)

Abnahme des ordnungsgemäßen Ein- oder Anbaus

Achtung!

Bei nachträglichem Anbau von geprüften Anhängerstabilisierungen ist bei Vorlage eines Teilegutachtens eine unverzügliche Änderungsabnahme erforderlich. Wenn für das System eine Allgemeine Betriebserlaubnis erteilt wurde, muss diese nicht in jedem Fall vorgeschrieben sein; sie ist aus Sicherheits- und Haftungsgründen jedoch immer zu empfehlen.

Ist eine Abnahme vorgeschrieben oder wird sie vom Fahrzeughalter gewünscht, gilt folgender Bearbeitungs-Algorithmus:

a) Identifikation und Prüfung auf Übereinstimmung mit Prüfzeugnissen

- **Fahrzeug**
  - Identifizierungsmerkmale siehe Abbildung auf Seite 242
- **System**
  - Hersteller/Typ
  - Typzeichen (ABE-Nr.)
  - Ggf. andere Kennzeichnung lt. Prüfzeugnis
  - Technische Kennwerte
- **Prüfung auf Einhaltung des Verwendungsbereichs (z. B. hinsichtlich Anhänger-Typ, zGG Anhänger, Achskonstruktion)**

Besonderheit

Die Nachrüstung der elektronischen Anhängerstabilisierung gilt nicht automatisch als Nachweis der Eignung des Anhängers für Tempo 100.

Durch die Nachrüstung von elektronischen Stabilisierungseinrichtungen für auflaufgebremste Anhänger kann dabei ggf. auf einen verbesserten Leergewichts-Faktor infolge der Ausrüstung des Anhängers mit einer Zugkugelkupplung mit Stabilisierungseinrichtung für Zentralachsanhänger gemäß ISO 11555-1 in der Fassung vom 1. Juli 2003 Bezug genommen werden, um eine Gleichsetzung mit dem ebenfalls vorteilhafteren Faktor für Zugfahrzeuge, die mit ESP für den Anhänger ausgerüstet sind, zu erreichen.

Diese Nachweisführung kann für das nachgerüstete System durch den Anhänger- oder Systemhersteller erfolgen.

Erst dann ist unter den durch die Nachrüstung gegebenen technischen Bedingungen eine Bestätigung gemäß 9. Ausnahmeverordnung zur StVO durch einen amtlich anerkannten Sachverständigen einer Technischen Prüfstelle für den Kraftfahrzeugverkehr oder einen Prüfingenieur einer amtlich anerkannten Überwachungsorganisation möglich, die zur Ausstellung einer Bescheinigung der zuständigen Zulassungsbehörde vorzulegen ist.

b) Prüfung des Ein- oder Anbaus

Prüfung auf Einhaltung der zutreffenden Beschränkungen, Auflagen und Hinweise aus den Prüfzeugnissen:

Wenn die elektronische Stabilisierungseinrichtung nur bis 80 km/h zulässig ist, muss ein Geschwindigkeitsschild gem. § 58 StVZO am Anhänger angebracht werden.

Weitere Prüfung auf Vorschriftsmäßigkeit

- Die *Befestigung* hat entsprechend der Montageanleitung zu erfolgen.
- Nur geeignete *Befestigungspunkte* dürfen verwendet werden.
- Die Schraubverbindungen sind mit dem vorgeschriebenen *Anzugsmoment* zu montieren.
- *Sicherungselemente* an Schraubverbindungen müssen vorhanden sein.
- Die *elektrische Schaltung* für die Anhängersteckdose (13-polig) muss richtig und wirksam erfolgen.
- Die vorgeschriebenen *Kennzeichnungen* müssen vorhanden sein (Typschild, Typzeichen, Teilekennzeichnung).
- Das *Bremsseil* der Zusatzeinrichtung muss bei gelöster Handbremse spielfrei sein.
- Das *Bremsgestänge* muss öl- und fettfrei sein.
- Die *maximale Bremskraft* der Zusatzeinrichtung laut Prüfzeugnis ist zu beachten.
- Wenn der Anhänger auf eine *maximale Geschwindigkeit* von 80 km/h beschränkt ist, muss trotz der Verwendung der Anhängerstabilisierung ein Geschwindigkeitsschild gem. § 58 StVZO am Anhänger angebracht werden.

c) Bestätigung des ordnungsgemäßen Ein- oder Anbaus

Inhalt und Bedeutung der Bestätigung siehe Seite 89

d) Meldung an die Zulassungsbehörde

Grundsätzlich ist eine Berichtigung der FzPapiere bezüglich der Nachrüstung einer elektronischen Anhängerstabilisierung nicht vorgeschrieben, aber möglich.

Sie ist als zusätzlicher Nachweis für die Inanspruchnahme eines höheren Leergewicht-Faktors des Zugfahrzeugs bei der Bestätigung zum Fahren mit 100 km/h jedoch zu empfehlen.

Bezüglich der Eintragungen zur Tempo 100-Eignung von Anhängern bzw. von Zugkombinationen gelten die Festlegungen der 9. AusnahmeVO zur StVO einschließlich dazugehöriger ÄnderungsVO.

Beispieleintrag Zulassungsbescheinigung Teil I

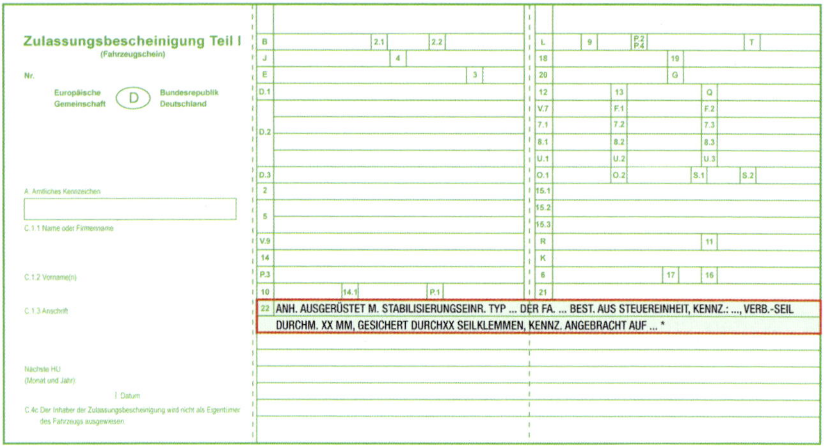

Hinweis für Hauptuntersuchungen und Polizeikontrollen

- **Teilekennzeichnung**
  - KBA-Typzeichen
    z. B.: KBA 90942
  - Hersteller-/Typ-Kennzeichnung (TGA)
    z. B.: LEAS-X
- **Nachweismöglichkeiten durch den FzHalter**
  - Eintrag in den FzPapieren
  - Allgemeine Betriebserlaubnis gem. § 22 StVZO
  - Änderungsabnahme-Bestätigung

Nachrüstung einer Anhängerstabilisierung für auflaufgebremste Anhänger

Besonderheiten

Auffälligkeiten, durch die eine Gefährdung von Verkehrsteilnehmern zu erwarten ist und die ggf. zum Erlöschen der Betriebserlaubnis des Fz führen können:

- Fehlende Teilekennzeichnung
- Fehlender Nachweis der Zulässigkeit

Auffälligkeiten, die auf eine Unvorschriftsmäßigkeit hinweisen können:

- Falsche elektrische Schaltung
- Sichtbare Schäden, offensichtlich falsche Montage

Spezifische Mängel

- Teile schadhaft
- Befestigung unzureichend
- Falsche Einbaulage
- Bodenfreiheit nicht eingehalten, Beschädigungsgefahr

Deaktivierung und Ausbau von Airbags

Die Möglichkeit zur Deaktivierung des Beifahrerairbags zum Zweck des Anbringens einer Kinderrückhalteeinrichtung auf dem Beifahrersitz wird in der Regel vom Fahrzeughersteller vorgesehen.

Darüber hinaus gehende Deaktivierungen oder Ausbauten von Airbag-Komponenten (Fahrer- oder Seitenairbags) werden von Fahrzeughaltern in Erwägung gezogen, wenn Art und Ausführung der serienmäßigen Einrichtungen (z. B. des Lenkrads oder der Sitze) verändert werden sollen.

Oft erfolgt die Deaktivierung oder der Ausbau jedoch auch im Rahmen von Unfallinstandsetzungen, um Kosten zu sparen. Dabei wird das vorhandene Sicherheitsniveau vorsätzlich verschlechtert. Sowohl aus Gründen der Verkehrssicherheit als auch aus rechtlichen Gründen muss dringend von derartigen Änderungen abgeraten werden.

Die Deaktivierung oder der Ausbau eines vom Fahrzeughersteller als Sonderausrüstung verbauten sicherheitsrelevanten Systems ist nur dann nicht zu bemängeln, wenn dies nachweislich gemäß eines vom Fahrzeughersteller oder eines in einem Teilegutachten oder einer Teilegenehmigung vorgegebenen Verfahrens erfolgte.

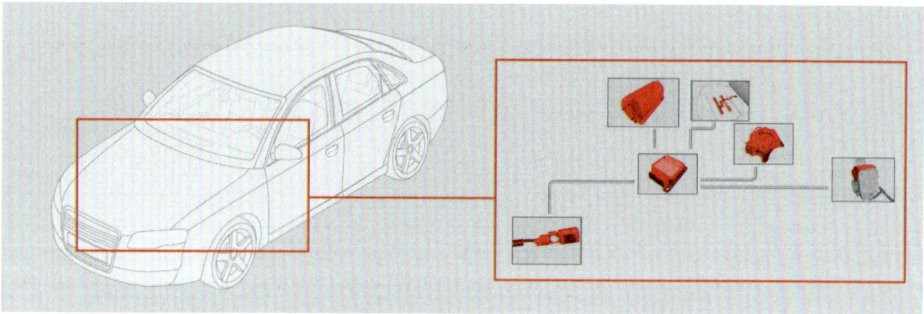

Mögliche Gefährdung

- **Verschlechterung der passiven Sicherheit des Fahrzeugs (Erhebliche Erhöhung der Verletzungsgefahr bei Unfällen durch Verschlechterung des vorhandenen Sicherheitsniveaus)**
- **Unsachgemäßer Ausbau**
- **Negative Auswirkungen (Störungen oder Ausfälle) auf andere sicherheitsrelevante elektronisch geregelte Systeme**

Vorschriften und Richtlinien

- **Auswahl**
  - StVZO §§ 19, 21, 30, 35a und 38
  - StVZO § 29 Kommentare
  - VkBl. 1999, S. 129
  - VkBl. 2000, S. 124

Änderungsbeispiele

- **Reversible Deaktivierung**
  z. B. Beifahrer-Airbag (Deaktivierung mittels Schlüsselschalter)

- **Permanente Deaktivierung**
  z. B. Lenkrad-Airbag (Airbag-Deaktivierung durch dauerhaften Einbau von Bauteilen oder Änderung der Steuerungssoftware)

- **Ausbau**
  z. B. Seiten-Airbags (Austausch Seriensitz mit integriertem Seitenairbag gegen Sportsitz ohne Seitenairbag)

Änderungsumfänge

- **Deaktivierung von Airbags**

Die Deaktivierung von Airbags stellt im Regelfall eine nur temporäre, u. U. automatisch-reversible Veränderung dar.

Sie ist für den Beifahrer-Airbag sogar dann eine Notwendigkeit, wenn auf dem Beifahrersitz ein Kind im Kindersitz befördert werden soll.

Für diesen Fall sind folgende Regelungen zu beachten:

- **Fahrzeuge mit Typgenehmigung vor dem 1.10.1998**

Die Deaktivierung des Beifahrer-Airbags darf nur in einer geeigneten Fachwerkstatt durchgeführt werden und zwar mit Zustimmung und nach Angaben des Fahrzeugherstellers oder durch Vorlage eines Teilegutachtens oder einer Teilegenehmigung.

Lehnt der Fahrzeughersteller aus grundsätzlichen technischen Gründen eine Deaktivierung des Beifahrer-Airbags ab, so dürfen an diesen Fahrzeugen auch durch den Fahrzeughalter keine derartigen nachträglichen Änderungen erfolgen. Veranlasst ein Fahrzeughalter dennoch eine solche Änderung, ist von einem Erlöschen der Betriebserlaubnis auszugehen.

Es sind auch Lösungen denkbar, bei denen der Beifahrer-Airbag mittels eines Schlüsselschalters deaktiviert wird, der schon bei der Erstausrüstung vorhanden sein kann. Hierbei muss die Deaktivierung durch eine Dauerlicht abgebende gelbe Kontrollleuchte angezeigt werden, die gut erkennbar für Fahrer und Beifahrer anzuordnen ist.

Die Nachrüstung eines solchen Schlüsselschalters ist ebenfalls zulässig. Hierfür ist eine ABE nach § 22 StVZO bzw. ein Teilegutachten nach § 19 Abs. 3 StVZO erforderlich. Eine derartige Änderung muss in den Fahrzeugschein bzw. in die Zulassungsbescheinigung Teil I eingetragen werden, damit dies für den Fahrzeughalter bzw. Fahrzeugführer nachvollziehbar und im Rahmen der technischen Überwachung nach § 29 StVZO überprüfbar ist.

Fahrzeuge mit Typgenehmigung ab dem 1.10.1998

Wenn zur Erfüllung des gesetzlich geforderten Schutzes beim Frontalaufprall der Beifahrer-Airbag notwendig ist, ist der Ausbau oder die permanente bzw. reversible Deaktivierung nicht zulässig. Erlaubt sind jedoch Lösungen, bei denen

- eine Deaktivierung mit Hilfe einer intelligenten Sitzplatzbelegungs-Erkennung erfolgt oder
- wenn bei Transport eines Kindersitzes auf dem Beifahrersitz der Beifahrer-Airbag mit Hilfe eines Schlüsselschalters manuell abgeschaltet wird.

Die Hinweise zur Berichtigung der FzPapiere nach Ausbau oder Deaktivierung von Beifahrer-Airbags sind zu beachten.

Ausbau von Airbags

Eine permanente Deaktivierung ist einem Ausbau gleichzusetzen. Der Ausbau eines Airbag-Systems oder seiner Teile erfolgt beispielsweise durch:

- Austausch des Lenkrads
- Austausch, Änderung und Instandsetzung von Steuergeräten
- Softwareänderung
- Umbau oder Entfernung von Teilsystemen

Der Ausbau eines oder mehrerer serienmäßig im Fahrzeug verbauten Airbags führt zu einer Verschlechterung des vom Hersteller realisierten Sicherheitsniveaus und damit zu einer erhöhten Gefährdung von Verkehrsteilnehmern (Fahrzeugführer und Insassen).

Deshalb ist bei einem Ausbau von Airbags zunächst vom *Erlöschen der Betriebserlaubnis* des Fahrzeugs auszugehen.

Achtung!

Aufgrund der geltenden Rechtsvorschriften kann es in Einzelfällen jedoch zulässig sein, bestimmte Airbag-Komponenten zu deaktivieren oder auszubauen.

Dies ist aber nur dann nicht zu bemängeln, wenn die Deaktivierung oder der Ausbau nachweislich gemäß eines vom Fahrzeughersteller oder eines in einem Teilegutachten oder einer Teilegenehmigung vorgegebenen Verfahrens erfolgte.

Das heißt, dass durch den Fahrzeughersteller oder die anlässlich der Erstellung von Teilegutachten oder Teilegenehmigungen durchgeführten Prüfungen belegt werden muss, dass die vorschriftenseitigen Mindestanforderungen bzgl. Insassenschutz auch ohne die jeweilige Airbag-Sonderausstattung erfüllt werden, und dass negative Auswirkungen (Störungen oder Ausfälle) auf andere elektronisch geregelte Systeme ausgeschlossen werden können.

Besonders zu beachten ist, dass bei Ausbau oder Deaktivierung eines Airbags alle weiteren verbauten Airbags weiterhin in Funktion sein müssen.

Die Deaktivierung oder der Ausbau von Airbags darf nur durch geeignete (autorisierte) Fachwerkstätten erfolgen. Hierüber ist eine Werkstattbescheinigung auszustellen.

Meldung an die Zulassungsbehörde

Auf Grund der Änderungsart und der damit verbundenen möglichen Auswirkung auf die Versicherungseinstufung sowie der unbedingt erforderlichen Information an weitere FzFührer bzw. nachfolgende FzHalter ist eine unverzügliche Änderung der FzPapiere erforderlich.

Beispieleintrag Zulassungsbescheinigung Teil I

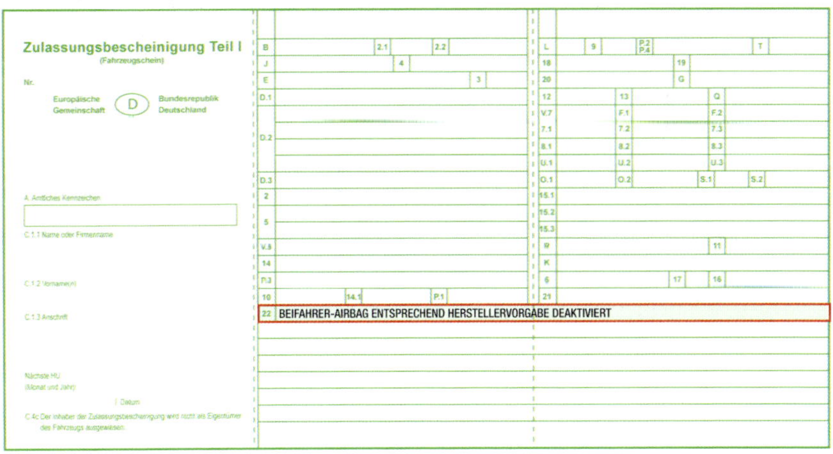

Deaktivierung und Ausbau von Airbags

Hinweis für Hauptuntersuchungen und Polizeikontrollen

Teilekennzeichnung

Vorgeschriebene Kennzeichnung von Airbagsystemen mit dem Schriftzug „AIRBAG" oder „SRS" oder analoge herstellerspezifische Angaben

Nachweismöglichkeiten für ein funktionierendes System

Nach dem Einschalten der Zündung erlischt die Kontrollleuchte nach zeitlichen Parametern

Spezifische Mängel

- Prüfvorgaben (für Fz ab EZ 1.4.2006) nicht eingehalten
- Kontrollleuchten dauerhaft aus (oder an)
- Fehlen des Airbag-Schriftzugs auf Verkleidungen, hinter denen sich ein Airbag befinden muss
- Im Fall einer Deaktivierung ist ein entsprechender Hinweis gut sichtbar anzubringen; dies gilt nicht für automatisch wirkende Systeme (Sitzerkennung)
- Fehlen von Sensoren

Ausbau des ESP

Eine Deaktivierung oder ein Ausbau des elektronischen Stabilitätsprogramms (ESP) wird meist in Erwägung gezogen, um im Rahmen von Unfallinstandsetzungen Kosten zu sparen. Dabei wird jedoch das vorhandene Sicherheitsniveau vorsätzlich verschlechtert.

Sowohl aus Gründen der Verkehrssicherheit als auch aus rechtlichen Gründen wird dringend von derartigen Änderungen abgeraten.

Die Deaktivierung oder der Ausbau eines vom Fahrzeughersteller als Sonderausstattung verbauten sicherheitsrelevanten Systems ist nur dann nicht zu bemängeln, wenn dies nachweislich gemäß eines vom Fahrzeughersteller oder eines in einem Teilegutachten oder einer Teilegenehmigung vorgegebenen Verfahrens erfolgte.

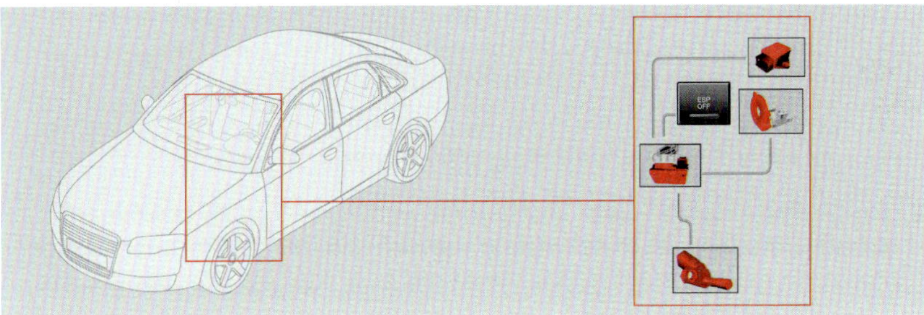

Mögliche Gefährdung

- **Verschlechterung des vorhandenen Sicherheitsniveaus**
- **Negative Auswirkungen auf Fahr- und Lenkverhalten**
- **Unsachgemäßer Ausbau elektronischer Komponenten**
- **Negative Auswirkungen (Störungen oder Ausfälle) auf andere sicherheitsrelevante, elektronisch geregelte Systeme**

Vorschriften und Richtlinien

- **Auswahl**
  - StVZO §§ 19, 21, 30, 38 und 41
  - StVZO § 29 Kommentare
  - Rili 70/311/EWG; 71/320 EWG
  - ECE-R 79, ECE-R 13

Änderungsbeispiele

- **Austausch oder Änderung von Steuergeräten**
- **Softwareänderung**
- **Entfernung von Teilsystemen**

  Es wird unterschieden in temporäre und dauerhafte Veränderungen. Die vom Hersteller vorgesehene Deaktivierung des elektronischen Stabilitätsprogramms stellt im Regelfall eine temporäre Veränderung dar, während der Ausbau eines Systems oder seiner Teile meist dauerhaft ist.

  Der Ausbau des serienmäßigen ESP führt zu einer Verringerung des vom Hersteller realisierten Sicherheitsniveaus und kann zu einer erhöhten Gefährdung für Fahrzeugführer, Insassen und andere Verkehrsteilnehmer führen.

  Aufgrund der Art der Änderungen werden von den Technischen Diensten keine Teilegutachten für diese Änderungsumfänge erstellt.

- **Einige Systeme sind zwar abschaltbar, aktivieren sich im fahrdynamischen Grenzfall jedoch selbsttätig, obwohl sie über einen Taster außer Funktion gesetzt wurden. Dies wird nicht als Ausbau oder dauerhafte Deaktivierung betrachtet.**

  Besonders zu beachten ist, ob das vorhandene ABV-System weiterhin in Funktion ist.

  Eine dauerhafte Deaktivierung des Elektronischen Stabilitäts-Programms ohne Erhaltung der ABV-Funktion ist gesondert zu betrachten, sie ist für Fahrzeuge, für die ABV zwingend vorgeschrieben ist, nicht zulässig.

Abnahme des ordnungsgemäßen Ausbaus

Der ordnungsgemäße Ausbau des ESP kann im Einzelfall nur in Form einer Begutachtung durch einen aaS bestätigt werden. Grundlage für diese Begutachtung ist die für die jeweilige Einrichtung vorgelegte (FIN-bezogene) Umbauanleitung oder Werkstattbescheinigung (FIN-bezogen) des jeweiligen Herstellers oder ein vom KBA gefertigter Auszug aus der EG-Typgenehmigung für das Fahrzeug, aus dem die Erlaubnis zur nachträglich durch den Fahrzeughalter vorzunehmenden technischen Änderung für darin genehmigte Ausrüstungen hervorgeht.

Eine Abnahmemöglichkeit beschränkt sich dabei auf Fahrzeuge und Anhänger mit herstellerseitig wahlweise geliefertem ESP (oder baugleichem System).

a) Bestätigung des ordnungsgemäßen Ausbaus

Inhalt und Bedeutung der Bestätigung siehe Seite 89

b) Meldung an die Zulassungsbehörde

Auf Grund der Änderungsart und der damit verbundenen möglichen Auswirkungen auf die Versicherungseinstufung sowie der unbedingt erforderlichen Information an weitere FzBenutzer, insbesondere nachfolgende FzHalter ist eine unverzügliche Änderung der FzPapiere erforderlich.

Beispieleintrag Zulassungsbescheinigung Teil I

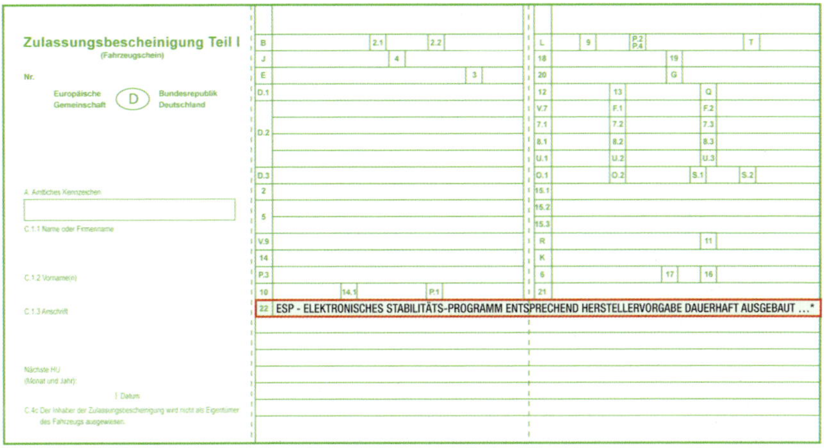
Zulassungsbescheinigung Teil I
(Fahrzeugschein)
Nr.
Europäische Gemeinschaft (D) Bundesrepublik Deutschland
A. Amtliches Kennzeichen
C.1.1 Name oder Firmenname
C.1.2 Vorname(n)
C.1.3 Anschrift
Nächste HU (Monat und Jahr):
} Datum
C.4c Der Inhaber der Zulassungsbescheinigung wird nicht als Eigentümer des Fahrzeugs ausgewiesen.
22 ESP - ELEKTRONISCHES STABILITÄTS-PROGRAMM ENTSPRECHEND HERSTELLERVORGABE DAUERHAFT AUSGEBAUT ...*

Hinweis für Hauptuntersuchungen und Polizeikontrollen

- **Nachweismöglichkeiten für ein funktionierendes System**
  - Nach dem Einschalten der Zündung erlischt die Kontrollleuchte nach zeitlichen Parametern
  - Regelverhalten kann ggf. auf Prüfstand nachgewiesen werden
- **Spezifische Mängel für ein nichtfunktionierendes System**
  - Prüfvorgaben (für Fz ab EZ 1.4.2006) nicht eingehalten
  - Kontrollleuchten dauerhaft aus (oder an)
  - Fehlen der hydraulisch-elektronischen Regeleinheit
  - Fehlen von Sensoren
  - Unplausibles Regelverhalten

Teil 5

Antworten auf häufig gestellte Fragen (FAQ)

Beispiele

1 Anbau von Hecktragesystemen
2 Anbau von Dachtragesystemen
3 Ausbau von Türgriffen
4 Einbau von Domstreben
5 Einbau von Überrollbügeln/-käfigen
6 Umbau von Türen (Flügeltüren)
7 Anpassung von Fz zur Nutzung durch Behinderte
8 Technische Änderungen an Oldtimern
9 Änderung von technischen Kennwerten des Fz (Gesamtgewicht, Anhängelast)
10 Erforderliche Nachweise beim Kauf/Verkauf von technisch veränderten Fz

Neu aufgenommen wurde dieser Teil 5 mit Informationen zu weiteren oft gestellten Fragen im Zusammenhang mit technischen Änderungen.

Dabei handelt es sich um ergänzende Beispiele zu den im Teil 4 enthaltenen Arbeitshilfen, aus denen sich eindeutig eine Abgrenzung zwischen Änderungsabnahmen und Begutachtungen von technischen Änderungen ergibt.

Eine Vielzahl weiterer willentlicher Änderungen am Fz ist in jedem einzelnen Fall hinsichtlich ihrer Wirkung auf die Betriebserlaubnis des Fz zu bewerten und zunächst bezüglich der dafür geltenden Rechtsvorschriften und der Art der vorliegenden Prüfzeugnisse bzw. Prüfnachweise zu hinterfragen.

Das Nichtvorliegen von derartigen Unterlagen führt im Einzelfall und bei vorgenommenen Änderungen durch Verwendung von nicht serienmäßig hergestellten Teilen meist zum Erlöschen der Betriebserlaubnis. Im Zweifelsfall ist die Art der Änderung auf eine äquivalente im Beispielkatalog genannte Änderung zu projizieren.

Die nicht immer bestehende Eindeutigkeit kann nur mit Sachverstand und einer Auslegung im Sinn der geringst möglichen Beeinflussung der Verkehrssicherheit, also durch Minimierung eines eventuell verbleibenden Gefährdungspotenzials, geklärt werden.

Dabei wird unterschieden zwischen Änderungen, die keiner weiteren Abnahme oder Begutachtung bedürfen und solchen, die aufgrund ihrer besonderen Art oder speziellen Wirkung auf die Verkehrssicherheit oder wegen der spezifischen FzArt unbedingt einer sachverständigen Prüfung unterzogen werden müssen oder einer besonderen Würdigung bedürfen.

Dies betrifft einerseits z. B. die nur temporäre Nutzung von Anbauteilen, wie die Heck- und Dachtragesysteme und andererseits z. B. die Anpassung von Fz zur Nutzung durch Behinderte und die zulässigen Änderungen an OldtimerFz.

Alle diese Informationen haben allgemeinen Charakter und erklären in ihrer Beschreibung die Ursachen und Wirkungen der jeweils angesprochenen Sachverhalte.

Wie in den Arbeitshinweisen wird jeweils Bezug auf die anzuwendenden Vorschriften und Richtlinien genommen, die auch hier nur in Form einer Auswahl dargestellt werden können.

Mögliche Gefährdungspotenziale werden aufgezeigt und durch Hinweise für deren Reduzierung ergänzt.

Auch wird erläutert, welche Randbedingungen einzuhalten sind und welche Verantwortung der FzHalter trägt.

Ergänzend werden Informationen zu Änderungen gegeben, bei denen keine Teile ein- oder angebaut, sondern wesentliche Kennwerte des Fz geändert werden. Dieser neue Teil wird abgerundet durch Informationen über die beim Kauf oder Verkauf von technisch veränderten Fahrzeugen erforderlichen (bzw. außerdem hilfreichen) Nachweise.

Die Beispiele sollen das Gesamtspektrum zu beachtender Kriterien im Zusammenhang mit Änderungen verdeutlichen und die Notwendigkeit einer Auseinandersetzung mit den einzelnen temporären und dauerhaften Änderungsumfängen am Fahrzeug befördern.

Die nachstehenden Beispiele sind wie folgt gegliedert:

- **Fragestellung**
- **Beschreibung der Änderung** (Bild mit einer erläuternden Beschreibung)
- **Mögliche Gefährdung**
  Beschreibung von Gefährdungsmomenten, die unabhängig vom Vorliegen eines Prüfzeugnisses auftreten können.
- **Vorschriften und Richtlinien** (Auswahl)
  Quellen, wie Verordnungstexte, Richtlinien, Merkblätter etc.
- **Hinweise**
  Problemlösungsvorschläge und Zusatzinformationen für FzHalter, Sachverständige und Polizei sowie Argumentationen für die Begründung von Entscheidungen bzw. zur Festlegung anzuwendender Verfahren.

Welche besonderen Kriterien sind beim Anbau von Hecktragesystemen zu beachten?

Hecktragesysteme ermöglichen die zusätzliche Mitnahme von Ladung, meist von Fahrrädern, außen am Pkw, Wohnmobil oder Transporter.

Sie werden durch Spannbänder an der Heckklappe befestigt und am Kofferraum bzw. an der Stoßstange abgestützt oder bei sogenannten Kupplungsträgern über Klemm- oder Schraubverbindungen entsprechend der Montageanleitung des Teileherstellers mit dem Fahrzeug verbunden.

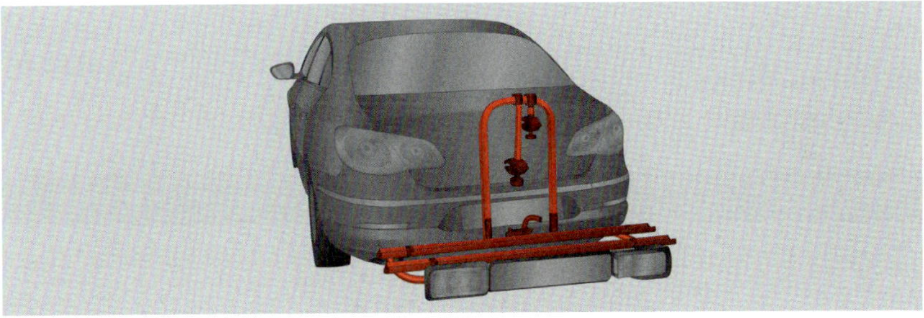

Mögliche Gefährdung

Aufgrund ihrer im Regelfall nicht dauerhaften Montage und den durch „Jedermann" wiederholt möglichen An- und Abbau ist eine Änderungsabnahme oder Anbaubegutachtung nicht vorgeschrieben.

Dieser Sachverhalt ist kritisch und kann im Extremfall zu schwerwiegenden Gefahren für die Verkehrssicherheit führen.

Das größte Gefahrenpotenzial entsteht durch einen möglichen Verlust des Tragesystems und der Ladung!

Ferner ist zu beachten, dass bei Hecktragesystemen mit gesonderten Leuchtenträgern eine elektrische Verbindung mit der Anhängersteckdose erfolgen muss. Bei verschiedenen FzTypen sind ESP-Systeme eingebaut, die über die Anhängersteckdose einen angehängten Anhänger erkennen und das ESP auf Anhängerbetrieb einstellen. Beim Koppeln von Hecktragesystemen mit der Anhängersteckdose kann dies zu einem geänderten Fahrverhalten bei ESP-Eingriffen führen.

Vorschriften und Richtlinien

Auswahl

- StVZO §§ 22, 30, 30c, 31, 43
- FzTV in Verbindung mit TA 31 (Verbindungseinrichtungen) KIRSCHBAUM StVZO-Kommentar, Ordner 3
- Rili 94/20/EG
- ECE Regelung Nr. 55
- KIRSCHBAUM StVZO-Kommentar § 30, Erl. 48 und 49
- Merkblatt über die Verwendung von Hecktragesystemen an Pkw und Wohnmobilen
- VdTÜV-Merkblatt Anforderungen an Tragesysteme am Heck von Pkw und Wohnmobilen
- KIRSCHBAUM StVZO-Kommentar § 30c, Erl. 13

Hinweise

Besonderes Augenmerk muss der am Fz vorhandenen oder für diesen Zweck angebauten Kupplungskugel mit Halterung hinsichtlich ihrer festigkeitsmäßigen und befestigungsgeometrischen Eignung zur Verwendung in Verbindung mit Hecktragesystemen gelten. Hierbei haben Hersteller, Händler, Verkäufer und natürlich der FzHalter selbst eine besondere Verantwortung. Dafür müssen die *Anbauanweisungen* leicht verständlich und eindeutig sein und unbedingt beachtet werden. Dies gilt auch für die Ladungsbefestigung *(Ladungssicherung!)* und den eigentlichen Fahrbetrieb mit dem durch die Ladung veränderten *Fahrverhalten*.

Da insbesondere die richtige Zuordnung des Hecktragesystems zu einer vorhandenen Kupplungskugel, aber ebenso die Auswahl einer Anhängekupplung für ein entsprechendes Hecktragesystem nicht einfach sind, sollten folgende Grundsätze unbedingt eingehalten werden:

- Das Hecktragesystem sollte über eine Allgemeine Betriebserlaubnis gemäß § 22 StVZO verfügen.
- Aus der Montageanleitung muss erkennbar sein, welche Kupplungskugeln mit Halterung für dieses System verwendet werden dürfen.
- Die Kupplungskugel mit Halterung muss nach § 22a StVZO oder nach Rili 94/20/EG bzw. ECE R 55 bauartgenehmigt sein und in ihrer Montageanleitung ebenfalls Hinweise zur Eignung in Verbindung mit Hecktragesystemen enthalten.

Eine sachverständige Beurteilung anlässlich des erstmaligen Anbaus am konkreten Fahrzeug wird aus Sicherheitsgründen empfohlen und sollte im Zweifelsfall unbedingt erfolgen. Der FzHalter ist für den sicheren Betrieb des Fahrzeugs mit seiner Ladung verantwortlich!

Warum besteht keine Pflicht zur Überprüfung des Anbaus von Dachtragesystemen?

Dachtragesysteme (Dachgepäckträger) ermöglichen durch sogenannte Grundträger die zusätzliche Mitnahme von Ladung, meist in Kombination mit Systemträgern für die Verwendung von Dachgepäckboxen oder speziellen Halterungen für den Fahrrad-, Ski- oder Bootstransport auf dem Dach von Pkw, Wohnmobilen oder Transportern.

Sie werden an speziellen Verankerungspunkten an der Regenrinne oder über Adaptersysteme in der Tür-Dach-Kontur oder über die Dachreling entsprechend der Montageanleitung des Teileherstellers mit dem Fahrzeug verbunden.

Dachtragesysteme sind keine Teile des Fz; deren An-/Abbau ist keine technische Änderung im Sinn des § 19 StVZO.

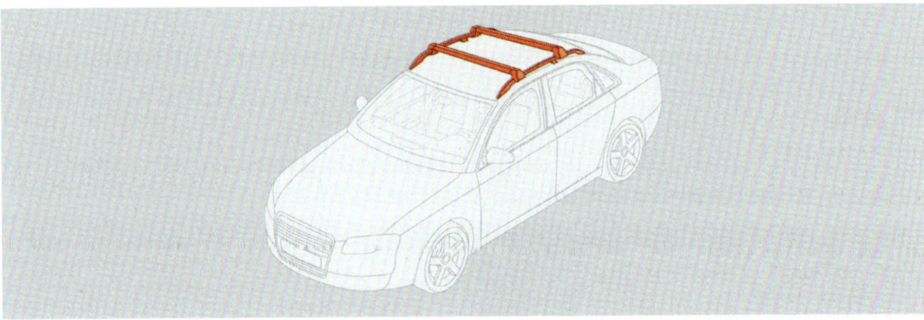

Mögliche Gefährdung

Aufgrund ihrer im Regelfall nicht dauerhaften Montage und den durch „Jedermann" wiederholt möglichen An- und Abbau ist eine Änderungsabnahme oder Anbaubegutachtung nicht vorgeschrieben.

Dieser Sachverhalt ist kritisch und kann im Extremfall zu schwerwiegenden Gefahren für die Verkehrssicherheit führen.

Höchste Gefahr entsteht durch Verlieren des Trägersystems und der Ladung!

Vorschriften und Richtlinien

- **Auswahl**
  - StVZO §§ 22, 30, 30c, 31, 34, 38
  - DIN 75302

Hinweise

Für Dachtragesysteme liegen keine Teilegenehmigungen (§ 22 StVZO) vor, sie sollten jedoch die GS-Kennzeichnung („Geprüfte Sicherheit") entsprechend dem Geräte- und Produktsicherheitsgesetz aufwiesen. Zur Erlangung dieses Qualitätssiegels werden Prüfungen nach den anerkannten Regeln der Technik auf der Grundlage der DIN 75302 durchgeführt.

Die Vorgaben des FzHerstellers hinsichtlich der am Fz bereits vorhandenen Befestigungsmöglichkeiten sind unbedingt zu beachten.

Die sichere Montage des Dachtragesystems ist entsprechend der Montageanleitung des Teileherstellers vorzunehmen und in regelmäßigen Abständen zu überprüfen.

Für den Betrieb des Fz mit einem Dachtragesystem ohne oder mit Ladung sind folgende Randbedingungen unbedingt einzuhalten:

- Die vom FzHersteller freigegebene zulässige Dachlast ist in jedem Fall einzuhalten.
- Die für das Fz zulässigen Achslasten und Gesamtgewichte dürfen nicht überschritten werden.
- Die zulässigen Abmessungen des Fz dürfen im Rahmen der für die Ladung gemäß StVO zulässigen Grenzen nicht überschritten werden; dies betrifft insbesondere die Überschreitung der FzBreite bezüglich der Gefährdung von Verkehrsteilnehmern durch Teile der Ladung.
- Die Ladung muss ausreichend gegen Verlieren gesichert werden, auch müssen die Einzelteile der Ladung innerhalb der Dachboxen sowie bei Systemträgern z. B. für Fahrräder bewegliche Anbauteile abgebaut oder separat gesichert werden.
- Die Fahrgeschwindigkeit muss dem sich verändernden Fahr- und Bremsverhalten infolge der neuen Schwerpunktlage angepasst, d.h. vermindert werden.

Der FzHalter ist für den sicheren Betrieb des Fahrzeugs mit seiner Ladung verantwortlich!

Ausbau von Türgriffen

? Erlischt die Betriebserlaubnis des Fz beim Ausbau von Türgriffen?

Ausgelöst durch Entwicklungen mehrerer FzHersteller wird auch im Rahmen von nachträglichen FzÄnderungen fabrikats- und typunabhängig der äußere Türöffnungsmechanismus ausgebaut und durch eine konturgleiche Außenhaut verkleidet. Die Türöffnung ist dann nur noch über ein fernbedientes Auslösesystem möglich.

Die Betriebserlaubnis des Fz erlischt!

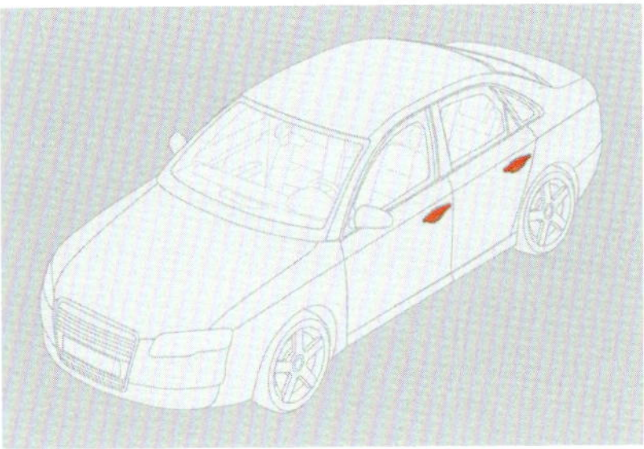

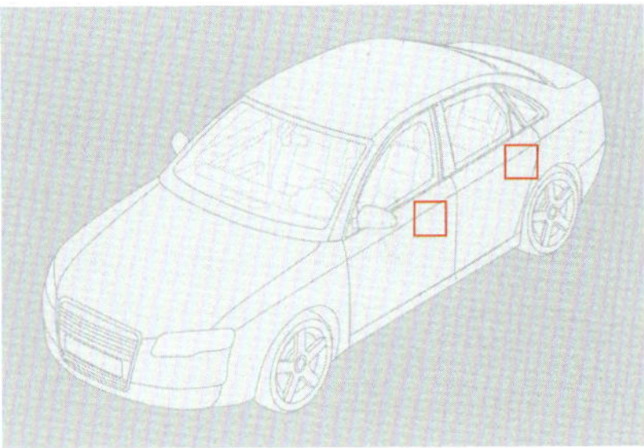

Mögliche Gefährdung

Durch diese Änderung ist eine Öffnung von außen – auch im Fall notwendiger Rettungsmaßnahmen nach Unfällen – nicht mehr möglich, eine mechanische Betätigungsmöglichkeit von innen bleibt erhalten.

Ohne weitere Sicherung kann bei fernbetätigter Türfreigabe die voll geöffnete Tür ungewollt in den angrenzenden Verkehrsraum hineinragen und damit andere Verkehrsteilnehmer (überholende Fz, Radfahrer, Fußgänger) gefährden.

Vorschriften und Richtlinien

Auswahl

- StVZO §§ 19 Abs. 2, 30, 35e, 38a, 38b, 55
- FZV

Hinweise

Das „automatische Öffnen" der Türen darf nicht ohne mechanische Sicherung erfolgen, d.h. die Tür muss in einer Sperre gehalten werden, durch die ein unkontrolliertes Aufschlagen in den Verkehrsraum verhindert wird.

Zur Nachweisführung der Vorschriftsmäßigkeit des geänderten Fz sind eine Begutachtung durch einen aaS einer Technischen Prüfstelle für den Kraftfahrzeugverkehr sowie eine Berichtigung der FzPapiere erforderlich.

Einbau von Domstreben

Welche Folgen hat der nachträgliche Einbau von Stabilisatoren und Domstreben?

Die Wirkung von Stabilisatoren und Domstreben wird in der Praxis oft verwechselt: Stabilisatoren führen durch die Verbindung und damit gegenseitige Abstützung beider Seiten einer Achse zu einem „strafferen" Fahrwerk. Domstreben, also Verstrebungen zwischen beiden Fahrwerksdomen jeweils derselben Achse, tragen zu einer Steifigkeitserhöhung der Karosserie gegenüber Verwindungen bei, welche zwar zu einem härteren Fahrverhalten führt, aber nur optisch und nicht praktisch zu einem Sportfahrwerk.

Die Betriebserlaubnis des Fz erlischt im Regelfall nicht, wenn diese Änderung allein vorgenommen wird!

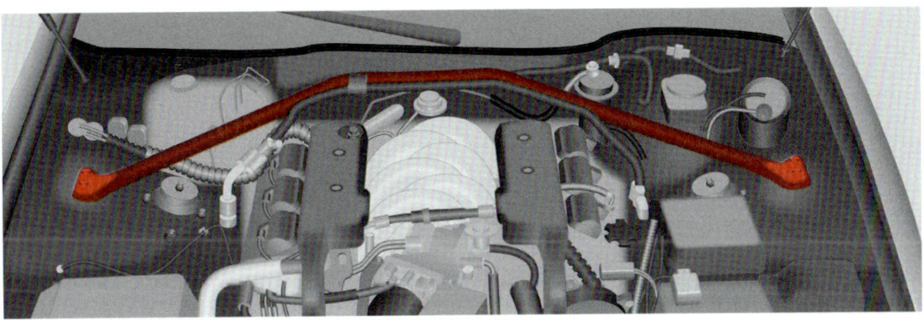

Mögliche Gefährdung

Beide typischen Änderungsumfänge führen nur dann nicht zum Erlöschen der Betriebserlaubnis des Fz, wenn keine weiteren baulichen Veränderungen vorgenommen werden. Aus diesem Grund ist zum Nachweis der Zulässigkeit der Einzeländerung kein „Prüfzeugnis" erforderlich.

Es darf sich jedoch das Fahrverhalten des Fz nicht verschlechtern!

Vorschriften und Richtlinien

Auswahl

- StVZO §§ 19 Abs. 2, 30
- FZV

Hinweise

Die Ausrüstung eines Fz mit sogenannten „Sportfahrwerken" wird meist in Kombination mit diesen Änderungen vorgenommen.

Für Sportfahrwerke (Fahrwerkstieferlegungen) sind als „Prüfzeugnisse" Allgemeine Betriebserlaubnisse gemäß § 22 StVZO oder Teilegutachten gemäß Anlage XIX zur StVZO erforderlich. Die darin festgelegten Auflagen sind insbesondere in Verbindung mit weiteren Änderungen, wie dem Einbau von Stabilisatoren und Domstreben, unbedingt einzuhalten.

Der alleinige Einbau von Stabilisatoren oder Domstreben bedarf keiner Änderungsabnahme oder Einbaubegutachtung. Auch ist eine Berichtigung der FzPapiere nicht vorgeschrieben.

Dürfen nachträglich Überrollbügel und -käfige eingebaut werden?

Überrollbügel und -käfige sowie komplette Sicherheitszellen stellen im Motorsport durch die Motorsportorganisation in deren Regelements vorgeschriebene Ausrüstungen dar, um bei den dortigen Beanspruchungen und nur „kurzzeitigen" Nutzung des Fz während der eigentlichen Veranstaltung den Überlebensraum der Fahrer vor allem im Falle von Überschlagunfällen zu vergrößern.

Außerdem wird bei bestimmten Ausführungen der seitliche Flankenschutz des Fz verbessert und durch zusätzliche Maßnahmen, wie Spezialgurte, Schutzhelme und feuerfeste Kleidung, sowie durch weitere Sicherheitssysteme (z. B. „HANS" = englisch: Head and Neck Support = deutsch: Kopf- und Nackenstütze) die Sicherheit der Fahrer unter Rennsportbedingungen erhöht.

Die Wirkung dieser Einrichtungen ist unumstritten, jedoch sind diese im Alltagsfahrbetrieb unter komfortabler und bestimmungsgemäßer Nutzung des Fz nicht serienmäßig realisierbar.

Die Betriebserlaubnis des Fahrzeugs erlischt!

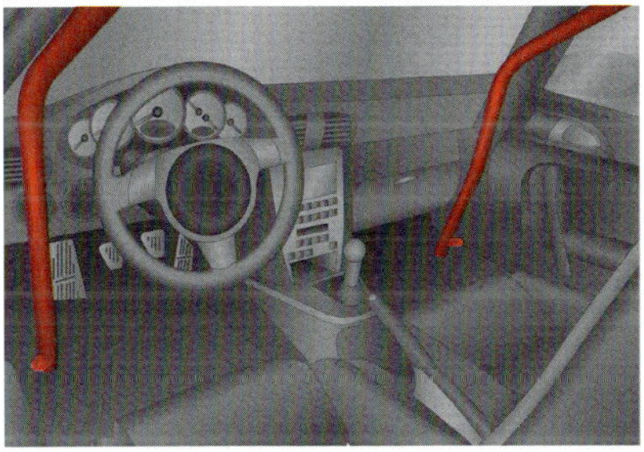

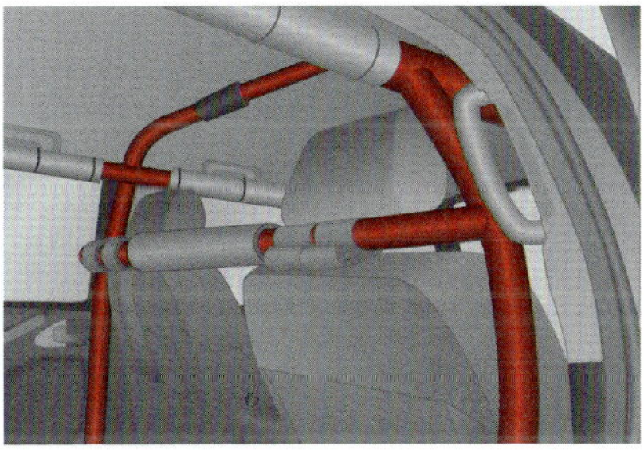

Mögliche Gefährdung

Durch den nachträglichen Einbau von Überrollbügeln oder -käfigen sowie Sicherheitszellen wird wesentlich in den durch Vorschriften und die Typgenehmigung festgelegten „allgemeinen Insassenschutz" eingriffen, so dass die Betriebserlaubnis des Fahrzeugs durch die zu erwartende Gefährdung von Verkehrsteilnehmern, also der Fahrzeuginsassen erlischt.

Dies betrifft neben dem Insassenschutz u. U. auch eine negative Beeinflussung der Betriebsfestigkeit von Teilen und die sichere Bedienbarkeit des Fz im öffentlichen Straßenverkehr.

Einbau von Überrollbügeln/-käfigen

Im Regelfall werden beim Sporteinsatz viele weitere Änderungen im Innenraum vorgenommen, die in Ihrer Gesamtheit aber den entsprechend der Sportfahrzeug-Klasse geltenden Reglements entsprechen und vor dem Einsatz „technisch abgenommen" werden müssen.

Vorschriften und Richtlinien

- **Auswahl**
  - StVZO §§ 19 Abs.2, 30, 35a, 35b, 56
  - FZV
  - FIA- und DMSB-Reglements

Hinweise

Die Befestigung von Überrollbügeln oder -käfigen mittels Schraubverbindungen darf nicht zu Eingriffen in die tragende Karosseriestruktur führen und hat entsprechend der Montageanleitung des Teileherstellers zu erfolgen.

Für die Teile der Metall-Rohrgitter-Konstruktionen muss ein Festigkeitsnachweis vorliegen. Verstrebungen im Bewegungsraum der Fahrer dürfen nicht scharfkantig und müssen abgepolstert sein.

Der Einbau bedarf einer Begutachtung nach §19 Abs. 2 im Sinn von § 21 StVZO durch einen aaS sowie einer Berichtigung der FzPapiere.

Umbau von Türen (Flügeltüren)

Dürfen die serienmäßigen Türen zu „Flügeltüren" umgebaut werden?

In Nachahmung von mit sogenannten Flügeltüren ausgerüsteten automobilen Klassikern werden Fz mit vorn angeschlagenen Türen auf Flügeltüren umgerüstet. Vorbildwirkung für Umbauten haben außerdem auch vorschriftenkonforme aktuelle Fz, bei denen vom Hersteller hinten angeschlagene Türen verwendet werden.

Die Betriebserlaubnis des Fz erlischt!

Auf Antrag ist eine Begutachtung nach § 19 Abs. 2 im Sinn von § 21 StVZO erforderlich!

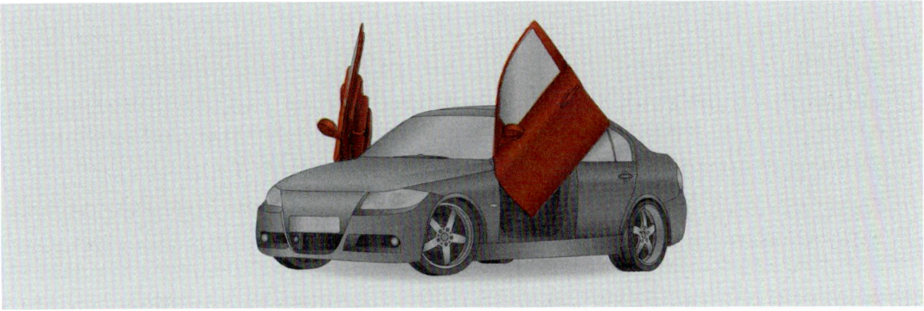

Mögliche Gefährdung

Aufgrund der unüblichen Öffnungsrichtung bzw. Öffnungswinkel der Türen kann es zur Gefährdung von Verkehrsteilnehmern kommen.

Geltende nationale Vorschriften der StVZO fordern, dass Türbänder (Scharniere) von Drehtüren von Kraftfahrzeugen auf der in der Fahrtrichtung vorn liegenden Seite der Türen angebracht sein müssen.

Türen müssen bei Gefahr von jedem erwachsenen Fahrgast geöffnet werden können.

Erforderliche Öffnungskräfte, entstehende Öffnungswinkel und notwendige Sicherungen bilden die Ursachen für mögliche Gefährdungspotenziale.

Umbau von Türen (Flügeltüren)

Vorschriften und Richtlinien

- **Auswahl**
  - StVZO §§ 19 Abs. 2, 30 und 35e
  - FZV
  - Richtlinie 70/387/EG, Anh. I

Hinweise

Grundsätzliche Forderung der nunmehr auch anzuwendenden EG-Vorschriften ist ebenfalls die Anbringung von Türscharnieren an der vorn liegenden Seite der Türen.

Eine Genehmigungsfähigkeit z. B. von in der Dachmitte mittels Scharnieren befestigten Flügeltüren besteht nur dann, wenn alle relevanten technischen Prüfungen entsprechend der EG-Richtlinie durchgeführt wurden und deren Bedingungen erfüllt sind. Das entstehende Gefährdungspotenzial darf dabei nicht größer sein, als bei vorn angeschlagenen Türen.

Diese Voraussetzungen sind am ehesten erfüllbar, wenn ohne weitere Umbauten durch sogenannte Doppel-Umlenkscharniere zwar die Anbringungslage der Scharniere unverändert bleibt, aber die Tür nicht mehr als reine Drehtür, sondern als Dreh-Kipp-Tür geöffnet werden kann und sich somit nach seitlich und oben bewegt.

Als Sonderfall gelten Doppeltüren; bei diesen muss ebenfalls der Türflügel, der zuerst geöffnet wird, vorn angeschlagen sein; der andere Türflügel muss für sich verriegelt und geschlossen werden können.

Dazu sind verschiedene zusätzliche Vorkehrungen zu treffen, durch die ein gegenüber vorn angeschlagenen Türen gleichwertiges Maß an Sicherheit erreicht wird.

Für derartige Änderungen sind grundsätzlich die Begutachtung durch einen amtlich anerkannten Sachverständigen einer Technischen Prüfstelle für den Kfz-Verkehr sowie eine Berichtigung der FzPapiere erforderlich.

In Einzelfällen ist der Nachweis der Zulässigkeit dieser Änderung durch Vorlage eines Teilegutachtens und eine unverzügliche vorgenommene Änderungsabnahme zu erbringen.

Gilt die Anpassung von Fz zur Nutzung durch Behinderte auch als technische Änderung?

Grundsätzlich obliegt den Verkehrsteilnehmern und insbesondere auch den Fz-Führern mit einem Handicap in eigener Verantwortung die Pflicht zur notwendigen Vorsorge zur Gefährdungsvermeidung. Darin eingeschlossen ist auch das Anbringen geeigneter spezieller Einrichtungen an Fz zum Beispiel in Form von Bedienhilfen oder besonderen Betätigungseinrichtungen. Für derartige Änderungen an Fz gelten die gleichen Voraussetzungen und straßenverkehrsrechtlichen Bestimmungen wie sie allgemein einzuhalten sind. Auch hierbei ist unter anderem der Nachweis zu erbringen, dass eine Gefährdung in der Folge solcher Änderungen nicht zu erwarten und die Vorschriftsmäßigkeit des betreffenden Fz gegeben ist.

Eine Besonderheit besteht unter Umständen jedoch darin, dass in bestimmten Fällen von der zuständigen Fahrerlaubnisbehörde ein besonderes Gutachten zum Nachweis der notwendigen Anforderungen für die Fahrerlaubnis verlangt wird. Im Rahmen dieser Begutachtung kann zum Beispiel das konkrete Zusammenwirken von Bedienhilfen als Ausgleich eines körperlichen Handicaps Gegenstand sein. Durch eine sogenannte Fahrprobe kann festgestellt werden, ob das betreffende angepasste Fz sicher geführt werden kann.

Die Betriebserlaubnis des Fz erlischt bei den meisten derartigen Umbauten!

Auf Antrag ist eine Begutachtung nach § 19 Abs. 2 im Sinn von § 21 StVZO erforderlich!

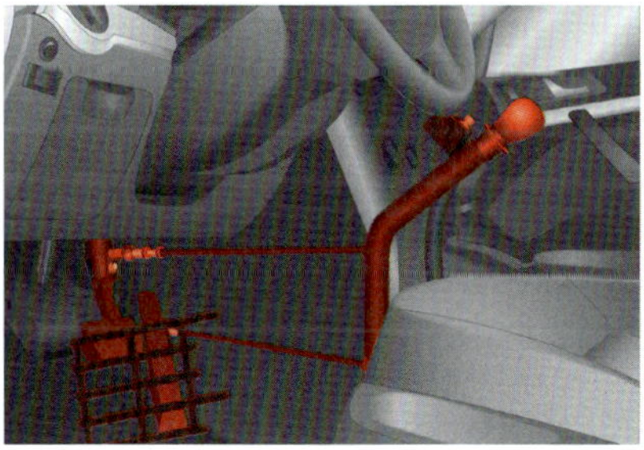

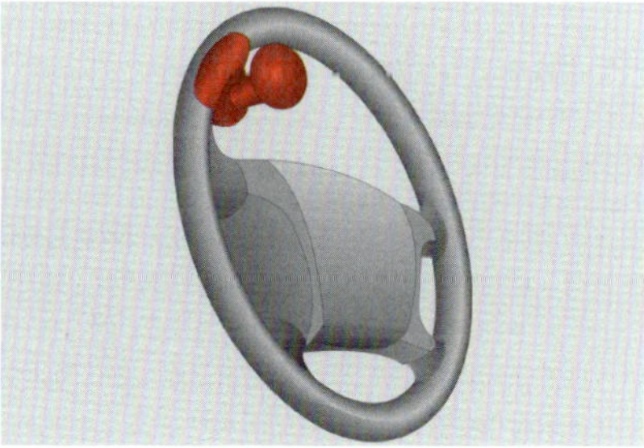

Mögliche Gefährdung

Durch die Art und Individualität der erforderlichen speziellen Änderungen an sich ist eine Gefährdung von Verkehrsteilnehmern zu erwarten.

Sie wird erhöht bei einer wechselweisen Nutzung des Fz auch durch nicht gehandicapte Personen.

Der moralische und technische Anspruch an die erforderliche Sicherheit derartiger Umbauten ist deshalb nur mit großem Sachverstand und ausreichender Erfahrung zu erfüllen.

Vorschriften und Richtlinien

Auswahl

- StVZO, insbes. §§ 19 Abs. 2, 30, 35a, 38, 41
- KIRSCHBAUM StVZO-Kommentar § 35a, Erl. 28
- FZV
- FeV

Hinweise

Grundsätzlich gelten für Änderungen zur Anpassung von Fz an gehandicapte FzFührer oder FzInsassen die gleichen Vorschriften wie allgemein. Deshalb ist für viele der üblichen Änderungen in diesem Bereich die Vorlage eines der in § 19 Abs. 3 StVZO vorgeschriebenen Prüfzeugnisse notwendig.

Aus verschiedenen Gründen liegen jedoch für diese Änderungen solche Prüfzeugnisse nicht vor, so dass häufig der Weg der Begutachtung gemäß § 19 Abs. 2 in Verbindung mit 21 StVZO beschritten werden muss.

Im Ergebnis kann in der Regel der Nachweis der Vorschriftsmäßigkeit erbracht werden; der aaS stützt sich dabei auf vorliegende Herstellerbestätigungen, Gutachten anderer aaS oder Technischer Dienste und eigene durchgeführte Prüfungen.

In jedem Fall ist es empfehlenswert, bereits vor der Durchführung der Änderungen am betreffenden Fz den Kontakt zum aaS aufzunehmen, um ihn so früh wie möglich in das Vorhaben einzubeziehen. Auf diese Weise sind vorzunehmende Änderungen besser zu verfolgen und notwendige Hinweise für die konkrete Ausführung rechtzeitig zu geben.

Das außerdem somit entstehende Verhältnis zwischen dem in der Regel mit den Änderungen beauftragten Umrüstbetrieb und dem aaS trägt den spezifischen Anforderungen dieses Bereichs der FzÄnderungen weitestgehend Rechnung und ermöglicht erforderlichenfalls auch die persönliche Einbeziehung des FzFührers, der aufgrund seines Handicaps auf die für ihn speziellen Anpassungen, deren Vorschriftsmäßigkeit und deren sicheres Funktionieren vertraut.

Eine Berichtigung der FzPapiere mit der Beschreibung des Umrüstumfangs ist erforderlich; ggf. ist das Anbringen von Bedienhinweisen empfehlenswert.

Technische Änderungen an Oldtimern

Welche technischen Änderungen dürfen an Oldtimern vorgenommen werden?

Als „Oldtimer" gelten Fz, die vor ***mindestens 30 Jahren*** *in den Verkehr gekommen sind, weitestgehend dem Originalzustand entsprechen, in einem guten Erhaltungszustand sind und zur Pflege des kraftfahrzeugtechnischen Kulturguts dienen.*

Einerseits können Oldtimer wie jedes andere Fz für die ständige Teilnahme am Straßenverkehr zugelassen werden. Sie sind dann zusätzlich durch das zugeteilte ***H-Kennzeichen*** *zu erkennen und unterliegen der Pflicht zur Durchführung der vorgeschriebenen periodischen FzUntersuchungen.*

Zum möglichst langen Erhalt dieser Fz sollten ihr täglicher Gebrauch oder die gewerbsmäßige Nutzung jedoch unterbleiben.

Andererseits benötigen Oldtimer, die ihrer Darstellung und der Pflege des kraftfahrzeugtechnischen Kulturguts dienen, hierfür sowie für Anfahrten zu und von solchen Veranstaltungen keine Betriebserlaubnis und keine Zulassung, wenn sie ein ***rotes Oldtimerkennzeichen*** *führen. Dies gilt auch für Probefahrten und Überführungsfahrten sowie für Fahrten zum Zweck der Reparatur oder Wartung der betreffenden Fz. Sie unterliegen nicht der Pflicht zur Durchführung von Hauptuntersuchungen, Abgasuntersuchungen und Sicherheitsprüfungen.*

Vorschriften und Richtlinien

Auswahl

- StVZO §§ 19 Abs. 2, 23
- Anforderungskatalog für die Begutachtung von Oldtimern nach § 21c – KIRSCHBAUM StVZO-Kommentar § 23 Erl. 2
- Ausgabe von HU-Plakette – KIRSCHBAUM StVZO-Kommentar § 23, Erl. 3
- FZV

Hinweise

Vor jeder Zuteilung eines Oldtimerkennzeichens ist eine Begutachtung durch einen aaS oder Prüfingenieur einer amtlich anerkannten Überwachungsorganisation erforderlich. Gleichwohl sind bei den vorgeschriebenen Hauptuntersuchungen auch die Kriterien zu prüfen, die zu einem Oldtimerstatus gehören.

Schwierig wird es, wenn technische Änderungen an Fz mit H-Kennzeichen vorgenommen werden sollen.

Dann ist genau zu prüfen, ob das Führen des Oldtimer-Kennzeichens weiterhin gerechtfertigt ist.

Dazu gibt es einen Anforderungskatalog für die Begutachtung von Oldtimern, der ursprünglich für die Umsetzung des § 21 c StVZO (jetzt § 23 StVZO) entwickelt worden ist, aber auch heute noch sinngemäß angewendet wird.

Danach sind nur solche Änderungen akzeptabel, die entweder vor mehr als 20 Jahren durchgeführt und dokumentiert worden sind oder in den ersten 10 Jahren nach Erstzulassung des Fz üblich waren.

Dabei wird es sich meist um die Änderung von Rad-Reifen-Kombinationen oder den Einbau anderer Lenkräder handeln, für die in der Regel eine Allgemeine Betriebserlaubnis existierte.

Auch lässt sich aus Herstellerangaben und -unterlagen herausfinden, welches Zubehör damals werkseitig eingebaut oder nachträglich zu bekommen war.

Einzig bei Nachrüstkatalysatoren und Nachbau-Abgasanlagen aus Edelstahl gilt uneingeschränkte Einbaumöglichkeit.

Wichtig ist aber, dass das Fz als Oldtimer seinem zeitgemäßen Stand entspricht und nicht durch Anbauteile oder Änderungen auffällt, die erst in die letzten Jahre gehören.

Daher liegt im Rahmen von Begutachtungen oder Änderungsabnahmen eine hohe Verantwortung beim aaS oder Prüfingenieur, der letztendlich entscheiden muss, ob diese oder jene Änderung, die an einem gleichen Fz mit regulärer Zulassung oder auch mit Saisonkennzeichen zu keinerlei Problemen führt, auch an einem Oldtimer wirklich durchgeführt werden kann.

Infolge durchgeführter technischer Änderungen an Oldtimern ist eine Berichtigung der FzPapiere entsprechend der geltenden Vorschriften erforderlich.

Änderung von technischen Kennwerten des Fz (Gesamtgewicht, Anhängelast)

Welche Wirkung hat die Änderung von technischen Kennwerten des Fz?

Unter der Änderung von technischen Kennwerten eines Fz werden ausschließlich solche Tatsachen-Feststellungen verstanden, die nicht an die Durchführung von technischen Änderungen am Fz gebunden sind. Dazu zählen die nachträgliche Erhöhung oder Verminderung des zulässigen Gesamtgewichts sowie die Erhöhung der zulässigen Anhängelast.

Die Nachweisführung über diesbezüglich höhere Kennwerte kann nicht vom Schreibtisch aus erfolgen, sondern bedarf u. U. aufwändiger Prüfungen, deren Umfang im Einzelfall dem anlässlich der Fz-Homologation gleichzusetzen ist.

Aus Kostengründen wird deshalb auf entsprechende Herstellerbestätigungen oder „Gutachterliche Stellungnahmen" von akkreditierten Technischen Diensten zurückgegriffen.

Auf Antrag ist eine Begutachtung nach § 19 Abs. 2 im Sinn von § 21 StVZO erforderlich!

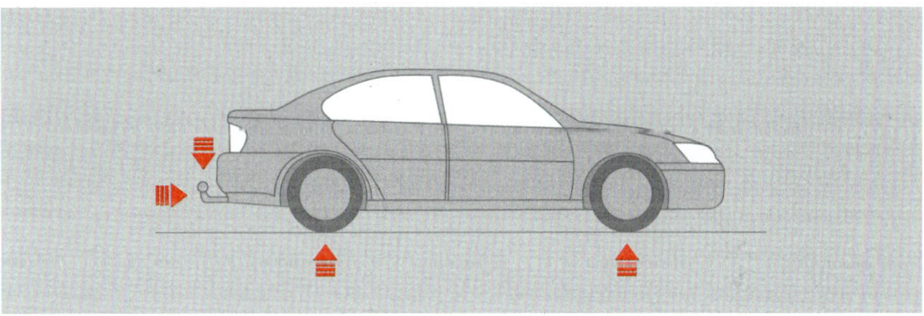

Vorschriften und Richtlinien

Auswahl

- StVZO §§ 34, 43
  KIRSCHBAUM StVZO-Kommentar § 34 Erl. 10 bis 13
- FZV
- VdTÜV-Merkblatt 751 (Stand: 6.2006)

Änderung von technischen Kennwerten des Fz (Gesamtgewicht, Anhängelast)

Hinweise

Sobald die angestrebten veränderten technischen Kennwerte nur in Verbindung mit technischen Änderungen am Fz erreichbar sind, muss dafür eine Begutachtung durch einen aaS erfolgen oder zur Durchführung einer Änderungsabnahme ein zulässiges „Prüfzeugnis" (Teilegenehmigung oder Teilegutachten) vorgelegt werden.

Die Erhöhung des zulässigen Gesamtgewichts auf der Grundlage von Herstellerbestätigungen oder gutachterlichen Stellungnahmen darf die durch Vorschriften festgelegten Grenzen nicht überschreiten. Wenn dies der Fall ist, wird die Begutachtung durch einen aaS und die nachfolgende Erteilung einer Ausnahmegenehmigung erforderlich.

Ohne Herstellerbestätigung oder gutachterliche Stellungnahme, etwa durch Addition der zulässigen Achslasten ohne weitere Prüfung, darf keine Erhöhung des zulässigen Gesamtgewichtes erfolgen.

Die Erhöhung der zulässigen Anhängelast wird nachträglich meist in Verbindung mit geänderten Einsatzbedingungen beantragt.

Sie wird realisiert durch die Festlegung von höheren Massen für geringere befahrbare Steigungen oder eine gesonderte Prüfung.

Eine Erhöhung der zulässigen Anhängelast kann auch durch Beeinflussung des Masseverhältnisses zwischen Zugfahrzeug und Anhänger erfolgen, z. B. indem das zulässige Gesamtgewicht des Zugfahrzeugs zugunsten einer höheren Anhängelast angehoben wird, bei geländegängigen Kfz sogar bis zu einem Verhältnis der Gesamtgewichte von 1 zu 1,5.

Die verwendeten mechanischen Verbindungseinrichtungen müssen den neuen fahrzeugseitigen technischen Kennwerten entsprechen, d. h. der erforderliche Dc-Wert ergibt sich immer aus dem höchsten zulässigen Gesamtgewicht und der höchsten zulässigen Anhängelast. Eine Auswahl entsprechend dem ggf. begrenzten zulässigen Zug-Gesamtgewicht ist nicht zulässig.

Reduzierungen des zulässigen Gesamtgewichts sind zwar ohne Herstellerbestätigung oder gutachterliche Stellungnahme möglich, erfordern aber die Beachtung weiterer Randbedingungen und die Einhaltung dann zutreffender Bau- und Ausrüstungsvorschriften.

In Zweifelsfällen wird vor der erforderlichen Berichtigung der FzPapiere die Konsultation eines Kraftfahrzeug-Sachverständigen empfohlen.

Erforderliche Nachweise beim Kauf/Verkauf von technisch veränderten Fz

?

Welche Nachweise sind beim Kauf/Verkauf technisch veränderter Fz erforderlich?

Fehlende Nachweise beim Kauf oder Verkauf technisch veränderter Fz führen zu kostspieligen und unnötigen Folgen für einen FzHalter. Sie können teure Rechtsstreitigkeiten und sonstige vermeidbare Belastungen nach sich ziehen sowie im Extremfall sogar die weitere Nutzung des Fz verhindern.

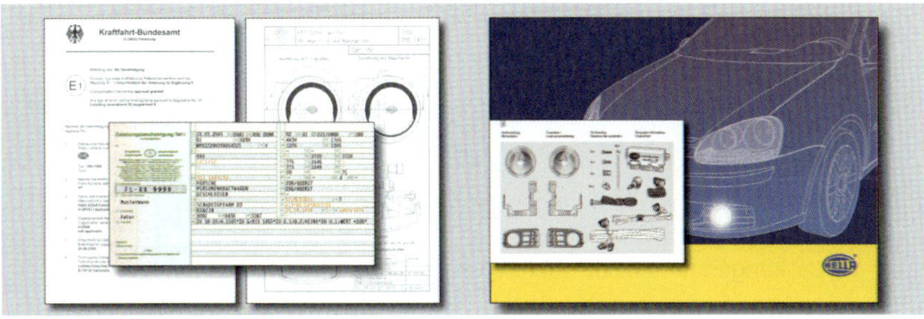

Vorschriften und Richtlinien

- **Auswahl**
  - StVZO § 31
  - FZV

Hinweise

Folgende Nachweise sollten beim Kauf eines technisch veränderten Fz abgefragt/verlangt bzw. beim Verkauf mitgegeben werden:

- Aktuelle FzPapiere
- Kopien vorheriger FzPapiere
- Gutachten eines aaS, die noch nicht zu einer Berichtigung der FzPapiere geführt haben
- Kopien der Teilegenehmigungen für nachträglich am Fz durchgeführte Änderungen (Allgemeine Betriebserlaubnisse für FzTeile, Allgemeine Bauartgenehmigungen für FzTeile, Gutachten zur Erteilung einer Bauartgenehmigung im Einzelfall)

- Änderungsabnahme-Bestätigungen (Nachweise gemäß § 19 Abs. 4 StVZO), in deren Folge keine unverzügliche Berichtigung der FzPapiere festgelegt wurde
- Teilegutachten, die unzulässigerweise noch nicht für die Durchführung von Änderungsabnahmen verwendet wurden

Für nicht abnahmepflichtige Änderungen außerhalb der Vorschriften des § 19 Abs. 2 StVZO:

- Bescheinigungen/Bestätigungen/gutachterliche Stellungnahmen von akkreditierten Technischen Diensten
- Unbedenklichkeitsbescheinigungen von FzHerstellern
- Unbedenklichkeitsbescheinigungen von Teileherstellern
- Einbau- oder Montageanleitungen

Für FzTeile/Ausrüstungen mit internationaler Genehmigung:

- Angabe des Genehmigungszeichens am FzTeil
- Kopien der Teilegenehmigungen
- Einbau- und Montageanleitungen
- Verpackungen mit entsprechenden Angaben oder Hinweisen

Zusätzlich:

- Untersuchungsberichte über durchgeführte Hauptuntersuchungen, einschließlich Prüfbescheinigung über durchgeführte Abgasuntersuchungen und bei Kfz mit alternativen Antriebssystemen (LPG, CNG) über durchgeführte Gasanlagenprüfungen.

Eine genaue Inaugenscheinnahme des veränderten Fz und seiner Dokumente, insbesondere in Bezug auf sichtbare Abweichungen von einem bekannten Serienstand verhindert die eingangs beschriebenen Probleme.

Nicht nur im Zweifelsfall ist vor Vertragsabschluss die sachverständige Überprüfung des Fz zu empfehlen.

Teil 6

Vorschriften

Auszug aus der Straßenverkehrs-Zulassungs-Ordnung (StVZO)

§ 19 Erteilung und Wirksamkeit der Betriebserlaubnis
Erläuterungen

§ 20 Allgemeine Betriebserlaubnis für Typen

§ 21 Betriebserlaubnis für Einzelfahrzeuge

§ 22 Betriebserlaubnis für Fahrzeugteile

§ 22 a Bauartgenehmigung für Fahrzeugteile

§ 31 Verantwortung für den Betrieb der Fahrzeuge

Anlage XIX zur StVZO – Teilegutachten

Auszug aus der Verordnung über die Zulassung von Fahrzeugen zum Straßenverkehr (FZV)

§ 2 Begriffsbestimmungen

§ 13 Mitteilungspflichten bei Änderungen

Einzelanweisung gemäß § 13 Abs. 1 KfSachvG

Auszug aus der Straßenverkehrs-Zulassungs-Ordnung (StVZO)

§ 19
Erteilung und Wirksamkeit der Betriebserlaubnis*)

(1) Die Betriebserlaubnis ist zu erteilen, wenn das Fahrzeug den Vorschriften dieser Verordnung, den zu ihrer Ausführung erlassenen Anweisungen des Bundesministeriums für Verkehr, Bau und Stadtentwicklung und den Vorschriften der Verordnung (EWG) Nr. 3821/85 des Rates vom 20. Dezember 1985 über das Kontrollgerät im Straßenverkehr (ABl. EG Nr. L 370 S. 8)) entspricht. Die Betriebserlaubnis ist ferner zu erteilen, wenn das Fahrzeug an Stelle der Vorschriften dieser Verordnung die Einzelrichtlinien in ihrer jeweils geltenden Fassung erfüllt, die**

1. in Anhang IV der Richtlinie 2007/46/EG des Europäischen Parlaments und des Rates vom 5. September 2007 zur Schaffung eines Rahmens für die Genehmigung von Kraftfahrzeugen und Kraftfahrzeuganhängern sowie von Systemen, Bauteilen und selbstständigen technischen Einheiten für diese Fahrzeuge („Rahmenrichtlinie“) (ABl. L 263 vom 9.10.2007, S. 1) **) oder

2. in Anhang II Kapitel B der Richtlinie 2003/37/EG des Europäischen Parlaments und des Rates vom 26. Mai 2003 über die Typgenehmigung für land- oder forstwirtschaftliche Zugmaschinen, ihre Anhänger und die von ihnen gezogenen auswechselbaren Maschinen sowie für Systeme, Bauteile und selbstständige technische Einheiten dieser Fahrzeuge und zur Aufhebung der Richtlinie 74/150/EWG (ABl. EU Nr. L 171 S. 1)) oder**

3. in Anhang I der Richtlinie 2002/24/EG des Europäischen Parlaments und des Rates vom 18. März 2002 über die Typgenehmigung für zweirädrige oder dreirädrige Kraftfahrzeuge und zur Aufhebung der Richtlinie 92/61/EWG des Rates (ABl. EG Nr. L 124 S. 1))**

in seiner jeweils geltenden Fassung genannt sind. Die jeweilige Liste der in Anhang IV der Richtlinie 2007/46/EG, in Anhang II der Typgenehmigungsricht-

*) *Hinweis der Autoren:* Siehe hierzu auch die Begriffsbestimmungen in § 2 FZV. Ein Auszug aus dieser Vorschrift ist auf Seite 302 wiedergegeben.

**) *Hinweis der Autoren:* Der vollständige Wortlaut der EWG- bzw. EG-Richtlinien mit allen Änderungen ist in der gleichfalls vom Kirschbaum Verlag herausgegebenen Loseblatt-Textsammlung FEE (Fahrzeugtechnik EWG/ECE) enthalten. Weitere Informationen unter: www.kirschbaum.de

linie 2003/37/EG und in Anhang I der Typgenehmigungsrichtlinie 2002/24/EG genannten Einzelrichtlinien wird unter Angabe der Kurzbezeichnungen und der ersten Fundstelle aus dem Amtsblatt der Europäischen Gemeinschaften vom Bundesministerium für Verkehr, Bau und Stadtentwicklung im Verkehrsblatt bekannt gemacht und fortgeschrieben. Die in Satz 2 genannten Einzelrichtlinien sind jeweils ab dem Zeitpunkt anzuwenden, zu dem sie in Kraft treten und nach Satz 3 bekannt gemacht worden sind. Soweit in einer Einzelrichtlinie ihre verbindliche Anwendung vorgeschrieben ist, ist nur diese Einzelrichtlinie maßgeblich.

(2) Die Betriebserlaubnis des Fahrzeugs bleibt, wenn sie nicht ausdrücklich entzogen wird, bis zu seiner endgültigen Außerbetriebsetzung wirksam. Sie erlischt, wenn Änderungen vorgenommen werden, durch die

1. die in der Betriebserlaubnis genehmigte Fahrzeugart geändert wird,
2. eine Gefährdung von Verkehrsteilnehmern zu erwarten ist oder
3. das Abgas- oder Geräuschverhalten verschlechtert wird.

Sie erlischt ferner für Fahrzeuge der Bundeswehr, für die § 20 Abs. 3 b oder § 21 Satz 5 angewendet worden ist, sobald die Fahrzeuge nicht mehr für die Bundeswehr zugelassen sind. Für die Erteilung einer neuen Betriebserlaubnis gilt § 21 entsprechend. Besteht Anlass zur Annahme, dass die Betriebserlaubnis erloschen ist, kann die Verwaltungsbehörde zur Vorbereitung einer Entscheidung

1. die Beibringung eines Gutachtens eines amtlich anerkannten Sachverständigen, Prüfers für den Kraftfahrzeugverkehr oder eines Prüfingenieurs darüber, ob das Fahrzeug den Vorschriften dieser Verordnung entspricht, oder
2. die Vorführung des Fahrzeugs

anordnen und wenn nötig mehrere solcher Anordnungen treffen; auch darf eine Prüfplakette nach Anlage IX nicht zugeteilt werden.

(2 a) Die Betriebserlaubnis für Fahrzeuge, die nach ihrer Bauart speziell für militärische oder polizeiliche Zwecke sowie für Zwecke des Brandschutzes und des Katastrophenschutzes bestimmt sind, bleibt nur so lange wirksam, wie die Fahrzeuge für die Bundeswehr, den Bundesgrenzschutz, die Polizei, die Feuerwehr oder den Katastrophenschutz zugelassen oder eingesetzt werden. Für Fahrzeuge nach Satz 1 darf eine Betriebserlaubnis nach § 21 nur der Bundeswehr, dem Bundesgrenzschutz, der Polizei, der Feuerwehr oder dem Katastrophenschutz erteilt werden; dies gilt auch, wenn die für die militärischen oder die polizeilichen Zwecke sowie die Zwecke des Brandschutzes und des Katastrophenschutzes vorhandene Ausstattung oder Ausrüstung entfernt, verändert oder unwirksam gemacht worden ist. Ausnahmen von Satz 2 für bestimmte Einsatzzwecke können gemäß § 70 genehmigt werden.

(3) Abweichend von Absatz 2 Satz 2 erlischt die Betriebserlaubnis des Fahrzeugs jedoch nicht, wenn bei Änderungen durch Ein- oder Anbau von Teilen

1. für diese Teile

a) eine Betriebserlaubnis nach § 22 oder eine Bauartgenehmigung nach § 22 a erteilt worden ist oder

b) der nachträgliche Ein- oder Anbau im Rahmen einer Betriebserlaubnis oder eines Nachtrags dazu für das Fahrzeug nach § 20 oder § 21 genehmigt worden ist

und die Wirksamkeit der Betriebserlaubnis, der Bauartgenehmigung oder der Genehmigung nicht von der Abnahme des Ein- oder Anbaus abhängig gemacht worden ist oder

2. für diese Teile

a) eine EWG-Betriebserlaubnis, eine EWG-Bauartgenehmigung oder eine EG-Typgenehmigung nach Europäischem Gemeinschaftsrecht oder

b) eine Genehmigung nach Regelungen in der jeweiligen Fassung entsprechend dem Übereinkommen vom 20. März 1958 (BGBl. 1965 II S. 857) über die Annahme einheitlicher Bedingungen für die Genehmigung der Ausrüstungsgegenstände und Teile von Kraftfahrzeugen und über die gegenseitige Anerkennung der Genehmigung*), soweit diese von der Bundesrepublik Deutschland angewendet werden,

erteilt worden ist und eventuelle Einschränkungen oder Einbauanweisungen beachtet sind oder

3. die Wirksamkeit der Betriebserlaubnis, der Bauartgenehmigung oder der Genehmigung dieser Teile nach Nummer 1 Buchstabe a oder b von einer Abnahme des Ein- oder Anbaus abhängig gemacht ist und die Abnahme unverzüglich durchgeführt und nach § 22 Abs. 1 Satz 5, auch in Verbindung mit § 22 a Abs. 1 a, bestätigt worden ist oder

4. für diese Teile

a) die Identität mit einem Teil gegeben ist, für das ein Gutachten eines Technischen Dienstes nach Anlage XIX über die Vorschriftsmäßigkeit eines Fahrzeugs bei bestimmungsgemäßem Ein- oder Anbau dieser Teile (Teilegutachten) vorliegt,

b) der im Gutachten angegebene Verwendungsbereich eingehalten wird und

c) die Abnahme des Ein- oder Anbaus unverzüglich durch einen amtlich anerkannten Sachverständigen oder Prüfer für den Kraftfahrzeugverkehr oder durch einen Kraftfahrzeugsachverständigen oder Angestellten nach Nummer 4 der Anlage VIII b durchgeführt und der ordnungsgemäße Ein- oder Anbau entsprechend § 22 Abs. 1 Satz 5 bestätigt worden ist; § 22 Abs. 1 Satz 2 und Abs. 2 Satz 3 gilt entsprechend.

---

*) *Hinweis der Autoren:* Nach der Revision 2 lautet der Titel des Übereinkommens nunmehr: „Übereinkommen über die Annahme einheitlicher technischer Vorschriften für Radfahrzeuge, Ausrüstungsgegenstände und Teile, die in Radfahrzeuge(n) eingebaut und/oder verwendet werden können, und die Bedingungen für die gegenseitige Anerkennung von Genehmigungen, die nach diesen Vorschriften erteilt wurden".

Werden bei Teilen nach Nummer 1 oder 2 in der Betriebserlaubnis, der Bauartgenehmigung oder der Genehmigung aufgeführte Einschränkungen oder Einbauanweisungen nicht eingehalten, erlischt die Betriebserlaubnis des Fahrzeugs.

(4) Der Führer des Fahrzeugs hat in den Fällen

1. des Absatzes 3 Nr. 1 den Abdruck oder die Ablichtung der betreffenden Betriebserlaubnis, Bauartgenehmigung, Genehmigung im Rahmen der Betriebserlaubnis oder eines Nachtrags dazu oder eines Auszugs dieser Erlaubnis oder Genehmigung, der die für die Verwendung wesentlichen Angaben enthält, und
2. des Absatzes 3 Nr. 3 und 4 einen Nachweis nach einem vom Bundesministerium für Verkehr, Bau und Stadtentwicklung im Verkehrsblatt bekannt gemachten Muster über die Erlaubnis, die Genehmigung oder das Teilegutachten mit der Bestätigung des ordnungsgemäßen Ein- oder Anbaus sowie den zu beachtenden Beschränkungen oder Auflagen

mitzuführen und zuständigen Personen auf Verlangen auszuhändigen. Satz 1 gilt nicht,wenn die Zulassungsbescheinigung Teil I, das Anhängerverzeichnis nach § 11 Abs. 1 Satz 2 der Fahrzeug-Zulassungsverordnung oder ein nach § 4 Abs. 5 der Fahrzeug-Zulassungsverordnung mitzuführender oder aufzubewahrender Nachweis einen entsprechenden Eintrag einschließlich zu beachtender Beschränkungen oder Auflagen enthält; an Stelle der zu beachtenden Beschränkungen oder Auflagen kann auch ein Vermerk enthalten sein, dass diese in einer mitzuführenden Erlaubnis, Genehmigung oder einem mitzuführenden Nachweis aufgeführt sind. Die Pflicht zurMitteilung von Änderungen nach § 13 der Fahrzeug-Zulassungsverordnung bleibt unberührt.

(5) Ist die Betriebserlaubnis nach Absatz 2 Satz 2 erloschen, dürfen nur solche Fahrten durchgeführt werden, die in unmittelbarem Zusammenhang mit der Erlangung einer neuen Betriebserlaubnis stehen. Am Fahrzeug sind die bisherigen Kennzeichen oder rote Kennzeichen oder Kurzzeitkennzeichen zu führen. Die Sätze 1 und 2 gelten auch für Fahrten, die der amtlich anerkannte Sachverständige für den Kraftfahrzeugverkehr im Rahmen der Erstellung des Gutachtens durchführt.

(6) Werden an Fahrzeugen von Fahrzeugherstellern, die Inhaber einer Betriebserlaubnis für Typen sind, im Sinne des Absatzes 2 Teile verändert, so bleibt die Betriebserlaubnis wirksam, solange die Fahrzeuge ausschließlich zur Erprobung verwendet werden; insoweit ist auch keine Mitteilung an die Zulassungsbehörde erforderlich. Satz 1 gilt nur, wenn die Zulassungsbehörde im Fahrzeugschein bestätigt hat, dass ihr das Fahrzeug als Erprobungsfahrzeug gemeldet worden ist.

(7) Die Absätze 2 bis 6 gelten entsprechend für die EG-Typgenehmigung.

Auszug aus den Übergangsvorschriften zu § 19 (§ 72 Abs. 2)

§ 19 Abs. 3 Nr. 4 und Anlage XIX (Teilegutachten)

Gutachten eines amtlich anerkannten Sachverständigen für den Kraftfahrzeugverkehr (Prüfberichte) über die Vorschriftsmäßigkeit eines Fahrzeugs bei bestimmungsgemäßem Ein- oder Anbau dieser Teile sind den Teilegutachten nach Abschnitt 1 der Anlage XIX gleichgestellt. Dies gilt jedoch nur, wenn

1. die Prüfberichte nach dem 1. Januar 1994 erstellt und durch den nach § 12 des Kraftfahrsachverständigengesetzes vom 22. Dezember 1971 (BGBl. I S. 2086), zuletzt geändert durch Artikel 4 Abs. 13 des Gesetzes vom 8. Juni 1989 (BGBl. I S. 1026, 1047), bestellten Leiter der Technischen Prüfstelle gegengezeichnet sind,
2. die Prüfberichte bis zum 31. Dezember 1996 erstellt und nach diesem Datum weder ergänzt noch geändert werden oder worden sind,
3. der Hersteller dieser Teile spätestens ab 1. Oktober 1997 für die von diesem Tage an gefertigten Teile ein zertifiziertes oder verifiziertes Qualitätssicherungssystem nach Abschnitt 2 der Anlage XIX unterhält und dies auf dem Abdruck oder der Ablichtung des Prüfberichtes mit Originalstempel und -unterschrift bestätigt hat und der ordnungsgemäße Ein- oder Anbau dieser Teile bis zum 31. Dezember 2001 auf dem Nachweis nach § 19 Abs. 4 Nr. 2 entsprechend § 22 Abs. 1 Satz 5 bestätigt wird und
4. der im Prüfbericht angegebene Verwendungsbereich sowie aufgeführte Einschränkungen oder Einbauanweisungen eingehalten sind.

Prüfberichte, die vor dem 1. Januar 1994 erstellt worden sind, dürfen nur noch verwendet werden, wenn der ordnungsgemäße Ein- oder Anbau der Teile bis zum 31. Dezember 1998 auf dem Nachweis nach § 19 Abs. 4 Nr. 2 entsprechend § 22 Abs. 1 Satz 5 bestätigt wird. Abschnitt 2 der Anlage XIX ist spätestens ab 1. Oktober 1997 anzuwenden.

§ 19 Abs. 4 Satz 1 Nr. 2 (Mitführen eines Nachweises über die Erlaubnis, die Genehmigung oder das Teilegutachten mit der Bestätigung des ordnungsgemäßen Ein- oder Anbaus sowie der zu beachtenden Beschränkungen oder Auflagen)

ist spätestens ab 1. Oktober 1997 anzuwenden. In den Fällen des § 19 Abs. 3 Nr. 3 und 4 ausgestellte Abdrucke oder Ablichtungen der Erlaubnis, der Genehmigung oder des Teilegutachtens, auf denen der ordnungsgemäße Ein- oder Anbau bis zum 30. September 1997 bestätigt worden ist, bleiben weiterhin gültig.

Auszug aus den Vorschriften über Ordnungswidrigkeiten zu § 19 (§ 69 a Abs. 2)

(2) Ordnungswidrig im Sinne des § 24 des Straßenverkehrsgesetzes handelt, wer vorsätzlich oder fahrlässig …

9. gegen eine Vorschrift über Mitführung und Aushändigung

   …

   g) eines Abdrucks oder einer Ablichtung einer Erlaubnis, Genehmigung, eines Auszugs einer Erlaubnis oder Genehmigung, eines Teilegutachtens oder eines Nachweises nach § 19 Abs. 4 Satz 1

   verstößt, …

Auszug aus der 54. AusnahmeVO zur StVZO vom 10.12.1998 (BGBl. 1998 I S. 3651, VkBl. 1999 S. 161)

§ 1

(1) …

(2) Abweichend von § 19 Abs. 4 der Straßenverkehrs-Zulassungs-Ordnung braucht der Führer eines Fahrzeugs, an dem ein Ident- oder Nachbaurad oder mehrere angebaut wurde(n), nicht den Abdruck oder die Ablichtung der betreffenden Betriebserlaubnis oder eines Nachtrags dazu oder eines Auszugs dieser Erlaubnis mit den wesentlichen Angaben für die Verwendung dieses Teils mitzuführen. Dies gilt nur, wenn für diese Räder eine Allgemeine Betriebserlaubnis nach § 22 der Straßenverkehrs-Zulassungs-Ordnung erteilt worden ist.

Auszug aus der Begründung zur 54. AusnahmeVO zur StVZO vom 10.12.1998 (VkBl. 1999 S. 161)

Die Hersteller/Betreiber von Ident- bzw. Nachbaurädern werden mit dieser AusnahmeVO von der Nachweiserstellung/-mitführung gemäß §§ 22 und 19 StVZO auf Grund der Vergleichbarkeit dieser Sonderräder mit den vom FzHersteller serienmäßig angebauten Rädern, die mit der BE des Fz genehmigt wurden, ausgenommen.

Erläuterungen

1 **Richtige Anwendung des § 19 und des Beispielkatalogs bei Reifen für 2- oder 3-rädrige Fz (Rili 97/24/EG) mit anderen als in den FzPapieren angegebenen Fabrikats-, Profil- u/oder Typbezeichnungen.** BMVBW/S 33/36. 15.13-02 vom 11.10.2000: Aufgrund einer Vielzahl von Anfragen u der Unterrichtung über verschiedenste Verfahrensweisen wird zur Klarstellung Folgendes bekannt gegeben: Bei der Erneuerung oder Umrüstung von Reifen für **2- oder 3-rädrige Fz** sind Unsicherheiten im Umgang mit den sogen „Hersteller-, Unbedenklichkeits- oder Übereinstimmungsbescheinigungen usw" entstanden, weil diese für eine Änderungsabnahme nicht mehr herangezogen werden dürfen.

Da für den in Frage stehenden Fall keine Änderungsabnahme notwendig ist, hat die oben angesprochene Bescheinigung eine andere Qualität. Sie ist nicht mehr Unterlage für eine Änderungsabnahme nach § 19 Abs 3, sondern ein Beleg der Fz- oder Reifenhersteller, mit welchen Fz-/Reifenkombinationen keine Gefährdung zu erwarten ist. Damit sind diese Bescheinigungen auch die Bestätigung der Produkthaftung der Hersteller.

Im VkBl 1998 S 904 wurde der Umgang mit Reifen mit den Kennzeichnungen nach ECE-R Nr 75 bzw EG-Rili 97/24/EG beschrieben. Im Abs 1 ist ausgeführt, dass grundsätzlich die Fabrikatsbindung erhalten bleibt. Mit der Neufassung des Beispielkatalogs (VkBl 1999 S 451) ist zusätzlich unter dem Punkt 5.9 auf die Verfahrensweise eingegangen worden. Wie nach den vorgenannten Verlautbarungen richtig verfahren werden soll, wird am folgenden Beispiel erörtert:

Ein FzHalter möchte sein Fz mit einem neuen Reifen ausstatten. In seinen FzPapieren steht **150/70 B 17 69 H** mit einer zusätzlichen „Fabrikatsbindung". Diese kann nach einer bestimmten Fabrikats-, Profil- u/oder Typbezeichnung aufgegliedert sein.

Der FzHalter erwirbt nun einen Reifen mit einem Typ-Genehmigungszeichen nach EG z. B.: $\boxed{e_1}$ oder nach ECE zB (E_1) u derselben Reifenaufschrift **150/70 B 17 69 H** jedoch mit einer anderen Fabrikats-, Profil- u/oder Typbezeichnung. Zusätzlich erhält er eine der oft als „Hersteller-, Unbedenklichkeits- oder Übereinstimmungsbescheinigung" oder ähnlich bezeichneten Bescheinigung vom FzHersteller seines Krad oder des Reifenherstellers, in der steht, dass er diesen Reifen ebenfalls ohne jede Einschränkung an seinem Fz fahren darf.

Gemäß § 19 Abs 2 Satz 2 Nr 2 ist aufgrund der vorliegenden Unterlage eine Gefährdung von Verkehrsteilnehmern **nicht** zu erwarten. Gemäß Beispielkatalog Punkt 5.9, Spalte 4 iVm § 19 Abs 3 Nr 2 Buchst a und b, liegt eine Teilegenehmigung vor, nämlich die Typ-Genehmigung nach der EG-Rili 97/24/EG oder der ECE-R Nr 75. Somit ist, wie zuvor aus Spalte 4 ersichtlich, eine Änderungsabnahme nicht erforderlich. Daraus folgt in Bezug auf den gewählten Reifen:

- Eine weitere Befassung nach § 19 ist nicht notwendig.
- Bei einer HU nach § 29 ist, wie am obigen Beispiel veranschaulicht, eine Verweigerung der Zuteilung der Prüfplakette nicht zulässig.
- Bei einer Verkehrskontrolle durch die Polizei darf das Fz nicht beanstandet werden, weil es sich in einem vorschriftsmäßigen Zustand befindet.

Zur besonderen Klarstellung sei an dieser Stelle vermerkt, dass die vorstehende Erläuterung **nur** für Reifen nach der EG-Rili 97/24/EG oder der als gleichwertig geltenden ECE-R Nr 75 zutrifft u nicht allgemein für alle Reifen.

2 **Einbau und Benutzung von TV in Kfz:** Nach § 19 Abs 2 Satz 2 Nr 2 erlischt die BE, wenn Änderungen vorgenommen werden, durch die eine Gefährdung von Verkehrsteilnehmern zu erwarten ist. Dabei müssen die Änderungen, die am Kfz vorgenommen werden, die Betriebssicherheit des Kfz so herabsetzen, dass vom Kfz selbst eine Gefährdung von Verkehrsteilnehmern zu erwarten ist. Dies ist im Einzelfall ggf zu prüfen und dann gegeben, wenn zB durch den Einbau des Geräts im vorderen Sichtfeld des FzFührers dessen Sicht unzulässig beeinträchtigt wird, oder die passive Sicherheit (Innenausstattung) stark herabgesetzt wird. In den Fällen, in denen der FzFührer durch eingebautes Zubehör – wie zB ein TV-Gerät – (nur) von seinen Fahraufgaben abgelenkt wird, ist die Betriebssicherheit des Kfz selbst nicht betroffen. § 19 Abs 2 Satz 2 Nr 2 StVZO ist damit nicht einschlägig. Eine ausdrückliche Verbotsvorschrift, die – wie zB das Telefonieren mit dem Mobiltelefon nach § 23 Abs 1a StVO – das Ferngucken im Kfz verbietet, gibt es nicht. Das Ferngucken im Kfz wird behandelt wie ähnliche Ablenkungen auch, zB das Lesen von Straßenkarten/Zeitschriften während der Fahrt, dh der FzFührer, der sich durch das laufende TV-Gerät ablenken lässt oder sogar dem Geschehen auf dem Monitor mehr Beachtung schenkt als dem Straßenverkehr, wird in den meisten Fällen einen „Anderen" iS von § 1 Abs. 2 StVO konkret gefährden u damit auch ordnungswidrig nach § 49 Abs 1 Nr 1 StVO iVm § 24 StVG handeln. Abgesehen davon wird diese übermäßige Ablenkung regelmäßig grob fahrlässig sein mit der Folge, dass bei Verursachung eines Unfalls der Verlust des Versicherungsschutzes droht. Handlungsbedarf wird deshalb nicht gesehen.

3 **Erläuterungen zur Erstellung und Anwendung von Teilegutachten (§ 19 Abs 2 und Abs 3 Nr 4 iVm Anl XIX).** BMVBS S 33/S 34/7352.4/1 vom 9.10.2008, VkBl S 591:

I Vorbemerkungen

Im Zusammenhang mit der Erstellung von Teilegutachten für Änderungen an Kfz mit Auswirkungen auf deren Abgasverhalten wurde eine Praxis festgestellt, die weder mit den Vorschriften des § 19 Abs 3 Nr 4 iVm Anl XIX noch mit den geltenden Emissionsvorschriften für Kfz vereinbar ist. Um dieser Praxis entgegenzuwirken u eine bundesweit einheitliche Begutachtungs- u Genehmigungspraxis zu erreichen, wird auf Folgendes hingewiesen:

II Grundsätze für die Erteilung von Teilegutachten

Nach § 19 Abs 3 Nr 4 erlischt die BE des Fz ua dann nicht, wenn bei Änderungen durch Ein- oder Anbau von Teilen für diese Teile die Identität mit einem Teil gegeben ist, für das ein Gutachten eines TD nach Anl XIX über die Vorschriftsmäßigkeit eines Fz bei bestimmungsgemäßem Ein- oder Anbau dieser Teile (Teilegutachten) vorliegt. Mit einem Teilegutachten kann damit der Nachweis geführt werden, dass durch entspr FzÄnderungen die bestehende BE für das Fz nicht nach § 19 Abs 2 erloschen ist. Diese Grundsätze gelten auch bei Änderungen an Kfz mit Auswirkungen auf das Abgasverhalten.

III Erstellung von Teilegutachten für den Bereich der Emissionsvorschriften

Die 52. AusnVO zur StVZO vom 13.8.1996 (BGBl I S 463; geändert durch VO vom 18.2.1998 (BGBl I S 390)) enthält eine besondere Rechtsgrundlage für die Erstellung von Teilegutachten auch in Bezug auf die Verbesserung des Emissionsverhaltens von Kfz. Hierbei ist die Einhaltung von anspruchsvolleren Abgasvorschriften gegenüber dem ursprünglich genehmigten Zustand gemäß den Vorgaben dieser VO nachzuweisen. Entspr Anwendungsfälle u die damit im Zusammenhang stehende Möglichkeit zur Änderung der emissionsbezogenen SchlüsselNr wurden u werden vom VOGeber ausschließlich auf der Grundlage einer besonderen Rechtsgrundlage u nur nach Anhörung u mit Zustimmung der zust obersten Landesbehörden in geeigneter Form festgelegt u bekannt gegeben.

IV Zusammenfassung

Ohne besondere ergänzende Rechtsgrundlage ist es nicht zulässig, Teilegutachten gemäß § 19 Abs 3 Nr 4 iVm Anl XIX StVZO für Auf- oder Nachrüstungssysteme zu erstellen, die als Nachweis für eine Änderung der emissionsbezogenen SchlüsselNr u der damit verbundenen Klartextangabe in den FzDokumenten dienen können

Um Beachtung der vorstehenden Erläuterungen wird gebeten.

§ 20
Allgemeine Betriebserlaubnis für Typen*)

(1) Für reihenweise zu fertigende oder gefertigte Fahrzeuge kann die Betriebserlaubnis dem Hersteller nach einer auf seine Kosten vorgenommenen Prüfung allgemein erteilt werden (Allgemeine Betriebserlaubnis), wenn er die Gewähr für zuverlässige Ausübung der dadurch verliehenen Befugnisse bietet. Bei Herstellung eines Fahrzeugtyps durch mehrere Beteiligte kann die Allgemeine Betriebserlaubnis diesen gemeinsam erteilt werden. Für die Fahrzeuge, die außerhalb des Geltungsbereichs dieser Verordnung hergestellt worden sind, kann die Allgemeine Betriebserlaubnis erteilt werden

1. dem Hersteller oder seinem Beauftragten, wenn die Fahrzeuge in einem Staat hergestellt worden sind, in dem der Vertrag zur Gründung der Europäischen Wirtschaftsgemeinschaft oder das Abkommen über den Europäischen Wirtschaftsraum gilt,
2. dem Beauftragten des Herstellers, wenn die Fahrzeuge zwar in einem Staat hergestellt worden sind, in dem der Vertrag zur Gründung der Europäischen Wirtschaftsgemeinschaft oder das Abkommen über den Europäischen Wirtschaftsraum nicht gilt, sie aber in den Geltungsbereich dieser Verordnung aus einem Staat eingeführt worden sind, in dem der Vertrag zur Gründung der Europäischen Wirtschaftsgemeinschaft oder das Abkommen über den Europäischen Wirtschaftsraum gilt,
3. in den anderen Fällen dem Händler, der seine Berechtigung zum alleinigen Vertrieb der Fahrzeuge im Geltungsbereich dieser Verordnung nachweist.

In den Fällen des Satzes 3 Nr. 2 muss der Beauftragte des Herstellers in einem Staat ansässig sein, in dem der Vertrag zur Gründung der Europäischen Wirtschaftsgemeinschaft oder das Abkommen über den Europäischen Wirtschaftsraum gilt. In den Fällen des Satzes 3 Nr. 3 muss der Händler im Geltungsbereich dieser Verordnung ansässig sein.

(2) Über den Antrag auf Erteilung der Allgemeinen Betriebserlaubnis entscheidet das Kraftfahrt-Bundesamt. Das Kraftfahrt-Bundesamt kann einen amtlich anerkannten Sachverständigen für den Kraftfahrzeugverkehr oder eine andere Stelle mit der Begutachtung beauftragen. Es bestimmt, welche Unterlagen für den Antrag beizubringen sind.

(2 a) Umfasst der Antrag auf Erteilung einer Allgemeinen Betriebserlaubnis auch die Genehmigung für eine wahlweise Ausrüstung, so kann das Kraftfahrt-Bundesamt auf Antrag in die Allgemeine Betriebserlaubnis aufnehmen, welche Teile auch nachträglich an- oder eingebaut werden dürfen (§ 19 Abs. 3 Nr. 1 Buchstabe b und Nr. 3); § 22 Abs. 3 ist anzuwenden**).

(3) Der Inhaber einer Allgemeinen Betriebserlaubnis für Fahrzeuge hat für jedes dem Typ entsprechende, zulassungspflichtige Fahrzeug einen Fahrzeug-

brief auszufüllen. Die Vordrucke für die Briefe werden vom Kraftfahrt-Bundesamt ausgegeben. In dem Brief sind die Angaben über das Fahrzeug von dem Inhaber der Allgemeinen Betriebserlaubnis für das Fahrzeug einzutragen oder, wenn mehrere Hersteller beteiligt sind, von jedem Beteiligten für die von ihm hergestellten Teile, sofern nicht ein Beteiligter die Ausfüllung des Briefs übernimmt; war die Erteilung der Betriebserlaubnis von der Genehmigung einer Ausnahme abhängig, so müssen die Ausnahme und die genehmigende Behörde im Brief bezeichnet werden. Der Brief ist vom Inhaber der Allgemeinen Betriebserlaubnis unter Angabe der Firmenbezeichnung und des Datums mit seiner Unterschrift zu versehen; eine Nachbildung der eigenhändigen Unterschrift durch Druck oder Stempel ist zulässig.

(3 a) Der Inhaber der Allgemeinen Betriebserlaubnis für Fahrzeuge ist verpflichtet, für jedes dem Typ entsprechende zulassungspflichtige Fahrzeug eine Datenbestätigung nach Muster 2 d auszufüllen. In der Datenbestätigung sind vom Inhaber der Allgemeinen Betriebserlaubnis die Angaben über die Beschaffenheit des Fahrzeugs einzutragen oder, wenn mehrere Hersteller beteiligt sind, von jedem Beteiligten die Angaben für die von ihm hergestellten Teile, sofern nicht ein Beteiligter die Ausfüllung der Datenbestätigung übernimmt. Die Richtigkeit der Angaben über die Beschaffenheit des Fahrzeugs und über dessen Übereinstimmung mit dem genehmigten Typ hat der für die Ausfüllung der Datenbestätigung jeweils Verantwortliche unter Angabe des Datums zu bescheinigen. Gehört das Fahrzeug zu einer in Anlage XXIX benannten EG-Fahrzeugklasse, kann zusätzlich die Bezeichnung der Fahrzeugklasse eingetragen werden. Die Datenbestätigung ist für die Zulassung dem Fahrzeug mitzugeben. Hat der Inhaber der Allgemeinen Betriebserlaubnis auch einen Fahrzeugbrief nach Absatz 3 Satz 1 ausgefüllt, ist dieser der Datenbestätigung beizufügen. Die Datenbestätigung nach Satz 1 ist entbehrlich, wenn

1. **das Kraftfahrt-Bundesamt für den Fahrzeugtyp Typdaten zur Verfügung gestellt hat und**
2. **der Inhaber einer Allgemeinen Betriebserlaubnis durch Eintragung der vom Kraftfahrt-Bundesamt für den Abruf der Typdaten zugeteilten Typsowie Varianten-/Versionenschlüsselnummer im Fahrzeugbrief bestätigt hat, dass das im Fahrzeugbrief genannte Fahrzeug mit den Typdaten, die dieser Schlüsselnummer entsprechen, übereinstimmt.**

(3 b) Für Fahrzeuge, die für die Bundeswehr zugelassen werden sollen, braucht die Datenbestätigung abweichend von Abs. 3 a Satz 1 nur für eine Fahrzeugserie ausgestellt zu werden, wenn der Inhaber der Allgemeinen

---

*) *Hinweis der Autoren:* Siehe hierzu auch die Begriffsbestimmungen in § 2 FZV. Diese Vorschrift ist auf S. 302 wiedergegeben.

**) *Hinweis der Autoren:* Diese Vorschrift gilt gleichermaßen für Fahrzeuge, die auf Grund einer EG-Typgenehmigung in den Verkehr gebracht werden.

Betriebserlaubnis die Fahrzeug-Identifizierungsnummer jedes einzelnen Fahrzeugs der Fahrzeugserie der Zentralen Militärkraftfahrstelle mitteilt.

(4) Abweichungen von den technischen Angaben, die das Kraftfahrt-Bundesamt bei Erteilung der Allgemeinen Betriebserlaubnis durch schriftlichen Bescheid für den genehmigten Typ festgelegt hat, sind dem Inhaber der Allgemeinen Betriebserlaubnis nur gestattet, wenn diese durch einen entsprechenden Nachtrag ergänzt worden ist oder wenn das Kraftfahrt-Bundesamt auf Anfrage erklärt hat, dass für die vorgesehene Änderung eine Nachtragserlaubnis nicht erforderlich ist.

(5) Die Allgemeine Betriebserlaubnis erlischt nach Ablauf einer etwa festgesetzten Frist, bei Widerruf durch das Kraftfahrt-Bundesamt, und wenn der genehmigte Typ den Rechtsvorschriften nicht mehr entspricht. Der Widerruf kann ausgesprochen werden, wenn der Inhaber der Allgemeinen Betriebserlaubnis gegen die mit dieser verbundenen Pflichten verstößt oder sich als unzuverlässig erweist oder wenn sich herausstellt, dass der genehmigte Fahrzeugtyp den Erfordernissen der Verkehrssicherheit nicht entspricht.

(6) Das Kraftfahrt-Bundesamt kann jederzeit bei Herstellern oder deren Beauftragten oder bei Händlern die Erfüllung der mit der Allgemeinen Betriebserlaubnis verbundenen Pflichten nachprüfen oder nachprüfen lassen. In den Fällen des Absatzes 1 Satz 3 Nr. 1 und 2 kann das Kraftfahrt-Bundesamt die Erteilung der Allgemeinen Betriebserlaubnis davon abhängig machen, dass der Hersteller oder sein Beauftragter sich verpflichtet, die zur Nachprüfung nach Satz 1 notwendigen Maßnahmen zu ermöglichen. Die Kosten der Nachprüfung trägt der Inhaber der Allgemeinen Betriebserlaubnis, wenn ihm ein Verstoß gegen die mit der Erlaubnis verbundenen Pflichten nachgewiesen wird.

§ 21
Betriebserlaubnis für Einzelfahrzeuge*)

(1) Gehört ein Fahrzeug nicht zu einem genehmigten Typ, so hat die oder der Verfügungsberechtigte die Betriebserlaubnis bei der Zulassungsbehörde zu beantragen. Mit dem Antrag auf Erteilung der Betriebserlaubnis ist der Zulassungsbehörde das Gutachten eines amtlich anerkannten Sachverständigen für den Kraftfahrzeugverkehr vorzulegen. Das Gutachten muss die technische Beschreibung des Fahrzeugs in dem Umfang enthalten, der für die Ausfertigung der Zulassungsbescheinigung Teil I und Teil II erforderlich ist. In dem Gutachten bescheinigt die oder der amtlich anerkannte Sachverständige für den Kraftfahrzeugverkehr, dass sie oder er das Fahrzeug im Gutachten richtig beschrieben hat und dass das Fahrzeug gemäß § 19 Absatz 1 vorschriftsmäßig ist; die Angaben aus dem Gutachten überträgt die Genehmigungsbehörde in die Zulassungsbescheinigung Teil I und, soweit vorgesehen, in die Zulassungsbescheinigung Teil II.

(2) Für die im Gutachten zusammengefassten Ergebnisse müssen Prüfprotokolle vorliegen, aus denen hervorgeht, dass die notwendigen Prüfungen durchgeführt und die geforderten Ergebnisse erreicht wurden. Auf Anforderung sind die Prüfprotokolle der Genehmigungs- oder der zuständigen Aufsichtsbehörde vorzulegen. Die Aufbewahrungsfrist für die Gutachten und Prüfprotokolle beträgt zehn Jahre.

(3) Der Leiter der Technischen Prüfstelle ist für die Sicherstellung der gleichmäßigen Qualität aller Tätigkeiten des befugten Personenkreises verantwortlich. Er hat der zuständigen Aufsichtsbehörde jährlich sowie zusätzlich auf konkrete Anforderung hin einen Qualitätssicherungsbericht vorzulegen. Der Bericht muss in transparenter Form Aufschluss über die durchgeführten Qualitätskontrollen und die eingeleiteten Qualitätsmaßnahmen geben, sofern diese aufgrund eines Verstoßes erforderlich waren. Der Leiter der Technischen Prüfstelle hat sicherzustellen, dass fehlerhafte Begutachtungen aufgrund derer ein Fahrzeug in Verkehr gebracht wurde oder werden soll, von dem ein erhebliches Risiko für die Verkehrssicherheit, die öffentliche Gesundheit oder die Umwelt ausgeht, nach Feststellung unverzüglich der zuständigen Genehmigungsbehörde und der zuständigen Aufsichtsbehörde gemeldet werden.

(4) Bei zulassungspflichtigen Fahrzeugen ist der Behörde mit dem Antrag eine Zulassungsbescheinigung Teil II vorzulegen. Wenn diese noch nicht vorhanden ist, ist nach § 12 der Fahrzeug-Zulassungsverordnung zu beantragen, dass diese ausgefertigt wird.

---

*) *Hinweis der Autoren:* Siehe hierzu auch die Begriffsbestimmungen in § 2 FZV. Diese Vorschrift ist auf S. 302 wiedergegeben.

(5) Ist für die Erteilung einer Genehmigung für Fahrzeuge zusätzlich die Erteilung einer Ausnahmegenehmigung nach § 70 erforderlich, hat die begutachtende Stelle diese im Gutachten zu benennen und stichhaltig zu begründen.

(6) Abweichend von Absatz 4 Satz 1 bedarf es für Fahrzeuge, die für die Bundeswehr zugelassen werden, nicht der Vorlage einer Zulassungsbescheinigung Teil II, wenn ein amtlich anerkannter Sachverständiger für den Kraftfahrzeugverkehr eine Datenbestätigung entsprechend Muster 2d ausgestellt hat.

§ 22
Betriebserlaubnis für Fahrzeugteile*)

(1) Die Betriebserlaubnis kann auch gesondert für Teile von Fahrzeugen erteilt werden, wenn der Teil eine technische Einheit bildet, die im Erlaubnisverfahren selbstständig behandelt werden kann. Dürfen die Teile nur an Fahrzeugen bestimmter Art, eines bestimmten Typs oder nur bei einer bestimmten Art des Ein- oder Anbaus verwendet werden, ist die Betriebserlaubnis dahingehend zu beschränken. Die Wirksamkeit der Betriebserlaubnis kann davon abhängig gemacht werden, dass der Ein- oder Anbau abgenommen worden ist. Die Abnahme ist von einem amtlich anerkannten Sachverständigen oder Prüfer für den Kraftfahrzeugverkehr oder von einem Kraftfahrsachverständigen oder Angestellten nach Nummer 4 der Anlage VIII b durchführen zu lassen. In den Fällen des Satzes 3 ist durch die abnehmende Stelle nach Satz 4 auf dem Nachweis (§ 19 Abs. 4 Satz 1) darüber der ordnungsgemäße Ein- oder Anbau unter Angabe des Fahrzeugherstellers und -typs sowie der Fahrzeug-Identifizierungsnummer zu bestätigen.

(2) Für das Verfahren gelten die Vorschriften über die Erteilung der Betriebserlaubnis für Fahrzeuge entsprechend. Bei reihenweise zu fertigenden oder gefertigten Teilen ist sinngemäß nach § 20 zu verfahren; der Inhaber einer Allgemeinen Betriebserlaubnis für Fahrzeugteile hat durch Anbringung des ihm vorgeschriebenen Typzeichens auf jedem dem Typ entsprechenden Teil dessen Übereinstimmung mit dem genehmigten Typ zu bestätigen. Außerdem hat er jedem gefertigten Teil einen Abdruck oder eine Ablichtung der Betriebserlaubnis oder den Auszug davon und gegebenenfalls den Nachweis darüber (§ 19 Abs. 4 Satz 1) beizufügen. Bei Fahrzeugteilen, die nicht zu einem genehmigten Typ gehören, ist nach § 21 zu verfahren; das Gutachten des amtlich anerkannten Sachverständigen für den Kraftfahrzeugverkehr ist, falls es sich nicht gegen die Erteilung der Betriebserlaubnis ausspricht, in den Fahrzeugschein einzutragen, wenn der Teil an einem bestimmten zulassungspflichtigen Fahrzeug an- oder eingebaut werden soll. Unter dem Gutachten hat die Zulassungsbehörde gegebenenfalls einzutragen:

„Betriebserlaubnis erteilt".

Der gleiche Vermerk ist unter kurzer Bezeichnung des genehmigten Teils in dem nach § 4 Abs. 5 der Fahrzeug-Zulassungsverordnung mitzuführenden oder aufzubewahrenden Nachweis und in dem Anhängerverzeichnis, sofern ein solches ausgestellt worden ist, einzutragen.

(3) An Stelle einer Betriebserlaubnis nach Absatz 1 können auch Teile zum nachträglichen An- oder Einbau (§ 19 Abs. 3 Nr. 1 Buchstabe b oder Nr. 3) im

*) *Hinweis der Autoren:* Siehe hierzu auch die Begriffsbestimmungen in § 2 FZV. Diese Vorschrift ist auf S. 302 wiedergegeben.

Rahmen einer Allgemeinen Betriebserlaubnis für ein Fahrzeug oder eines Nachtrags dazu (§ 20) genehmigt werden; die Absätze 1, 2 Satz 2 und 3 gelten entsprechend. Der Nachtrag kann sich insoweit auch auf Fahrzeuge erstrecken, die vor Genehmigung des Nachtrags hergestellt worden sind.

Übergangsvorschriften zu § 22 (§ 72 Abs. 2)

§ 22 Abs. 1 Satz 5 (Bestätigung über den ordnungsgemäßen Ein- oder Anbau)

ist spätestens ab 1. Oktober 1997 anzuwenden. In den Fällen des § 22 Abs. 1 Satz 5 vor diesem Datum ausgestellte Bestätigungen über den ordnungsgemäßen Ein- oder Anbau auf dem Abdruck oder der Ablichtung der Betriebserlaubnis oder dem Auszug davon bleiben weiterhin gültig.

§ 22 a
Bauartgenehmigung für Fahrzeugteile

(1) Die nachstehend aufgeführten Einrichtungen, gleichgültig ob sie an zulassungspflichtigen oder an zulassungsfreien Fahrzeugen verwendet werden, müssen in einer amtlich genehmigten Bauart ausgeführt sein:

1. Heizungen an Kraftfahrzeugen, ausgenommen elektrische Heizungen sowie Warmwasserheizungen, bei denen als Wärmequelle das Kühlwasser des Motors verwendet wird (§ 35 c);

1 a. Luftreifen (§ 36 Abs. 1 a);

2. Gleitschutzeinrichtungen (§ 37 Abs. 1 Satz 2);

3. Scheiben aus Sicherheitsglas (§ 40) und Folien für Scheiben aus Sicherheitsglas;

4. Frontschutzsysteme (§ 30 c Abs. 4)*);

5. Auflaufbremsen (§ 41 Abs. 10), ausgenommen ihre Übertragungseinrichtungen und Auflaufbremsen, die nach den im Anhang zu § 41 Abs. 18 genannten Bestimmungen über Bremsanlagen geprüft sind und deren Übereinstimmung in der vorgesehenen Form bescheinigt ist;

6. Einrichtungen zur Verbindung von Fahrzeugen (§ 43 Abs. 1), mit Ausnahme von
   a) Einrichtungen, die aus technischen Gründen nicht selbstständig im Genehmigungsverfahren behandelt werden können (z. B. Deichseln an einachsigen Anhängern, wenn sie Teil des Rahmens und nicht verstellbar sind),
   b) Ackerschienen (Anhängeschienen), ihrer Befestigungseinrichtung und dem Dreipunktanbau an land- und forstwirtschaftlichen Zug- oder Arbeitsmaschinen,
   c) Zugeinrichtungen an land- oder forstwirtschaftlichen Arbeitsgeräten, die hinter Kraftfahrzeugen mitgeführt werden und nur im Fahren eine ihrem Zweck entsprechende Arbeit leisten können, wenn sie zur Verbindung mit den unter Buchstabe b genannten Einrichtungen bestimmt sind,
   d) Abschlepp- und Rangiereinrichtungen einschließlich Abschleppstangen und Abschleppseilen,

---

*) *Hinweis der Autoren:* Für die Bauartgenehmigungs- und Kennzeichnungspflicht für Frontschutzsyteme gibt es keine Übergangsvorschriften. Hier ist § 30 c Abs. 4 StVZO mit der zugehörigen Übergangsvorschrift heranzuziehen, die folgenden Wortlaut hat:

„(4) An Personenkraftwagen, Lastkraftwagen, Zugmaschinen und Sattelzugmaschinen mit mindestens vier Rädern, einer durch die Bauart bestimmten Höchstgeschwindigkeit von mehr als 25 km/h und einer zulässigen Gesamtmasse von nicht mehr als 3,5 t angebrachte Frontschutzsysteme müssen den im Anhang zu dieser Vorschrift genannten Bestimmungen entsprechen."

„§ 30 c Abs 4 (Frontschutzsysteme) ist spätestens ab dem 1. Juni 2008 auf die von diesem Tage an erstmals in den Verkehr kommenden Fahrzeuge und die von diesem Tage an zum Verkauf angebotenen Frontschutzsysteme anzuwenden."

e) Langbäumen,

f) Verbindungseinrichtungen an Anbaugeräten, die an land- oder forstwirtschaftlichen Zugmaschinen angebracht werden;

7. Scheinwerfer für Fernlicht und für Abblendlicht sowie für Fern- und Abblendlicht (§ 50);

8. Begrenzungsleuchten (§ 51 Abs. 1 und 2, § 53 b Abs. 1);

8 a. Spurhalteleuchten (§ 51 Abs. 4);

8 b. Seitenmarkierungsleuchten (§ 51 a Abs. 6);

9. Parkleuchten, Park-Warntafeln (§ 51 c);

9 a. Umrissleuchten (§ 51 b);

10. Nebelscheinwerfer (§ 52 Abs. 1);

11. Kennleuchten für blaues Blinklicht (§ 52 Abs. 3);

12. Kennleuchten für gelbes Blinklicht (§ 52 Abs. 4);

12 a. Rückfahrscheinwerfer (§ 52 a);

13. Schlussleuchten (§ 53 Abs. 1 und 6, § 53 b);

14. Bremsleuchten (§ 53 Abs. 2);

15. Rückstrahler (§ 51 Abs. 2, § 51 a Abs. 1, § 53 Abs. 4, 6 und 7, § 53 b, § 66 a Abs. 4 dieser Verordnung, § 22 Abs. 4 der Straßenverkehrs-Ordnung);

16. Warndreiecke und Warnleuchten (§ 53 a Abs. 1 und 3);

16 a. Nebelschlussleuchten (§ 53 d);

17. Fahrtrichtungsanzeiger (Blinkleuchten) (§ 53 b Abs. 5, § 54);

17 a. Tragbare Blinkleuchten und rot-weiße Warnmarkierungen für Hubladebühnen (§ 53 b Abs. 5);

18. Lichtquellen für bauartgenehmigungspflichtige lichttechnische Einrichtungen, soweit die Lichtquellen nicht fester Bestandteil der Einrichtungen sind (§ 49 a Abs. 6, § 67 Abs. 10 dieser Verordnung, § 22 Abs. 4 und 5 der Straßenverkehrs-Ordnung);

19. Warneinrichtungen mit einer Folge von Klängen verschiedener Grundfrequenz – Einsatzhorn – (§ 55 Abs. 3);

20. Fahrtschreiber (§ 57 a);

21. Beleuchtungseinrichtungen für amtliche Kennzeichen (§ 60);

22. Lichtmaschinen, Scheinwerfer, Schlussleuchten, rote, gelbe und weiße Rückstrahler, Pedalrückstrahler und retroreflektierende Streifen an Reifen oder in den Speichen für Fahrräder (§ 67 Abs. 1 bis 7 und 11);

23. (aufgehoben)

24. (aufgehoben)

25. Sicherheitsgurte und andere Rückhaltesysteme in Kraftfahrzeugen;

26. Leuchten zur Sicherung hinausragender Ladung (§ 22 Abs. 4 und 5 der Straßenverkehrs-Ordnung);

27. Rückhalteeinrichtungen für Kinder in Kraftfahrzeugen (§ 21 Abs. 1 a der Straßenverkehrs-Ordnung).

(1 a) § 22 Abs. 1 Satz 2 bis 5 ist entsprechend anzuwenden.

(2) Fahrzeugteile, die in einer amtlich genehmigten Bauart ausgeführt sein müssen, dürfen zur Verwendung im Geltungsbereich dieser Verordnung nur feilgeboten, veräußert, erworben oder verwendet werden, wenn sie mit einem amtlich vorgeschriebenen und zugeteilten Prüfzeichen gekennzeichnet sind. Die Ausgestaltung der Prüfzeichen und das Verfahren bestimmt das Bundesministerium für Verkehr, Bau und Stadtentwicklung; insoweit gilt die Fahrzeugteileverordnung vom 12. August 1998 (BGBl. I S. 2142).

(3) Die Absätze 1 und 2 sind nicht anzuwenden auf

1. Einrichtungen, die zur Erprobung im Straßenverkehr verwendet werden, wenn der Führer des Fahrzeugs eine entsprechende amtliche Bescheinigung mit sich führt und zuständigen Personen auf Verlangen zur Prüfung aushändigt,

2. Einrichtungen – ausgenommen lichttechnische Einrichtungen für Fahrräder und Lichtquellen für Scheinwerfer –, die in den Geltungsbereich dieser Verordnung verbracht worden sind, an Fahrzeugen verwendet werden, die außerhalb des Geltungsbereichs dieser Verordnung gebaut worden sind, und in ihrer Wirkung etwa den nach Absatz 1 geprüften Einrichtungen gleicher Art entsprechen und als solche erkennbar sind,

3. Einrichtungen, die an Fahrzeugen verwendet werden, deren Zulassung auf Grund eines Verwaltungsverfahrens erfolgt, in welchem ein Mitgliedstaat der Europäischen Union bestätigt, dass der Typ eines Fahrzeugs, eines Systems, eines Bauteils oder einer selbstständigen technischen Einheit die einschlägigen technischen Anforderungen der Richtlinie 70/156/EWG des Rates vom 6. Februar 1970 zur Angleichung der Rechtsvorschriften der Mitgliedstaaten über die Betriebserlaubnis für Kraftfahrzeuge und Kraftfahrzeuganhänger (ABl. EG Nr. L 42 S. 1)*), der Richtlinie 92/61/EWG des Rates vom 30. Juni 1992 über die Betriebserlaubnis für zweirädrige oder dreirädrige Kraftfahrzeuge (ABl. EG Nr. L 225 S. 72) oder der Richtlinie 2004/46/EG oder der Richtlinie 2002/24/EG des Europäischen Parlaments und des Rates vom 18. März 2002 über die Typgenehmigung für zweirädrige oder dreirädrige Kraftfahrzeuge und zur Aufhebung der Richtlinie 92/61/EWG des Rates (ABl. EG Nr. L 124 S. 1) oder der Richtlinie 2003/37/EG des Europäischen Parlaments und des Rates vom 26. Mai 2003 über die

---

*) *Hinweis der Autoren:* Nach Artikel 49 der Richtlinie 2007/46/EG des Europäischen Parlaments und des Rates vom 5. September 2007 für die Genehmigung von Kraftfahrzeugen und Kraftfahrzeuganhängern sowie von Systemen, Bauteilen und selbstständigen technischen Einheiten für diese Fahrzeuge (Rahmenrichtlinie) wird die Richtlinie 70/156/EWG mit Wirkung vom 29. April 2009 aufgehoben; sie ist durch die Richtlinie 2007/46/EG ersetzt worden.

Typgenehmigung für land- oder forstwirtschaftliche Zugmaschinen, ihre Anhänger und die von ihnen gezogenen auswechselbaren Maschinen sowie für Systeme, Bauteile und selbstständige technische Einheiten dieser Fahrzeuge und zur Aufhebung der Richtlinie 74/150/EWG (ABl. EU Nr. L 171 S. 1) in ihrer jeweils geltenden Fassung oder einer Einzelrichtlinie erfüllt.

(4) Absatz 2 ist nicht anzuwenden auf Einrichtungen, für die eine Einzelgenehmigung im Sinne der Fahrzeugteileverordnung erteilt worden ist. Werden solche Einrichtungen im Verkehr verwendet, so ist die Urkunde über die Genehmigung mitzuführen und zuständigen Personen auf Verlangen zur Prüfung auszuhändigen; dies gilt nicht, wenn die Genehmigung aus dem Fahrzeugschein, aus dem Nachweis nach § 4 Abs. 5 der Fahrzeug-Zulassungsverordnung oder aus dem statt des Fahrzeugscheins mitgeführten Anhängerverzeichnis hervorgeht.

(5) Mit einem amtlich zugeteilten Prüfzeichen der in Absatz 2 erwähnten Art darf ein Fahrzeugteil nur gekennzeichnet sein, wenn es der Bauartgenehmigung in jeder Hinsicht entspricht. Zeichen, die zu Verwechslungen mit einem amtlich zugeteilten Prüfzeichen Anlass geben können, dürfen an den Fahrzeugteilen nicht angebracht sein.

(6) Die Absätze 2 und 5 gelten entsprechend für Einrichtungen, die einer EWG-Bauartgenehmigung bedürfen.

Auszug aus den Vorschriften über Ordnungswidrigkeiten zu § 22 a (§ 69 a Abs. 2)

(2) Ordnungswidrig im Sinne des § 24 des Straßenverkehrsgesetzes handelt, wer vorsätzlich oder fahrlässig

...

7. entgegen § 22 a Abs. 2 Satz 1 oder Abs. 6 ein Fahrzeugteil ohne amtlich vorgeschriebenes und zugeteiltes Prüfzeichen zur Verwendung feilbietet, veräußert, erwirbt oder verwendet, sofern nicht schon eine Ordnungswidrigkeit nach § 23 des Straßenverkehrsgesetzes vorliegt,
8. gegen eine Vorschrift des § 21a Abs. 3 Satz 1 oder § 22 a Abs. 5 Satz 1 oder Abs. 6 über die Kennzeichnung von Ausrüstungsgegenständen oder Fahrzeugteilen mit Prüfzeichen oder gegen ein Verbot nach 21 a Abs. 3 Satz 2 oder § 22 a Abs. 5 Satz 2 oder Abs. 6 über die Anbringung von verwechslungsfähigen Zeichen verstößt,
9. gegen eine Vorschrift über Mitführung und Aushändigung

   ...

   i) der Urkunde über die Einzelgenehmigung nach § 22a Abs. 4 Satz 2 verstößt,

   ...

§ 31
Verantwortung für den Betrieb der Fahrzeuge*)

(1) Wer ein Fahrzeug oder einen Zug miteinander verbundener Fahrzeuge führt, muss zur selbstständigen Leitung geeignet sein.

(2) Der Halter darf die Inbetriebnahme nicht anordnen oder zulassen, wenn ihm bekannt ist oder bekannt sein muss, dass der Führer nicht zur selbstständigen Leitung geeignet oder das Fahrzeug, der Zug, das Gespann, die Ladung oder die Besetzung nicht vorschriftsmäßig ist oder dass die Verkehrssicherheit des Fahrzeugs durch die Ladung oder die Besetzung leidet.

*) *Hinweis der Autoren:* Siehe hierzu auch § 4 Abs. 6 und § 5 FZV (in diesem Buch nicht wiedergegeben).

Anlage XIX zur StVZO
Teilegutachten

1 Teilegutachten/Technischer Dienst oder Prüfstelle

1.1 Ein Teilegutachten ist das Gutachten eines Technischen Dienstes oder einer Prüfstelle über die Vorschriftsmäßigkeit eines Fahrzeugs bei bestimmungsgemäßem Ein- oder Anbau der begutachteten Teile. Ein Teilegutachten muss den Verwendungsbereich der begutachteten Teile und notwendige Hinweise für die Abnahme des Anbaus durch den amtlich anerkannten Sachverständigen oder Prüfer für den Kraftfahrzeugverkehr oder durch einen Kraftfahrzeugsachverständigen oder Angestellten nach Nummer 4 der Anlage VIII b sowie Auflagen und Einschränkungen enthalten.

1.2 Technischer Dienst oder Prüfstelle ist ein entsprechend der Norm DIN EN 45001 (Ausgabe Mai 1990) anerkanntes oder nach den Normen DIN EN 45001 (Ausgabe Mai 1990) und DIN EN 45002 (Ausgabe Mai 1990) akkreditiertes Prüflaboratorium. Sie können Teilegutachten nach Abschnitt 1.1 auf Grund von Prüfungen und Prüfungsarten erstellen, für die sie akkreditiert oder anerkannt sind.

1.3 Die Technischen Dienste und Prüfstellen haben bei der Erstellung von Teilegutachten den im Verkehrsblatt mit Zustimmung der zuständigen obersten Landesbehörden bekannt gemachten „Beispielkatalog über Änderungen an Fahrzeugen und ihre Auswirkungen auf die Betriebserlaubnis von Fahrzeugen" zu Grunde zu legen.

1.4 Die Technischen Dienste und Prüfstellen haben die von ihnen erstellten Teilegutachten dem Kraftfahrt-Bundesamt nach dessen Vorgaben für eine zentrale Erfassung zur Verfügung zu stellen.

2 Qualitätssicherungssystem

2.1 Die Gültigkeit und die Erstellung eines Teilegutachtens nach 1.1 setzen den Nachweis des Herstellers dieser Teile darüber voraus, dass er in Bezug auf die Produktion dieser Teile in seiner Fertigung ein Qualitätssicherungssystem unterhält, das der harmonisierten Norm DIN EN ISO 9002 (Ausgabe August 1994) oder einem gleichwertigen Standard entspricht. Das Teilegutachten muss auf das Vorliegen eines entsprechenden Nachweises hinweisen. Als Hersteller im Sinne des Satzes 1 gilt die Person oder Stelle, die gegenüber dem jeweiligen Technischen Dienst für alle Belange des Teilegutachtens gemäß § 19 in Verbindung mit Anlage XIX sowie für die Sicherstellung der Übereinstimmung der Produktion verantwortlich ist.

2.2 Der unter 2.1 genannte Nachweis kann dadurch erbracht werden, dass dieses Qualitätssicherungssystem durch eine benannte Stelle gemäß dem Modul D (QS-Produktion) des Beschlusses des Rates vom 13. Dezember 1990 über die in den technischen Harmonisierungsrichtlinien zu verwendenden Module für die verschiedenen Phasen der Konformitätsbewertungsverfahren (90/683/EWG), (ABl. EG Nr. L 380 S. 13) zertifiziert ist und überwacht wird.

Stellen, die die Einrichtung und die Anwendung von Qualitätssicherungssystemen nach 2.1 zertifizieren und überwachen, müssen gemäß den Normen EN 45012 (Ausgabe September 1989) und EN 45002 (Ausgabe Mai 1990) akkreditiert sein (Zertifizierungsstelle für Qualitätssicherungssysteme).

Die Aufgaben der Akkreditierung nimmt das Kraftfahrt-Bundesamt als Akkreditierungsstelle nach der Norm EN 45003 (Ausgabe September 1989) wahr.

Das Kraftfahrt-Bundesamt kann auch selbst die Aufgaben der Zertifizierungsstelle für Qualitätssicherungssysteme wahrnehmen.

Unberührt bleibt auch die Akkreditierung von Zertifizierungsstellen, die durch einen anderen Mitgliedstaat erteilt ist.

Übergangsvorschriften zur Anlage XIX (§ 72 Abs. 2)

Anlage XIX Abschnitt 1.1 Satz 2 (Angabe zum Verwendungsbereich und Hinweise für die Abnahme) und Abschnitt 2.1 Satz 2 (Hinweis auf Vorliegen eines Nachweises über das Qualitätssicherungssystem)

ist spätestens ab 1. Oktober 1997 auf Teilegutachten anzuwenden, die von diesem Tag an erstellt werden und auf Teilegutachten, die vor diesem Tag erstellt worden sind, für Teile, die ab diesem Tag hergestellt werden.

Auszug aus der Verordnung über die Zulassung von Fahrzeugen zum Straßenverkehr (FZV)

§ 2
Begriffsbestimmungen

Im Sinne dieser Verordnung ist oder sind

1. Kraftfahrzeuge: nicht dauerhaft spurgeführte Landfahrzeuge, die durch Maschinenkraft bewegt werden;
2. Anhänger: zum Anhängen an ein Kraftfahrzeug bestimmte und geeignete Fahrzeuge;
3. Fahrzeuge: Kraftfahrzeuge und ihre Anhänger;
4. EG-Typgenehmigung: die von einem Mitgliedstaat der Europäischen Union in Anwendung
   a) der Richtlinie 2007/46/EG des Europäischen Parlaments und des Rates vom 5. September 2007 zur Schaffung eines Rahmens für die Genehmigung von Kraftfahrzeugen und Kraftfahrzeuganhängern sowie von Systemen, Bauteilen und selbstständigen technischen Einheiten für diese Fahrzeuge (ABl. L 263 vom 9.10.2007, S. 1) in der jeweils geltenden Fassung,
   b) der Richtlinie 2002/24/EG des Europäischen Parlaments und des Rates vom 18. März 2002 über die Typgenehmigung für zweirädrige oder dreirädrige Kraftfahrzeuge und zur Aufhebung der Richtlinie 92/61/EWG des Rates (ABl. EG Nr. L 124 S. 1) in der jeweils geltenden Fassung und
   c) der Richtlinie 2003/37/EG des Europäischen Parlaments und des Rates vom 26. Mai 2003 über die Typgenehmigung für land- oder forstwirtschaftliche Zugmaschinen, ihre Anhänger und die von ihnen gezogenen auswechselbaren Maschinen sowie für Systeme, Bauteile und selbstständige technische Einheiten dieser Fahrzeuge und zur Aufhebung der Richtlinie 74/150/EWG (ABl. EU Nr. L 171 S. 1) in der jeweils geltenden Fassung

   erteilte Bestätigung, dass der zur Prüfung vorgestellte Typ eines Fahrzeugs, eines Systems, eines Bauteils oder einer selbstständigen technischen Einheit die einschlägigen Vorschriften und technischen Anforderungen erfüllt;
5. nationale Typgenehmigung: die behördliche Bestätigung, dass der zur Prüfung vorgestellte Typ eines Fahrzeugs, eines Systems, eines Bauteils oder einer selbstständigen technischen Einheit den geltenden Bauvorschriften

entspricht; sie ist eine Betriebserlaubnis im Sinne des Straßenverkehrsgesetzes und eine Allgemeine Betriebserlaubnis im Sinne der Straßenverkehrs-Zulassungs-Ordnung;

6. Einzelgenehmigung: die behördliche Bestätigung, dass das betreffende Fahrzeug, System, Bauteil oder die selbstständige technische Einheit den geltenden Bauvorschriften entspricht; sie ist eine Betriebserlaubnis im Sinne des Straßenverkehrsgesetzes und eine Einzelbetriebserlaubnis im Sinne der Straßenverkehrs-Zulassungs-Ordnung;
7. Übereinstimmungsbescheinigung: die vom Hersteller ausgestellte Bescheinigung, dass ein Fahrzeug, ein System, ein Bauteil oder eine selbstständige technische Einheit zum Zeitpunkt seiner/ihrer Herstellung einem nach der jeweiligen EG-Typgenehmigungsrichtlinie genehmigten Typ entspricht;
8. Datenbestätigung: die vom Inhaber einer nationalen Typgenehmigung für Fahrzeuge ausgestellte Bescheinigung, dass das Fahrzeug zum Zeitpunkt seiner Herstellung dem genehmigten Typ und den ausgewiesenen Angaben über die Beschaffenheit entspricht;
9. Krafträder: zweirädrige Kraftfahrzeuge mit oder ohne Beiwagen, mit einem Hubraum von mehr als 50 cm^3 im Falle von Verbrennungsmotoren und/oder mit einer bauartbedingten Höchstgeschwindigkeit von mehr als 45 km/h;
10. Leichtkrafträder: Krafträder mit einer Nennleistung von nicht mehr als 11 kW und im Falle von Verbrennungsmotoren mit einem Hubraum von mehr als 50 cm^3, aber nicht mehr als 125 cm^3;
11. Kleinkrafträder: zweirädrige Kraftfahrzeuge oder dreirädrige Kraftfahrzeuge mit einer bauartbedingten Höchstgeschwindigkeit von nicht mehr als 45 km/h und folgenden Eigenschaften:
    a) zweirädrige Kleinkrafträder: mit Verbrennungsmotor, dessen Hubraum nicht mehr als 50 cm^3 beträgt, oder mit Elektromotor, dessen maximale Nenndauerleistung nicht mehr als 4 kW beträgt;
    b) dreirädrige Kleinkrafträder: mit Fremdzündungsmotor, dessen Hubraum nicht mehr als 50 cm^3 beträgt, mit einem anderen Verbrennungsmotor, dessen maximale Nutzleistung nicht mehr als 4 kW beträgt, oder mit einem Elektromotor, dessen maximale Nenndauerleistung nicht mehr als 4 kW beträgt;
12. vierrädrige Leichtkraftfahrzeuge: vierrädrige Kraftfahrzeuge mit einer Leermasse von nicht mehr als 350 kg, ohne Masse der Batterien bei Elektrofahrzeugen, mit einer bauartbedingten Höchstgeschwindigkeit von nicht mehr als 45 km/h, mit Fremdzündungsmotor, dessen Hubraum nicht mehr als 50 cm^3 beträgt, oder mit einem anderen Verbrennungsmotor, dessen maximale Nennleistung nicht mehr als 4 kW beträgt, oder mit

einem Elektromotor, dessen maximale Nennleistung nicht mehr als 4 kW beträgt;

13. motorisierte Krankenfahrstühle: einsitzige, nach der Bauart zum Gebrauch durch körperlich behinderte Personen bestimmte Kraftfahrzeuge mit Elektroantrieb, einer Leermasse von nicht mehr als 300 kg einschließlich Batterien jedoch ohne Fahrer, einer zulässigen Gesamtmasse von nicht mehr als 500 kg, einer bauartbedingten Höchstgeschwindigkeit von nicht mehr als 15 km/h und einer Breite über alles von maximal 110 cm;
14. Zugmaschinen: Kraftfahrzeuge, die nach ihrer Bauart überwiegend zum Ziehen von Anhängern bestimmt und geeignet sind;
15. Sattelzugmaschinen: Zugmaschinen für Sattelanhänger,
16. land- oder forstwirtschaftliche Zugmaschinen: Kraftfahrzeuge, deren Funktion im Wesentlichen in der Erzeugung einer Zugkraft besteht und die besonders zum Ziehen, Schieben, Tragen und zum Antrieb von auswechselbaren Geräten für land- oder forstwirtschaftliche Arbeiten oder zum Ziehen von Anhängern in land- oder forstwirtschaftlichen Betrieben bestimmt und geeignet sind, auch wenn sie zum Transport von Lasten im Zusammenhang mit land- oder forstwirtschaftlichen Arbeiten eingerichtet oder mit Beifahrersitzen ausgestattet sind;
17. selbstfahrende Arbeitsmaschinen: Kraftfahrzeuge, die nach ihrer Bauart und ihren besonderen, mit dem Fahrzeug fest verbundenen Einrichtungen zur Verrichtung von Arbeiten, jedoch nicht zur Beförderung von Personen oder Gütern bestimmt und geeignet sind;
18. Stapler: Kraftfahrzeuge, die nach ihrer Bauart für das Aufnehmen, Heben, Bewegen und Positionieren von Lasten bestimmt und geeignet sind;
19. Sattelanhänger: Anhänger, die mit einem Kraftfahrzeug so verbunden sind, dass sie teilweise auf diesem aufliegen und ein wesentlicher Teil ihres Gewichts oder ihrer Ladung von diesem getragen wird;
20. land- oder forstwirtschaftliche Arbeitsgeräte: Geräte zum Einsatz in der Land- und Forstwirtschaft, die dazu bestimmt sind, von einer Zugmaschine gezogen zu werden und die die Funktion der Zugmaschine verändern oder erweitern; sie können auch mit einer Ladeplattform ausgestattet sein, die für die Aufnahme der zur Ausführung der Arbeiten erforderlichen Geräte und Vorrichtungen oder die für die zeitweilige Lagerung der bei der Arbeit erzeugten und benötigten Materialien konstruiert und gebaut ist; unter den Begriff fallen auch Fahrzeuge, die dazu bestimmt sind, von einer Zugmaschine gezogen zu werden und dauerhaft mit einem Gerät ausgerüstet oder für die Bearbeitung von Materialien ausgelegt sind, wenn das Verhältnis zwischen der technisch zulässigen Gesamtmasse und der Leermasse dieses Fahrzeugs weniger als 3,0 beträgt;

21. Sitzkarren: einachsige Anhänger, die nach ihrer Bauart nur bestimmt und geeignet sind, einer Person das Führen einer einachsigen Zug- oder Arbeitsmaschine von einem Sitz aus zu ermöglichen;
22. Oldtimer: Fahrzeuge, die vor mindestens 30 Jahren erstmals in Verkehr gekommen sind, weitestgehend dem Originalzustand entsprechen, in einem guten Erhaltungszustand sind und zur Pflege des kraftfahrzeugtechnischen Kulturgutes dienen;
23. Probefahrt: die Fahrt zur Feststellung und zum Nachweis der Gebrauchsfähigkeit des Fahrzeugs;
24. Prüfungsfahrt: die Fahrt zur Durchführung der Prüfung des Fahrzeugs durch einen amtlich anerkannten Sachverständigen oder Prüfer für den Kraftfahrzeugverkehr oder Prüfingenieur einer amtlich anerkannten Überwachungsorganisation einschließlich der Fahrt des Fahrzeugs zum Prüfungsort und zurück;
25. Überführungsfahrt: die Fahrt zur Überführung des Fahrzeugs an einen anderen Ort.

§ 13
Mitteilungspflichten bei Änderungen

(1) Folgende Änderungen von Fahrzeug- oder Halterdaten sind der Zulassungsbehörde zum Zwecke der Berichtigung der Fahrzeugregister und der Zulassungsbescheinigung unter Vorlage der Zulassungsbescheinigung Teil I, des Anhängerverzeichnisses und bei Änderungen nach Nummer 1 bis 3 auch der Zulassungsbescheinigung Teil II unverzüglich mitzuteilen:

1. Änderungen von Angaben zum Halter, jedoch braucht bei alleiniger Änderung der Anschrift innerhalb des Zulassungsbezirks die Zulassungsbescheinigung Teil II nicht vorgelegt zu werden,
2. Änderung der Fahrzeugklasse nach Anlage XXIX Straßenverkehrs-Zulassungs-Ordnung,
3. Änderung von Hubraum, Nennleistung, Kraftstoffart oder Energiequelle,
4. Erhöhung der bauartbedingten Höchstgeschwindigkeit,
5. Verringerung der bauartbedingten Höchstgeschwindigkeit, wenn diese fahrerlaubnisrelevant oder zulassungsrelevant ist,
6. Änderung der zulässigen Achslasten, der Gesamtmasse, der Stützlast oder der Anhängelast,
7. Erhöhung der Fahrzeugabmessungen, ausgenommen bei Personenkraftwagen und Krafträdern,
8. Änderung der Sitz- oder Stehplatzzahl bei Kraftomnibussen,
9. Änderungen der Abgas- oder Geräuschwerte, sofern sie sich auf die Kraftfahrzeugsteuer oder Verkehrsverbote auswirken,
10. Änderungen, die eine Ausnahmegenehmigung nach § 47 erfordern, und
11. Änderungen, deren unverzügliche Eintragung in die Zulassungsbescheinigung auf Grund eines Vermerks im Sinne des § 19 Abs. 4 Satz 2 der Straßenverkehrs-Zulassungs-Ordnung erforderlich ist.

Andere Änderungen von Fahrzeug- oder Halterdaten sind der Zulassungsbehörde bei deren nächster Befassung mit der Zulassungsbescheinigung mitzuteilen. Verpflichtet zur Mitteilung ist der Halter und, wenn er nicht zugleich der Eigentümer ist, auch dieser. Die Verpflichtung besteht, bis der Behörde durch einen der Verpflichteten die Änderungen mitgeteilt worden sind. Kommen die nach Satz 3 Verpflichteten ihrer Mitteilungspflicht nicht nach, kann die Zulassungsbehörde für die Zeit bis zur Erfüllung der Verpflichtung den Betrieb des Fahrzeugs auf öffentlichen Straßen untersagen. Der Halter darf die Inbetriebnahme eines Fahrzeuges, dessen Betrieb nach Satz 5 untersagt wurde, nicht anordnen oder zulassen.

(2) …

(3) …

(4) …

(5) Die Absätze 1, 3 und 4 gelten nicht für außer Betrieb gesetzte Fahrzeuge. Absatz 4 Satz 1 gilt nicht für Fahrzeuge, für die der Zulassungsbehörde ein Verwertungsnachweis nach § 15 vorgelegt wurde.

(6) …

Auszug aus den Vorschriften über Ordnungswidrigkeiten zu § 13 (§ 48)

Ordnungswidrig im Sinne des § 24 des StVG handelt, wer vorsätzlich oder fahrlässig

…

7. einer vollziehbaren Anordnung oder Auflage nach … oder § 13 Abs. 1 Satz 5 zuwiderhandelt,

…

12. entgegen § 13 Abs. 1 Satz 1 bis 4, … eine Mitteilung nicht, nicht richtig, nicht vollständig oder nicht rechtzeitig macht,

…

Einzelanweisung gemäß § 13 Abs. 1 KfSachvG

Gemäß § 13 Abs. 1 KfSachvG übt die zuständige oberste Landesbehörde die Aufsicht über die Technischen Prüfstellen aus. Der Leiter der Technischen Prüfstelle und sein Stellvertreter sind an die Geschäftsanweisung und an die Einzelanweisungen der Aufsichtsbehörde gebunden. Gestützt auf diese Vorschrift haben die Aufsichtsbehörden nach einem Beschluss des Bund-Länder-Fachausschusses „Technisches Kraftfahrwesen" die folgende Einzelanweisung erlassen:

Bei den oben genannten Begutachtungen von Fahrzeugen, deren bisherige Betriebserlaubnis infolge einer nachträglichen Änderung durch Ein- oder Anbau von Teilen erloschen ist (§ 19 Abs. 2), darf der aaS Prüfungsbestätigungen anderer sachverständiger Personen oder Stellen (z. B. Prüfberichte, Messberichte, Gutachten, Musterberichte oder Gutachten, Herstellerbescheinigungen) nur dann als Ersatz für eigene Prüfungen und Messungen eigenverantwortlich verwenden, wenn die Identität des ein- oder angebauten Teils mit dem in der Prüfungsbestätigung beschriebenen Teil eindeutig ist. Dies ist bei Einzelanfertigung nur dann gegeben, wenn das ein- oder angebaute Teil eine dauerhafte und unverwechselbare Kennzeichnung aufweist und dieses in der Prüfungsbestätigung aufgeführt ist. Die Prüfungsbestätigung muss für jedes Teil von der ausstellenden Person oder Stelle original unterschrieben und abgestempelt sein.

Für reihenweise hergestellte Teile ist eine Bauartgenehmigung, Teilebetriebserlaubnis, EG- oder ECE-Genehmigung, ein Nachtrag zur Genehmigung des Fahrzeugtyps oder ein Teilegutachten erforderlich. Prüfungsbestätigungen dürfen für diese Teile nicht verwendet werden.

Mit dieser Anweisung soll eine ordnungsgemäße Umsetzung des § 19 Abs. 3 und 4 StVZO und außerdem erreicht werden, dass bei Begutachtungen nach § 19 Abs. 2 StVZO in Verbindung mit § 21 StVZO hinsichtlich der Sicherheit und Qualität der ein- oder angebauten Teile das gleiche Niveau gewährleistet wird wie bei Bauartgenehmigungen, Betriebserlaubnissen und Teilegutachten.

Teil 7

Anhang

Abkürzungen

A

aa .... amtlich anerkannt
aaP .... amtlich anerkannter Prüfer für den Kraftfahrzeugverkehr
aaS .... amtlich anerkannter Sachverständiger für den Kraftfahrzeugverkehr
aaSoP .... amtlich anerkannter Sachverständiger oder Prüfer für den Kraftfahrzeugverkehr
Abb .... Abbildung
ABE .... Allgemeine Betriebserlaubnis
ABG .... Allgemeine Bauartgenehmigung
Abs. .... Absatz
ABV .... automatischer Blockierverhinderer
AKE .... Arbeitskreis Erfahrungsaustauch
ALB .... automatisch-lastabhängige Bremse
Anh .... Anhänger
Anl .... Anlage
AU .... Abgasuntersuchung

B

BE .... Betriebserlaubnis
BBA .... Betriebsbremsanlage
bbH .... bauartbedingte Höchstgeschwindigkeit
BG .... Bauartgenehmigung
BGBl .... Bundesgesetzblatt
BKatV .... Bußgeldkatalog-Verordnung
BMV o. BVM ... Bundesministerium für Verkehr
BMVBW .... Bundesministerium für Verkehr, Bau- und Wohnungswesen
BMVBS .... Bundesministerium für Verkehr, Bau und Stadtentwicklung
bzgl. .... bezüglich

D

DEKRA .... Deutscher Kraftfahrzeug-Überwachungs-Verein
DVGW .... Deutscher Verein des Gas- und Wasserfachs e.V.

E

EBE .... Einzelbetriebserlaubnis
ECE .... UN-Wirtschaftskommission für Europa in Genf
EG .... Europäische Gemeinschaften
EG KOM .... Kommission der Europäischen Gemeinschaften
EMV .... elektromagnetische Verträglichkeit
EN .... Europäische Norm
Erl .... Erläuterung
ESP .... elektronische Stabilisierungseinrichtung
EU .... Europäische Union
EWG .... Europäische Wirtschaftsgemeinschaft
EZ .... Erstzulassung

F

FAQ .... Frequently Asked Questions
FeV .... Fahrerlaubnis-Verordnung
FIN .... Fahrzeug-Identifizierungsnummer
FmH .... Fahrrad mit Hilfsmotor
Fz .... Fahrzeug
FzTV .... Fahrzeugteileverordnung
FZV .... Fahrzeug-Zulassungsverordnung

G

GebOSt .... Gebührenordnung für Maßnahmen im Straßenverkehr
ggf. .... gegebenenfalls
GGVS .... Gefahrengutverordnung Straße

H

HU .... Hauptuntersuchung

I

i.d.F. .... in der Fassung
i.d.R. .... in der Regel
iVm .... in Verbindung mit

K

KBA .... Kraftfahrt-Bundesamt
KfSachvG .... Gesetz über amtlich anerkannte Sachverständige und amtlich anerkannte Prüfer für den Kraftfahrzeugverkehr
Kfz .... Kraftfahrzeug
KmH .... Kupplungskugel mit Halterung
Kom .... Kraftomnibus
Kombi .... Kombinationskraftwagen
KTA .... Kraftfahrtechnisches Amt
Krad .... Kraftrad

L

Lkrad .... Leichtkraftrad
Lkw .... Lastkraftwagen
LLE .... Luftleiteinrichtungen
lof Fz .... land- oder forstwirtschaftliche Fahrzeuge
LTE .... lichttechnische Einrichtungen
LED .... lumineszenzemittierende Diode, light emitting diode

N

Nfz .... Nutzfahrzeug

O

OBD .... On-Board-Diagnosesystem
OWiG .... Ordnungswidrigkeitengesetz
o.u. .... oder umgekehrt

P

PI .... Prüfingenieur(e)
Pkt .... Punkt
Pkw .... Personenkraftwagen
PMS .... Partikel-Minderungssystem

R

Rili .... Richtlinie(n)

S

S .... Seite
s .... siehe
sogen. .... so genannte(r)
SP .... Sicherheitsprüfung
StVG .... Straßenverkehrsgesetz
StVO .... Straßenverkehrs-Ordnung
StVZO .... Straßenverkehrs-Zulassungs-Ordnung

T

TD .... Technischer Dienst
TA .... Technische Anforderung
TG .... Teilegenehmigung
TGA .... Teilegutachten
TÜV .... Technischer Überwachungs-Verein

U

u. a. .... unter anderem
u. Ä. .... und Ähnliches

V

VdTÜV .... Verband der Technischen Überwachungs-Vereine
VkBl .... Verkehrsblatt = Amtsblatt des Bundesministeriums für Verkehr, Bau und Stadtentwicklung
v_{max} .... Höchstgeschwindigkeit
VO .... Verordnung

Z

z. B. .... zum Beispiel
Zgm .... Zugmaschine
zGG .... zulässiges Gesamtgewicht
zul .... zulässig

Stichwortverzeichnis